AF523004

JASMIN SCHREIBER

LORENZ ADLUNG

Liebe, Sex & Erblichkeit

Weitere Titel von Jasmin Schreiber:

Marianengraben
Der Mauersegler
Endling
Schreibers Naturarium

Jasmin Schreiber
Lorenz Adlung

eichborn

Die Bastei Lübbe AG verfolgt eine nachhaltige Buchproduktion. Wir verwenden Papiere aus nachhaltiger Forstwirtschaft und verzichten darauf, Bücher einzeln in Folie zu verpacken. Wir stellen unsere Bücher in Deutschland und Europa (EU) her und arbeiten mit den Druckereien kontinuierlich an einer positiven Ökobilanz.

Eichborn Verlag

Originalausgabe

Textredaktion: Doreen Fröhlich, Chemnitz
Umschlaggestaltung: Jasmin Schreiber
Einbandmotiv: Jasmin Schreiber
Satz: two-up, Düsseldorf
Gesetzt aus der Chaparral
Druck und Verarbeitung: Druk-Intro S. A.

Printed in Poland
ISBN 978-3-8479-0168-6

1 3 5 4 2

Sie finden uns im Internet unter eichborn.de.

Für Chloé.

Inhalt

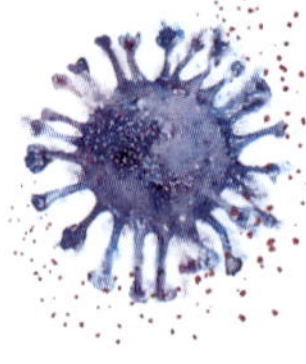

Hi!

Als ich den Buchvertrag für Liebe, Sex und Erblichkeit unterschrieb, waren Lorenz und ich seit einem Jahr zusammen und lebten erst seit zwei Monaten im selben Land. Genauso wenig wie ich gedacht hätte, dass ich mal als verheiratete Frau mit drei Hunden und meinem Mann in einem Bett sitzen würde – wie jetzt gerade, während ich das schreibe –, hätte ich gedacht, dass ich mal mit einer anderen Person ein Buch schreiben würde. Eigentlich bin ich schon immer eher eine Eigenbrötlerin gewesen, aber anscheinend passen zwei Eigenbrötler ganz fantastisch zusammen.

In meiner Zukunftsvision sah ich davor eigentlich immer nur mich und meine Hündin Chloé. Sie ist am 21. Dezember 2023 gestorben, und doch bin ich nicht allein, auch wenn ich immer noch das Gefühl habe, einen großen Teil von mir verloren zu haben, den ich nie wiederfinden werde. So ist das mit Verlusten, und bei der Trauer geht es ja nicht darum, »über jemanden hinwegzukommen«, sondern mit diesen Leerstellen und der ganzen jetzt etwas ungerichteten Liebe weiterzuleben und um die Löcher herum trotz allem ein paar schöne Blumen zu pflanzen.

Gedanken über Verlust und den Umgang damit sind vielleicht nicht das, was man in einem Buch über Liebe, Sex und Erblichkeit erwartet. Aber genau darum geht es uns in diesem Buch: das Leben in seiner ganzen Komplexität zu erfassen, die Schönheiten und Herausforderungen, die mit allem verwoben sind. Chloé ist nicht mehr da, aber die Liebe bleibt. Sie wandelt sich, nimmt neue Formen an, und manchmal führt sie uns

auf unerwartete Pfade – wie zu diesem Buch, das ich jetzt nicht mehr allein, sondern mit meinem Ehemann schreibe.

In deinen Händen hältst du kein allumfassendes Fachbuch zum Thema, sondern ein Lesebuch mit subjektiv von uns ausgewählten Geschichten und Fakten. Mal wird Lorenz erzählen, mal ich, ein bisschen so wie in unserem Podcast *Bugtales.FM*. Wir laden dich also ein, mit uns auf eine Reise zu gehen. Eine Reise, die uns von den Balzritualen exotischer Vögel zu den bizarren Liebesspielen von aquatischen Würmern bis hin zu den biochemischen Prozessen in unserem eigenen Körper führt. Wir werden erforschen, wie die Liebe in all ihren Facetten das Leben auf diesem Planeten prägt, wie Sex die Evolution vorantreibt und wie Vererbung unsere Identität und unser Schicksal bestimmt.

Viel Spaß mit uns!
Jasmin

LIEBE

Balz und Flirt bei Tieren

Stell dir vor, du befindest dich in einem dichten Regenwald in Australien. Die Luft ist heiß und feucht, zwischen den feinen Härchen auf deinen Armen bilden sich Schweißtropfen. Während du dir einen Weg durch den Wald bahnst und Äste und Blätter unter deinen Füßen knacken und rascheln, bist du von einem vielstimmigen Orchester umgeben: Zikaden zirpen ihre Liebeslieder, ein Vogel breitet so plötzlich seine Schwingen über dir aus, dass du erschrocken zusammenzuckst; doch es ist nur ein Kakadu, der zum Flug angesetzt, es sich dann aber anders überlegt hat und sich nun die Flügel putzt. Du gehst weiter, schiebst große, fleischige, sattgrüne Blätter zur Seite, duckst dich unter einem dicken Baumstamm hindurch – und hörst eine Kettensäge. *Die Schweine*, denkst du, *die fällen hier wieder alles, das kann doch nicht wahr sein!* Und dann merkst du, dass das Geräusch immer näher kommt. Jetzt wirst du doch etwas nervös und trittst einen Schritt zurück, als du merkst, dass sich da etwas den Weg zu dir bahnt. Im Gebüsch vor dir raschelt es, das Geräusch der Kettensäge ist schon ohrenbetäubend laut, du zuckst zusammen, es teilen sich die Blätter, und zum Vorschein kommt: ein kleiner Vogel.

Dieses ungewöhnliche Geräusch einer Kettensäge, das aus seinem Schnabel kommt, geht erst in Vogelgezwitscher über, dann in die Sirene eines Krankenwagens, und du guckst das Tier an und denkst: *Ja, Mensch, das ist ja ein Ding!* Ist es auch. Denn vor dir steht ein australischer Laubenvogel, der so ziemlich jedes Geräusch nachahmen kann, das er irgendwo aufschnappt. Und je mehr wir Menschen in seinen Lebensraum eindringen, desto mehr menschliche Geräusche merkt er sich und baut sie in seine Balzgesänge ein. Warum er das tut? Nun, um ein Weibchen von seinen unglaublichen musikalischen Fähigkeiten so zu begeistern, dass sie bereit ist, mit ihm in seine Laube abzuzwitschern, um dort eine rauschende Liebesnacht zu verbringen. In die Laube übrigens, in die der du gerade stehst.

Du gehst einen Schritt zurück und stellst fest, dass du dich in einer Art kleinem Garten befindest. Du erkennst ein Häuschen aus Zweigen, um das kleine Bauwerk herum sind winzige Gegenstände aufgereiht – Steine, Plastikstückchen, Blätter und Blüten. Die Männchen kreieren diese prächtig verzierten Lauben, um einen Platz im Herzen eines Weibchens zu ergattern und um sicherzugehen, dass es in dieser Saison mit der Fortpflanzung und der Weitergabe der Gene klappt.

Beatbox und Innendesign

Die Laubenvögel (Ptilonorhynchidae), eine Familie der Singvögel, sind für ihre faszinierenden und aufwendigen Balzrituale bekannt und in den Regenwäldern Australiens und Neuguineas beheimatet. Ihre Lauben und Gesänge sind ein Paradebeispiel für das von Charles R. Darwin (1809–1882) eingeführte Konzept der *sexuellen Selektion*, über das wir im nächsten Kapitel noch sprechen werden. Ein interessantes Beispiel ist die Balz des Seidenlaubenvogels (*Ptilonorhynchus violaceus*). Seine Weibchen sind bei der Partnerwahl sehr anspruchsvoll – sie bewerten die Männchen nach der Qualität der von ihnen gebauten Laube, der Attraktivität ihres Federkleides und ihrer Balzdarbietung. Man kann hier in drei Phasen dieses ausgeklügelten Flirts unterscheiden:

Phase 1: Der Laubenbau

Männliche Seidenlaubenvögel bauen statt klassischer Brutnester sorgfältig konstruierte Alleen, Höhlen und Korridore, die aus Stöcken und Zweigen bestehen. Die Laube dient als Bühne für die Balz und wird mit bunten Gegenständen wie Federn, Blumen, Beeren und sogar künstlichen Materialien wie Plastik und Glas geschmückt. Die Farbe Blau ist besonders beliebt, da sie in natürlichen Landschaften selten vorkommt, und die Männchen geben sich große Mühe, entsprechende Gegenstände zu sammeln und so zu arrangieren, dass der Geschmack der Auserwählten (oder auch jedes anderen Laubenvogelweibchens, das da vorbeikommt, um ganz ehrlich zu sein) getroffen wird. Der Bau hat auch seine Tücken. Unter Laubenvogelmännchen herrscht natürlich Konkurrenz darum, wer hier die tollste Laube zustande bringt. Und wenn eines von ihnen gerade unterwegs ist, um Material zu sammeln, kann es passieren, dass ein Konkurrent entweder in Abwesenheit des Laubenbesitzers dessen schönste Verzierungen plündert oder gleich die ganze Laube zerstört.

Phase 2: Die Präsentation

Sobald die Laube fertig ist, bemüht sich das Männchen, eine Herzdame anzulocken. Beispielsweise positioniert es sich in der Nähe oder im Inneren der Laube und führt eine Reihe kunstvoller Bewegungen aus, um die Aufmerksamkeit des Weibchens auf sich zu ziehen – diese Bewegungen variieren von Art zu Art. Dazu gehören das

Ausbreiten der Flügel, das Aufstellen der Federn und ein Tanz. Das Männchen sammelt dabei oft die Dekoration des Nestes ein und präsentiert sie dem Weibchen, um die Attraktivität seiner Sammlung zu unterstreichen. Diese visuelle Darstellung begleitet unser Junggeselle gern mit einer Reihe komplexer Laute, die von Pfiffen und der Imitation anderer Vogelarten bis zur Nachahmung menschlicher oder menschengemachter Laute reichen. Auf YouTube findet man einige Videos, in denen Laubenvögel beispielsweise die Geräusche von Kamerasensoren oder Sirenen nachmachen. Die Fähigkeit, ein vielfältiges und ausgefeiltes Spektrum an Lauten zu erzeugen, ist ein wichtiger Faktor, um Weibchen anzulocken, da sie die physische, also die körperliche, aber auch die kognitive, also die geistige Fitness des Männchens demonstriert. Denn ganz ehrlich: Niemand will sich mit einem Trottel paaren. Nix für ungut.

Die Weibchen lassen sich Zeit mit ihrer Wahl. Sie besuchen oft erst einmal die Lauben ohne den Besitzer, um sich von Qualität und Kreativität der Bauwerke zu überzeugen. Sie wandeln von Laube zu Laube und gucken erst einmal. Anschließend besuchen sie die Lauben erneut, diesmal in Anwesenheit der Männchen. Schließlich möchte man ja auch sehen, was der potenzielle Vater der eigenen Kinder so draufhat. Sich mit jemandem paaren, der die Flügel nicht 20 Mal hintereinander hochreißen und dabei einen Krankenwagen nachmachen kann? Ganz ehrlich, würde ich auch nicht.

Nachdem das Weibchen mehrere Hütten besichtigt und bewertet hat, trifft es seine Wahl aufgrund des Gesamteindrucks der Laube und der Präsentation des Männchens. Dabei spielen Faktoren wie die Originalität der Dekoration, die Komplexität des Gesangs und die sportliche Ausdauer des Männchens eine Rolle.

Phase 3: Die Paarung

Hat sich ein Weibchen für ein Männchen entschieden, signalisiert es seine Paarungsbereitschaft, indem es die Laube des Männchens betritt. Das Männchen führt dann eine letzte, etwas sensiblere Balz durch, und das ist jetzt das aus Menschenperspektive wirklich Besondere (und Schöne): Je unerfahrener und jünger das Weibchen ist, umso vorsichtiger ist das Männchen. Es beobachtet ganz genau, wie das Weibchen auf die Annäherungsversuche reagiert. Schreckt es zurück, erscheint unsicher und ist ihm alles irgendwie zu viel, regelt das Männchen runter, gibt dem Weibchen wieder mehr Raum und wartet geduldig. Nicht bei allen, aber bei vielen Laubenvogelarten ist wirklich *Konsens* King, und so was findet man, ehrlich gesagt, nicht sehr oft im Tierreich.

Ist das Weibchen empfänglich für die Annäherungsversuche des Männchens, paaren sie sich in oder in der Nähe der Laube. Nach der Paarung verlässt das Weibchen das Männchen und baut an einem anderen Ort ein Nest, wo es die Eier ausbrütet und die Küken allein aufzieht. Bei manchen Arten verlässt das Männchen auch die Laube und lässt das Weibchen dort brüten. In der Zwischenzeit pflegt und verbessert das Männchen seine Laube oder baut eben eine neue, um weitere Weibchen anzulocken und sich mit ihnen zu paaren. Ha ha, ja, war dann auch schnell vorbei mit dem *Awwww*, nicht wahr?

Insgesamt lassen sich Balzversuche im Tierreich grob in verschiedene Gruppen einteilen, wobei mehrere Methoden sich mischen. Die Balz kann akustisch sein, wie zum Beispiel beim

Vogelgesang. Männliche Vögel ergänzen ihre Balz oft durch spezielle Tänze oder auch durch Baukünste, wie die Laubenvögel es tun. Die Balz kann durch *Pheromone*, das heißt, chemische Verbindungen, und allgemein durch Gerüche erfolgen. Manche Tiere balzen auch nur mit optischen Reizen, ein gutes Beispiel dafür sind Springspinnen, wie wir gleich noch sehen werden, oder auch Glühwürmchen. Eine weitere Form der Balz sind taktile Reize, bei denen die Tiere Körperkontakt nutzen, wie es bei vielen Säugetieren der Fall ist. Es gibt auch ritualisierte Kämpfe, bei denen die Männchen ihre Stärke und Fitness demonstrieren, wie bei Hirschen oder See-Elefanten. Schließlich kann die Balz auch durch Nahrungsangebote erfolgen, zum Beispiel wenn Vogelmännchen ihren potenziellen Partnerinnen Futter bringen.

Weil das hier ein Lesebuch und es ja immer schön ist, ein bisschen Partywissen zu sammeln, werde ich hier jetzt einfach meine Top 8 der liebsten Balz- und Flirtgeschichten aus dem Tierreich vorstellen. Die Reihenfolge ist zufällig, es ist also kein Ranking; ich finde alle Geschichten gleich spannend.

Liebe auf den achten Blick

Springspinnen sind tolle kleine Lebewesen und durch ihre Flauschigkeit und die niedlichen Augen gute Anfängerspinnen für Arachnophobiker:innen – also für Leute mit Spinnenangst. Ihren Namen haben sie, weil sie in der Lage sind, bei der Jagd große Entfernungen zu springen. Was an ihnen besonders ist, und was sie auch oft zum Internet-Meme macht, sind ihre sehr ausgefallenen Balzrituale. Um diese zu verstehen, müssen wir ein Konzept erforschen: *sensory exploitation*, was man grob mit *sensorischer Ausbeutung* übersetzen kann, wobei das in diesem Fall nicht negativ gemeint ist. Das Konzepte erklärt lediglich, wie Tiere, einschließlich der männlichen Springspinnen, die

Sinne ihrer Partnerinnen während der Balz zu ihrem Vorteil nutzen.

Im Gegensatz zu vielen anderen Spinnen können Springspinnen verdammt gut sehen, was sie zu effizienten Jäger:innen macht. Sie sitzen also nicht in einem Netz und warten, bis sich Beute zu ihnen verirrt, sondern jagen sie aktiv. Ihre acht Augen, vor allem die beiden großen vorne, verleihen ihnen eine hervorragende Tiefenwahrnehmung und die Fähigkeit, Bewegungen sofort zu erfassen. Will ein Männchen ein Weibchen für sich gewinnen, wedelt es mit den Beinchen, wiegt den Körper und vibriert in einem komplexen Tanz. Dieses Verhalten ist ein Beispiel für sensory exploitation. Das bedeutet, dass das Spinnenmännchen den Sehsinn des Weibchens, der bei ihr als Jägerin hoch entwickelt ist, zu seinem Vorteil nutzt. Durch einen visuell ansprechenden Tanz erhöht es seine Chancen, vom Weibchen wahrgenommen und nicht für Beute gehalten zu werden – hier sollte es natürlich auch keine Verwechslungen geben. Das klappt aber meist auch sehr gut, da Beute in der Regel nicht den Hintern schüttelt und den *Macarena* tanzt.

Violinkonzert im Dschungel

Schnurrvögel (Pipridae), auch bekannt als Manakins oder Pipras, sind kleine tropische Vögel, die in den Regenwäldern Mittel- und Südamerikas leben. Ihre Balzrituale gehören zu den eindrucksvollsten und vielfältigsten im Tierreich und schließen recht gut an die Laubenvögel an. Männliche Schnurrvögel zeichnen sich nämlich durch die Erzeugung sehr ungewöhnlicher Geräusche, aber auch durch ihre wirklich enorm außergewöhnlichen und akrobatischen Tänze aus, mit denen sie die Weibchen beeindrucken wollen.

Die ungewöhnlichen Geräusche erzeugen sie dabei mit ihrem Federkleid. Der Keulenschwingenpipra (*Machaeropterus deliciosus*) hat besonders geformte Federn, mit denen er Klickgeräusche produzieren, aber auch wie ein Streichinstrument klingen kann – und zwar als einziger Vogel auf der Welt.

Die Schwungfedern sind hierfür stark verändert und unterscheiden sich deutlich von normalen Federn, denn sie sind verdickt und schwingen in bestimmten Frequenzen. Wenn die Pipras ihre Flügel über den Rücken heben, können sie diese über 100 Mal pro Sekunde – kein Tippfehler: *pro Sekunde!* – schlagen lassen. Dabei reiben die Federn aneinander und erzeugen Töne, die an eine Geige erinnern. Die Federn sind so angepasst, dass sie sowohl einzeln schwingen können, oder aber der Vogel bewegt einen ganzen »Chor«. Diese kollektive Resonanz ist entscheidend für die Balz, weil sich so auch die Lautstärke erhöhen lässt, falls ein geeignetes Weibchen weiter weg ist.

Es ist recht ungewöhnlich, dass ein Wirbeltier einen solchen Mechanismus hat, so etwas kennt man ja eher von Insekten. Grillen und Heuschrecken erzeugen Laute durch einen Prozess, der als *Stridulation* bezeichnet wird und bei dem eben auch Körperteile aneinandergerieben werden. Bei Grillen geschieht dies, indem sie die *Schrillkante* des einen Vorderflügels über eine gezahnte Schrillkante des anderen Vorderflügels ziehen, wodurch das charakteristische Zirpen entsteht. Heuschrecken erzeugen Geräusche, indem sie ihre mit Zähnen versehenen Hinterbeine über eine gezackte Ader auf ihren Flügeln ziehen.

Diese akustischen Signale sind artspezifisch und spielen eine entscheidende Rolle bei der Partnersuche und Reviermarkierung, da sie von anderen Individuen derselben Art erkannt werden können.

Doch nicht nur akustisch sind die Keulenschwingenpipras sehr besonders: Die Männchen schwingen in der Balz auch gern mal das Tanzbein, und hierbei sind sie ziemlich begabt. Tatsächlich haben sie einen Tanzstil drauf, der ein wenig an den *Moonwalk* erinnert. Kleiner Tipp von mir: Gib mal bei YouTube die Suchbegriffe *club-winged manakin moonwalk* ein. Viel Spaß! Und wenn du dann in zwei Stunden mit dem Balztanz-Marathon fertig bist, nicht vergessen, das Buch wieder aufzuschlagen, denn wir haben ja noch ein paar Geschichten auf Lager.

Der Gesang der Buckelwale

Wale faszinieren uns Menschen seit Langem. Wir finden ihre Sozialstrukturen spannend, weil sie uns an uns selbst erinnern, und auch Walgesänge ziehen uns immer wieder in den Bann. Letztere verraten nicht nur viel über das Leben der Wale, sondern bieten auch spannende Parallelen zur Welt der Vögel, wie wir gleich sehen werden.

Die Balz der Wale ist ein komplexer Prozess, der eine Kombination aus körperlichen Darbietungen, Lautäußerungen und möglicherweise sogar chemischen Signalen umfasst. Im Gegensatz zu vielen Landtieren müssen Wale ihr Balzverhalten an ihren aquatischen Lebensraum anpassen, in dem die Sicht eingeschränkt ist, Geräusche sich jedoch viel weiter und schneller ausbreiten als in der Luft. Zudem: Die Meere sind riesig, da schwimmt man eher selten zufällig in eine passende Romanze rein. Deshalb sind akustische Signale sehr wichtig, um einen anderen Wal zu finden, wenn es mit der Familienplanung klappen soll.

Die Gesänge der Wale, insbesondere der Bartenwale (*Mysticeti*), gehören zu den komplexesten und ausgefeiltesten Lautäußerungen im Tierreich und geben uns immer noch sehr viele Rätsel auf. Was da so melodisch unter Wasser besprochen wird, ist uns noch gar nicht so klar, aber die Forschung auf diesem Gebiet hat zugenommen und uns neue Theorien und Hypothesen geliefert. Bei diesen Gesängen handelt es sich demnach nicht um zufällige Laute, sondern um strukturierte Sequenzen mit wiederkehrenden und sorgfältig arrangierten Motiven und Themen, ähnlich wie bei menschlichen Musikstücken. Deshalb spricht man hier, wie auch bei den Vögeln, von *Gesängen*. Bei vielen Arten singen vor allem die Männchen, insbesondere während der Paarung. Sie gestalten ihre Lautgebilde oft sehr komplex, beispielsweise mit Strophen, die sie in Zyklen wiederholen. Diese Zyklen können sich im Laufe eines Wallebens ändern, was auf einen dynamischen Lernprozess hindeutet. Buckelwale (*Megaptera novaeangliae*) sind vielleicht am besten für ihre Gesänge bekannt, die Stunden andauern können und aus mehreren Strophen bestehen. In Studien wurde herausgefunden, dass diese Gesänge in verschiedenen Populationen sogar gemeinsam als Chor gesungen werden, wobei alle Männchen einer Gruppe eine ähnliche Version singen, die sich im Laufe der Zeit weiterentwickelt. Da sich dieses Muster des Lernens und auch Weitergebens der Stücke auch bei den Vögeln findet, orientieren sich einige Forschende an unseren gefiederten Freunden, um dadurch vielleicht besser verstehen zu können, was und wieso Wale singen. Außerdem ähnelt der Prozess des Gesangslernens bei Walen dem bei Vögeln. Junge Buckelwale können wie junge Vögel eine Art Orientierungsphase durchlaufen, in der sie mit verschiedenen Lauten und Sequenzen experimentieren, bevor sie sich für die strukturierten Gesänge der Erwachsenen entscheiden und ihren persönlichen Stil entwickeln.

Studien zeigen auch, dass sich die Struktur der Walgesänge im Laufe des Jahres verändert. Zu Beginn der Saison sind die Gesänge variabler und weniger strukturiert, während sie später immer stereotyper, repetitiver und nachdrücklicher werden. Das geht vermutlich mit den hormonellen Veränderungen im Körper des »Sängers« während der Paarungssaison einher, wobei der Testosteronspiegel die Gesänge besonders beeinflusst.

Die Forschung hat als Theorie vorgeschlagen, dass die Entwicklung komplexer Gesänge bei Buckelwalen durch die Wahl der Weibchen gefördert werden könnte, ähnlich wie bei Singvögeln. Weibchen bevorzugen oft Männchen mit einem größeren Repertoire und komplexeren Gesängen, da dies ein Hinweis auf die allgemeine Fitness und genetische Qualität sein könnte. Ein solcher Selektionsdruck ist möglicherweise auch bei Buckelwalen wirksam, wo Weibchen ihre Partner nach der Komplexität und Qualität ihrer Gesänge auswählen. Sobald das Weibchen dann in der Nähe und auf Sicht ist, spielen auch andere Strategien eine größere Rolle. Zum Balzverhalten der Wale gehören nämlich neben den Gesängen auch körperliche Darbietungen und Choreografien wie das Wedeln und Schlagen mit Schwanz und Flossen.

Neben ihrer Rolle bei der Partnerwahl dienen die Lautäußerungen der Wale noch anderen Zwecken. Sie helfen, soziale Bindungen innerhalb der Gruppen aufrechtzuerhalten oder sich in den Weiten der Ozeane zu orientieren. Zahnwale (Odontoceti) wie Delfine (Delphinidae) und Pottwale (*Physeter macrocephalus*) nutzen die *Echoortung*, um sich unter Wasser zu orientieren und zu jagen. Sie erzeugen hochfrequente Klicklaute, deren Schallwellen von Objekten abprallen und als Echo zurückkehren. Diese Echos werden aufgefangen und zum Innenohr weitergeleitet. Das Gehirn verarbeitet sie zu einem akustischen Bild der Umgebung, das den Walen hilft, Größe, Form und Entfernung von Objekten zu bestimmen und so unter anderem Nahrung zu finden.

Doch zurück zu den Gesängen. Wenn man die musikalischen Meisterwerke verwandter Walarten wie Blau- (*Balaenoptera musculus*), Finn- (*Balaenoptera physalus*) und Grönlandwale (*Balaenoptera borealis*) miteinander vergleicht, lassen sich einerseits einzigartige Merkmale erkennen, andererseits aber auch speziesübergreifende musikalische Themen und Eigenschaften. Blauwale singen seltene, sich wiederholende Lieder, während Finnwale komplexe, pulsierende Muster bevorzugen. Seiwale (*Balaenoptera borelais*) erzeugen mittelfrequente, sich rhythmisch wiederholende Gesänge.

Es gibt bei der ganzen Sache jedoch ein großes Problem, das ich hier kurz erwähnen muss: die Lärmverschmutzung in den Meeren. Wie belastend Krach sein kann, weiß jeder, der schon einmal stundenlang das Bohren eifriger Nachbar:innen ertragen musste, ohne eine Stelle in der Wohnung zu finden, wo dieser Lärm nicht hinkommt. Und jetzt stell dir vor, das Bohren hört nie auf. Wenn du dich mit deiner Familie unterhalten willst, musst du ständig brüllen. Eure Gespräche bestehen größtenteils aus *Was hast du gesagt?* und *Bitte sprich lauter!* Für viele Meerestiere ist das leider Alltag.

Vom Menschen verursachter Lärm in den Meeren ist zu einer großen Bedrohung für das Leben unter Wasser geworden, da er die natürlichen Kommunikations- und Navigationssysteme stört. Im Jahr 2018 wurden beispielsweise rund 150 Grindwale (*Globicephala melas*) an den abgelegenen Strand von Stewart Island in Neuseeland gespült. Als ein Spaziergänger sie entdeckte, war mehr als die Hälfte der Tiere bereits tot. Er rief um Hilfe, und man versuchte verzweifelt, die noch lebenden Tiere wieder ins Wasser zu schieben, doch sie waren bereits zu schwach. Das

Resultat: Alle mussten eingeschläfert werden. In Neuseeland stranden Grindwale besonders häufig, die größte Massenstrandung mit 1.000 Tieren ereignete sich 1918 bei Chatham Island, aber auch heute noch stranden und verenden dort regelmäßig riesige Walschulen. Im Oktober 2022 waren es beispielsweise innerhalb von drei Tagen rund 500 Grindwale. Auch in unseren Breiten gibt es Walstrandungen, im Jahr 2016 strandeten zwischen Januar und März 29 Pottwale an der Nordseeküste.

Die Tatsache, dass Wale hochsoziale Tiere mit engen Bindungen sind, insbesondere Grindwale, ist in diesem Zusammenhang fatal. Wenn der Leitwal, der eine ganze Schule anführt, aus irgendeinem Grund (Krankheit, Lärm oder beides) vom Kurs abkommt und in flaches Wasser schwimmt, folgen ihm die anderen Wale. Sie denken nicht: *Moment, flaches Wasser, da schwimme ich lieber nicht hin*. Nein, sie folgen dem verwirrten Tier, denn sie verlassen nie die Gruppe und halten immer zusammen. Bis zum bitteren Ende.

So weit, so traurig. Aber gut, ich versuche die Stimmung mit meiner nächsten Geschichte wieder aus dem Keller zu holen.

Der Propeller des Grauens

Okay, also vergiss kurz die Wale, entspann dich und stell dir diese Szene vor: ein ruhiges afrikanisches Flussufer in der Abenddämmerung. Die Sonne versinkt in einem leuchtenden Orange und Violett und wirft lange Schatten auf die stille Oberfläche eines großen Sees. Du hörst das Zirpen der Grillen und die entfernten Rufe exotischer Vögel. Die Luft ist noch warm und erfüllt mit dem Geruch von feuchter Erde, Blättern und dem schweren Duft von Blumen. In diesem Moment siehst du ein Augenpaar aus dem Wasser schauen. Etwas Großes schlängelt sich durch das Nass und hat ein Ziel: das Ufer. Denn dort steht ein Flusspferdweibchen im seichten Wasser und knabbert an ein paar Wasserpflanzen herum – perfekt. Das Augenpaar hebt sich aus dem Wasser, wird langsam zu einem bulligen Haupt, wird zu einem massigen Körper – ein Flusspferdbulle kommt zum Vorschein und erzeugt eine riesige Welle. Interessiert dreht das Weibchen den Kopf und mustert den soeben aufgetauchten Verehrer, und dieser weiß sofort: *entweder die oder keine!* Also dreht er sich ein wenig herum, damit sie ihn in Augenschein nehmen kann. *Baby, gefällt dir, was du siehst?* Er ist kräftig gebaut und sieht gesund aus, und am Ende positioniert er sich so, dass sie sein üppiges Hinterteil bewundern kann.

Dann startet er den Kotpropeller.

Was für uns das absolute Worst-Case-Szenario wäre (Durchfall beim ersten Date), ist bei Flusspferden (*Hippopotamus amphibius*) das Ziel. Damit die »Nachricht« auch *wirklich* beim Weibchen ankommt, wirbelt das Männchen mit dem Schwanz, drückt dabei ab und verteilt seinen Kot mithilfe dieses »Propellers« so weit wie möglich in der Umgebung. Du ahnst es schon: Der Kot männlicher Flusspferde ist ein vielseitiges Kommunikationsmittel.

Flusspferdkot enthält verschiedene chemische Substanzen,

die Informationen über den Gesundheitszustand des Männchens, seinen Fortpflanzungsstatus und sogar seine genetische Fitness vermitteln. Unser Kot verrät uns übrigens auch unglaublich viel über uns, allerdings spielt das bei der menschlichen Paarung zum Glück keine Rolle. Durch die weiträumige Verteilung stellt der Flusspferdjunggeselle jedenfalls sicher, dass sein Geruch von Weibchen (und auch von rivalisierenden Männchen) schon aus großer Entfernung wahrgenommen wird; gleichzeitig steckt er damit auch seine Reviergrenzen im Wasser ab. So wissen alle anderen Flusspferde direkt, was Sache ist, wenn sie »lesen«: *Jürgen war hier*.

In der Welt der Flusspferde ist ein kräftiger Kotpropeller also gleichbedeutend mit einem starken Partner, der sein Territorium und seinen Nachwuchs verteidigen kann. Bei uns … eher nicht. Wenn ein nackter Mann in deiner Anwesenheit einen Ventilator startet und sich hinhockt, um Gottes willen, *lauf*.

Für das Ökosystem hat dieser aus Menschenperspektive bizarre, aus Tierperspektive (und darum geht's in dieser Story) absolut praktische Vorgang ebenfalls viele Vorteile, da diese Tiere als *Siliziumpumpe* in Gewässern fungieren. Silizium ist ein chemisches Element und ein Mineral, das in an Land lebenden Pflanzen vorkommt. Nachts fressen die Nilpferde diese Pflanzen am Ufer, und wenn sie dann den Propeller anwerfen und ihre siliziumreichen Fäkalien im Wasser verteilen, fördern sie einen wichtigen Nährstoffkreislauf. Silizium ist essenziell für Kieselalgen, eine Algenart, die ihre Schalen aus Kieselsäure bildet, wofür sie eben diesen Stoff braucht. Kieselalgen sind eine wichtige Nahrungsquelle für viele Wasserorganismen, beispielsweise für Weichtiere, die dann wiederum von Fischen gefressen werden, und so weiter. Die Algen helfen zudem, Kohlenstoffdioxid (CO_2) zu binden und Sauerstoff (O_2) zu produzieren. Natürlich darf das auch nicht überhandnehmen, damit das Gewässer nicht kippt. Also: alles mit Maß, auch der Kotpropeller.

Goldener, äh, Nektar

Im Gegensatz zu vielen anderen Säugetieren gibt es bei Giraffen keine offensichtlichen Signale, die die Paarungsbereitschaft eines Weibchens anzeigen. Stattdessen müssen sich Giraffenbullen auf eine ganz besondere Methode verlassen, um herauszufinden, ob eine Giraffendame in Stimmung für romantische Aktivitäten ist.

Zuerst beginnt der Bulle damit, das Weibchen anzustupsen und mit seinem langen Hals zu rammen – vorzugsweise im unteren Bauchbereich, wo die Blase sitzt. Was er erreichen will? Dass seine Herzensdame ein wenig Urin absetzt. Wenn er Erfolg hat, nimmt das Weibchen eine breitbeinige Haltung ein und pinkelt los. Das Männchen sammelt den, äh, goldenen Nektar in seinem Maul und hebt den Kopf, um zu *flehmen*. Dabei schürzt es die Lippen nach oben, was ihm hilft, den Urin zu seinem *Vomeronasalorgan* (VNO) zu leiten. Dieses Organ ist entscheidend für die Erkennung von Pheromonen, die den Fortpflanzungsstatus des Weibchens anzeigen.

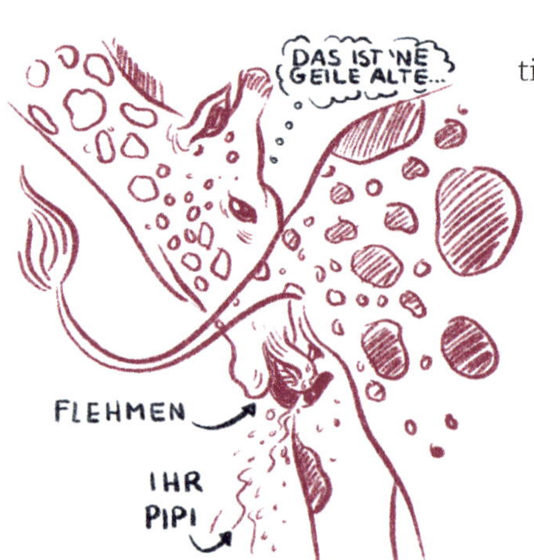

Das Flehmen ist bei vielen Huftieren wie Pferden, Kühen und Hirschen weitverbreitet, aber Giraffen haben dieses System extrem verfeinert. Die passenden Sensoren in diesem spezialisierten Organ nehmen die chemischen Signale auf und ermöglichen es dem Männchen, zu erkennen, ob das Weibchen brünstig, also »fruchtbar und willig«, oder zumindest kurz davor ist. Ist es das nicht, geht die Suche weiter.

Übrigens: Giraffenbullen untersuchen niemals den Urin auf dem Boden. Das Bücken ist bei ihren langen Hälsen und schweren Köpfen nicht nur riskant, sondern auch ziemlich ungemütlich; deshalb bevorzugen sie das Pipi frisch und direkt aus der Quelle gezapft.

Wenn wir so was lesen, legen wir natürlich automatisch unsere eigenen Maßstäbe an. Sich da umzugewöhnen ist nicht einfach. Wenn ich dir jetzt beispielsweise noch erzählen würde, dass diese friedlichen Pflanzenfresser gelegentlich Knochen mahlen und essen, würdest du vermutlich aus allen Wolken fallen. Also lassen wir das lieber mal, nicht?

Die Kornkreise des Meeres

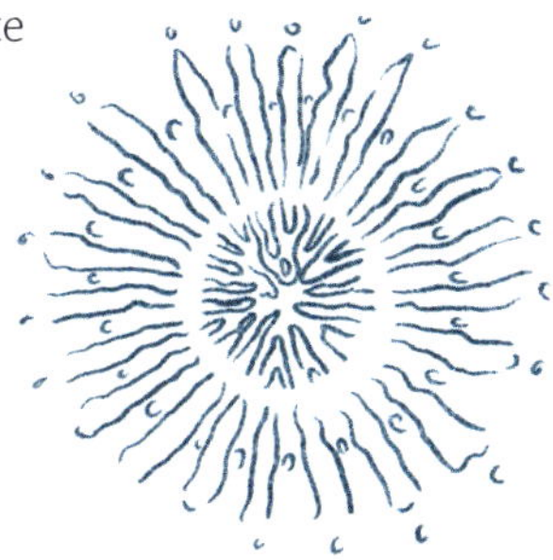

Im klaren, flachen Wasser vor der Südküste der japanischen Insel Amami-Oshima spielt sich auf dem sandigen Meeresboden ein faszinierendes Schauspiel ab. Männliche Kugelfische der Art *Torquigener albomaculosus* sind in Stimmung und haben sich ein paar ganz besondere romantische Gesten überlegt: Um Weibchen anzulocken, zeichnen die etwa zwölf Zentimeter kleinen Männchen wunderschöne geometrische Mandalas in den Sand.

Der Bau dieser Unterwasserkunstwerke, die der Wissenschaft lange Rätsel aufgaben, beginnt damit, dass die männlichen Kugelfische einen geeigneten Platz auf dem sandigen Boden auswählen. Zuerst erzeugt der Fisch eine Reihe von unregelmäßigen Vertiefungen, indem er seinen Körper gegen den Sand drückt und schnell mit Brust- und Schwanzflossen schlägt. Diese Bahnen dienen als Orientierungspunkte für das spätere, komplexere Muster. Am zweiten Tag nimmt der Kreis eine erkennbare Form an, und es entstehen strahlenförmige Muster. Am vierten Tag zeigt der Kreis eine deutliche, wenn auch kleinere Version seiner endgültigen Form mit Erhebungen und Tälern. Nach und nach verziert das Männchen diese Gipfel mit Muschel- und Korallenfragmenten, bis das Werk nach etwa neun Tagen vollendet ist.

Die Weibchen besuchen dann die Nester und beurteilen die Qualität der Struktur, was einen Einfluss auf die Wahl des Partners hat. Ein gut gebautes und dekoriertes Nest signalisiert dem Weibchen, dass das Männchen ein geeigneter Partner ist, der gute Gene hat und die Eier beschützen kann. Nach der Paarung und der Eiablage kümmert sich das Männchen um die Eier und bewacht sie bis zum Schlupf.

Sich gut riechen können

Eines meiner Lieblingsbücher ist *Rumo* von Walter Moers. Darin wird der namensgebende Titelheld, ein Wolpertinger, von einem silbernen Faden gelockt, der ihn schließlich zu einer anderen Wolpertingerin namens Rala führt. Als Biologin musste ich sofort an Pheromone denken – diese unsichtbaren, aber wirkungsvollen Lockstoffe, die in der Tierwelt eine große Rolle spielen. Neben Geräuschen, optischen Reizen und aufregenden Tänzen sind es oft chemische Verbindungen, die bei der Partnerwahl den entscheidenden Unterschied machen.

Bei Motten spielen Pheromone eine große Rolle. In lauen Sommernächten locken die Weibchen mit artspezifischen chemischen Verbindungen ihre männlichen Artgenossen an. Die Männchen nehmen diese Düfte mit ihren hochempfindlichen Antennen wahr und folgen der Spur, bis sie ihre potenzielle Partnerin gefunden haben.

Die Pheromone entstehen in einer speziellen Drüse am

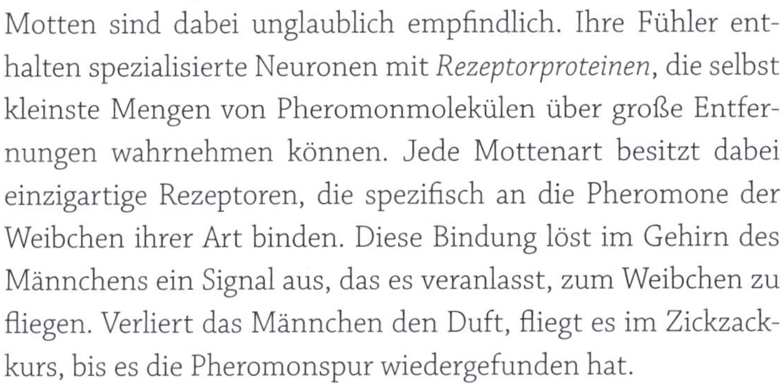

Ende des Hinterleibs der Weibchen, wo sie durch die koordinierte Aktivität verschiedener Enzyme hergestellt werden. Sobald die Weibchen die Lockstoffe in die Nachtluft abgeben, entsteht eine Duftfahne, der die Männchen folgen können. Die männlichen Motten sind dabei unglaublich empfindlich. Ihre Fühler enthalten spezialisierte Neuronen mit *Rezeptorproteinen*, die selbst kleinste Mengen von Pheromonmolekülen über große Entfernungen wahrnehmen können. Jede Mottenart besitzt dabei einzigartige Rezeptoren, die spezifisch an die Pheromone der Weibchen ihrer Art binden. Diese Bindung löst im Gehirn des Männchens ein Signal aus, das es veranlasst, zum Weibchen zu fliegen. Verliert das Männchen den Duft, fliegt es im Zickzackkurs, bis es die Pheromonspur wiedergefunden hat.

Hast du schon einmal Mottenfallen benutzt? Mottenfallen nutzen genau diesen Mechanismus aus – man könnte fast sagen, wir benutzen hier sensory exploitation: Die Fallen enthalten synthetische Pheromone, die die männlichen Motten anlocken und sie festhalten, bis sie sterben. Und wenn es keine Männchen mehr gibt, mit denen sich die Weibchen paaren können, stirbt die Population in deinen Küchenschränken kurze Zeit später aus.

Leuchtende Edelsteine

Wenn sich die Dämmerung über die frühsommerliche Landschaft senkt, kann man mit etwas Glück miterleben, wie kleine tanzende Lichter in der Dunkelheit auftauchen – Glühwürmchen! Bei Glüh*würmchen* handelt es sich jedoch nicht um Würmer, sondern um Leucht*käfer* (Lampyridae), die dank einer chemischen Reaktion in ihrem Körper, die *Biolumineszenz* genannt wird, leuchten können. Diese Reaktion findet zwischen

einer Substanz namens *Luciferin* und einem Enzym namens *Luciferase* zusammen mit Sauerstoff und einem Energiemolekül namens *ATP* statt. Wenn Luciferin und Sauerstoff durch die Luciferase zusammengebracht werden, entsteht Licht – und zwar in speziellen Leuchtorganen, die sich meist im Hinterleib der Glühwürmchen befinden.

Bei vielen Glühwürmchenarten ist der sogenannte *Geschlechtsdimorphismus* sehr ausgeprägt: Männchen und Weibchen unterscheiden sich deutlich in Aussehen und Verhalten. Besonders interessant sind die flugunfähigen, larvenähnlichen Weibchen, die bei einigen Arten vorkommen. Diese Weibchen behalten bis zum Erwachsenenalter ihre »jugendliche« Gestalt bei und haben keine Flügel wie ihre männlichen, fertig entwickelten Artgenossen.

Die Balz der Glühwürmchen ist ein wunderschönes Schauspiel. Bei den meisten Arten – es sind aktuell ungefähr 2.000 beschrieben – erheben sich die Männchen in der Dämmerung in die Lüfte und senden rhythmische Lichtblitze aus, um Weibchen anzulocken. Jede Art hat ein einzigartiges Leuchtmuster, das sicherstellt, dass sich nur die richtigen Weibchen angesprochen fühlen. In der Glühwürmchenbalz gibt es eine grobe Einteilung in zwei Kommunikationssysteme. Bei der ersten Variante bleibt das Weibchen an seinem Platz und sendet ein kontinuierliches Leuchten aus, um Männchen anzulocken. Ein Beispiel hierfür ist die Art *Rhagophthalmus ohbai*. Deren Männchen, die nicht leuchten können, fliegen umher und halten Ausschau nach einem Dauerleuchten, um das Weibchen zu finden.

Bei der zweiten Variante führen Männchen und Weibchen einen Dialog. Bei der Art *Photinus pyralis* zum Beispiel senden die Männchen eine Reihe von Blinksignalen aus, auf die die Weibchen nach einem bestimmten Intervall mit einem einzigen Leuchten antworten, wenn sie das Lichtspiel eines Männchens attraktiv finden. Dieses Hin und Her setzt sich fort, bis sich

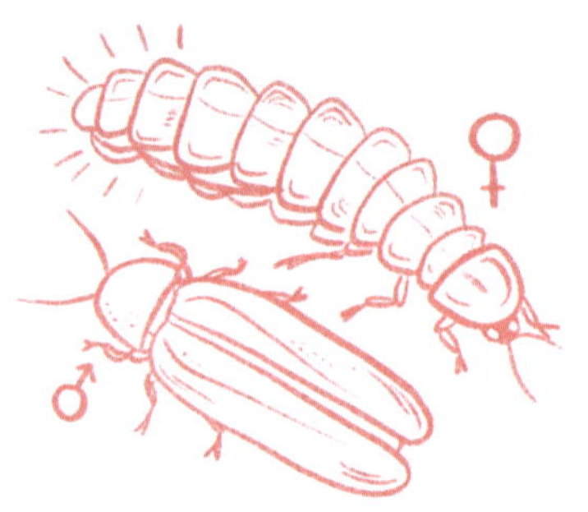

Männchen und Weibchen einig geworden sind und es zur Paarung kommt. Ein bisschen so, wie wenn wir uns über eine Dating-App erst ein wenig hin- und herschreiben, bevor wir uns treffen (und sofort beim ersten Date Sex haben und eine Familie mit Hunderten Kindern gründen – man kennt's).

In Mitteleuropa sind die Glühwürmchen um die Johannisnacht herum (24. Juni) besonders aktiv. In dieser Zeit, die durch lange Abende und warme Temperaturen gekennzeichnet ist, haben die Glühwürmchen ideale Bedingungen, um ihre kleinen Feuerwerke aufzuführen.

So, das war schon einmal ein guter Einstieg ins Liebesleben der Tiere, oder? Im Laufe des Buchs werden wir noch weitere Liebesgeschichten aus der Natur erzählen, aber in den nächsten Kapiteln schauen wir uns erst einmal an, wie das alles eigentlich bei uns Menschen so läuft – und hier übergebe ich an Lorenz.

Tanz der Moleküle: Die Biochemie der Liebe

Als ich Jasmin das erste Mal sah und wir persönlich miteinander gesprochen haben – in Vorbereitung auf einen gewissen Podcast (*Bugtales.FM*) –, hatte ich keine Schmetterlinge im Bauch, sondern ein gigantisches *WOW* flutete meine Blutbahnen. Ich dachte mir, *diese Frau ist echt umwerfend*! Schlau, kreativ, schlagfertig, witzig, bedacht. War ich zu diesem Zeitpunkt bereits in Jasmin verliebt? Vielleicht. Lässt sich Liebe messen, und falls ja, als was? Als Gefühl? Als körperliche Aufregung? Als eine Naturgewalt? Ist Liebe Schicksal oder eine Choreografie ausgeklügelter chemischer Prozesse im Inneren unseres Körpers?

Egal, mit welchen Begriffen und Gefühlen man für sich die Liebe definiert, sie lässt sich auch wissenschaftlich erforschen, wobei sie sich auf Hinweise aus den Sozial- und Geisteswissenschaften ebenso wie aus den Naturwissenschaften und der Mathematik stützt. Eine allumfassende Definition von Liebe, die über alle Disziplingrenzen hinweg Gültigkeit besitzt, scheint auch im Jahr 2024 schwierig zu sein. Beginnen wir also zunächst mit einem Schritt vor dem Verlieben.

Menschen! Gefühle! Attraktionen!

Bevor du dich verlieben kannst, musst du erst mal *Gefühle für eine andere Person empfinden*. Vielleicht denkst du jetzt, das ist ja wohl selbstverständlich, doch in der Wissenschaft veränderte sich erst kürzlich die Definition dessen, was Gefühle eigentlich sind. Lange Zeit (viel zu lang) war man der Meinung, dass Gefühle universell und allgemeingültig seien. Dass also beispielsweise alle Leute, die Angst haben, körperlich identisch reagieren. Aber wenn Jasmin und ich einen Horrorfilm schauen, reagiert sie, sofern sie sich überhaupt fürchtet, eher mit Unruhe und trommelt vor Aufregung mit den Fingern auf den Oberschenkeln herum, während sich mein Puls absenkt und ich in meiner Position »einfriere«. Die systematische Erforschung von Gefühlen ist sehr schwierig. Noch zu Beginn der 1990er-Jahre ging die wissenschaftliche Gemeinschaft mehrheitlich davon aus, dass Gefühle sich eindeutig bestimmen ließen. Durch die Arbeit unter anderem von Lisa Feldman Barrett wurde deutlich, dass diese Annahme nur in bestimmten Kontexten zutrifft. Etwa dann, wenn Leute aus unterschiedlichen Kulturen beim Interview über ihre Gefühle durch Suggestivfragen bereits in eine Richtung gelenkt werden. Feldman Barrett kommt durch ihre Arbeit zu dem Schluss, dass sich Gefühle vielfältig ausprägen und interpretiert werden können. Ihre These lautet: *Vielfalt ist die Norm.* Vielfalt ist super, macht eine systematische Erforschung des Verliebens aber schwierig. Die Definition von Begriffen wie *Attraktivität* wird deshalb durch die Psychologie und nicht etwa durch die Neurobiologie geliefert. Wie anziehend wir eine andere Person finden, hängt demgemäß nicht nur von physischen Eigenschaften wie der Gesichtsform, der Größe oder der Gesamterscheinung ab, sondern auch davon, inwieweit uns die andere Person sympathisch ist – das kann optische Merkmale auch komplett schachmatt setzen. Es stimmt wirklich: Aussehen ist nicht so wichtig, die inneren Werte müssen stimmen. Niemand will sein Leben mit jemandem verbringen, der hübsch anzuschauen ist, den man aber eigentlich gar nicht so sehr mag oder mit dem man wenig Gemeinsamkeiten hat.

Sympathie setzt voraus, dass wir bestimmte Eigenschaften teilen – beispielsweise Wertvorstellungen, Hobbys oder Lebensziele – und eben auch erkennen, dass uns die andere Person ebenfalls mag. Und dann gibt es noch drei Buchstaben, die eventuell auch einen Einfluss darauf haben, ob wir uns in eine Person verlieben. Das Wort mit diesen drei Buchstaben scheint einen evolutionären Vorteil zu verleihen: *MHC*.

Drum rieche, wer sich ewig bindet

MHC steht für *Hauptgewebeverträglichkeitskomplex* (*major histocompatibility complex*). Das ist ein Molekül, für dessen Entdeckung es im Jahr 1980 den Nobelpreis in Physiologie oder Medizin gab, für Baruj Benacerraf (1920–2011), Jean Dausset (1916–2009) und George Snell (1903–1996). Der MHC bestimmt, ob wir Menschen (oder allgemein Wirbeltiere) molekular miteinander kompatibel sind. Das bezieht sich nicht auf Liebe und Sex, sondern in erster Linie auf Organtransplantationen. Um das zu verstehen, springen wir kurz in das Lister Institute nach London in das frühe 20. Jahrhundert.

Dort forschte der Pathologe Peter Gorer (1907–1961) an der Gewebeverträglichkeit von Mäusen. Das waren zu dieser Zeit (vergleichsweise) beliebte Haustiere, manche Leute züchteten Mäuse auch privat. Die dabei entstehenden Inzuchtstämme waren als Versuchstiere viel besser geeignet, weil sie nicht so variabel waren, sondern sich alle Nachkommen enorm ähnelten. Die Inzucht der Mäuse – teils über 100 Jahre hinweg – half also dabei, die Tierversuche zu standardisieren. Die heute gebräuchlichsten Mausstämme heißen *C57/BL-6* und *BALB/c*. Ich leite als Systembiologe und Fettforscher mein eigenes Labor, und auch im *AdlungLab* arbeiten wir mit C57/BL-6- und BALB/c-Mäusen. Dabei handelt es sich um schwarze (das BL steht für *black*) beziehungsweise weiße (das ALB steht für *albino*) Mäuse.

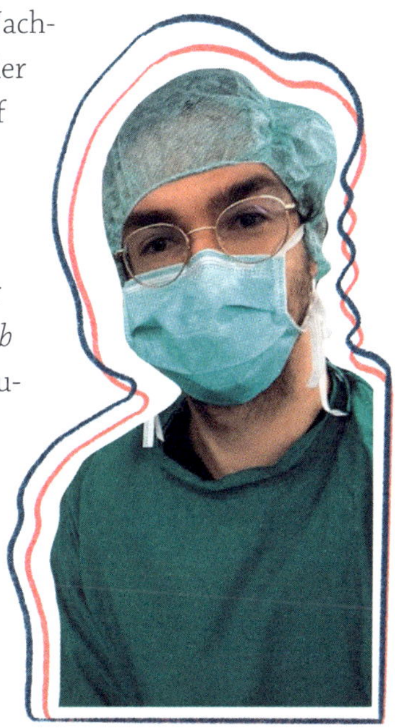

Peter Gorer transplantierte jedenfalls Tumorgewebe in solche Mausstämme und beobachtete, dass die Tumoren bei manchen Stämmen abgestoßen wurden und bei anderen nicht. Hatte die Inzucht also Auswirkungen darauf, ob die Mäuse das Tumorgewebe abstießen? Die Forschungsergebnisse lieferten darauf eine für die Wissenschaften klare Antwort: jein. Gorer gelang es, ein Eiweißmolekül an der Oberfläche der Körperzellen der Maus zu bestimmen, das für die (Tumor-)Gewebeverträglichkeit verantwortlich zu sein schien. Und genau dieses Eiweißmolekül kennen wir heutzutage als MHC.

Wir wissen, dass es zwei Klassen von MHC gibt, *MHC-I* und *MHC-II*. Die erste Klasse dieser Eiweißmoleküle kommt bei Wirbeltieren auf allen Körperzellen außer den roten Blutkörperchen vor. MHC-I fungiert dabei wie eine Art Schlüsselband, an dem ein Backstagepass befestigt ist. Der Backstagepass, der an dem MHC-I befestigt ist, signalisiert nach außen, dass man (als Zelle) dazugehört (zum Körper). Wenn jetzt Gewebe mit Zellen aus den weißen Mäusen in den schwarzen Mausstamm transplantiert werden, wird an den unterschiedlichen Backstagepässen deutlich, dass die Zellen nicht kompatibel miteinander sind. In der Folge werden die transplantierten Zellen vom Immunsystem des Empfängerstamms abgetötet, und das Gewebe wird abgestoßen.

Die andere Klasse von MHC, die MHC-II, findet sich wiederum hauptsächlich an der Oberfläche bestimmter Immunzellen. An ihren Schlüsselbändern hängen keine Backstagepässe, sondern Fahndungsfotos in Form kleiner Bruchstücke von Krankheitserregern wie Bakterien oder Viren. MHC-II wird benötigt, um die anderen Zellen des Immunsystems zu aktivieren (und sich den Feind wieder ins Gedächtnis zu rufen). Okay, so weit, so gut, und was hat das jetzt alles mit der Liebe zu tun?

Je diverser die MHC-Moleküle eines Individuums sind, umso mehr verschiedene Fahndungsfotos können gezeigt werden. Es würde also besseren Immunschutz für deine Nachkommen bedeuten, wenn du dich in eine Person verliebst, deren MHC-Moleküle möglichst unterschiedlich zu deinen eigenen sind. Nur wie kannst du das herausfinden?

Nun – vielleicht mit der Nase. Unsere MHC-Moleküle befinden sich nämlich auch auf Hautzellen. Wenn diese absterben, können die MHC-Moleküle von Bakterien auf der Haut verstoffwechselt werden. Die MHC-Moleküle verflüchtigen sich dabei und werden »riechbar«. Eventuell riechen dann Menschen mit anderen MHC-Molekülen für uns verführerisch, wohingegen wir Menschen mit ähnlichen MHC-Molekülen eher »nicht gut riechen« können. *Drum rieche, wer sich ewig bindet?* Bevor du dir jetzt das Parfüm *MHC No. 5* kaufst, sei noch erwähnt, dass es für die Hypothese, dass Menschen sich in Abhängigkeit von der MHC-Vielfalt verlieben, bisher keine *absolut* gesicherten Belege gibt.

Halten wir also fest, dass es zwar von (evolutionärem) Vorteil sein kann, wenn man sich mit einer Person, nun, »paart«, die andere MHC-Moleküle hat als man selbst, sofern man sich Nachwuchs wünscht. Ob die MHC-Vielfalt wahrgenommen werden kann und das Verlieben beeinflusst, ist aber noch unklar. Was im Körper einer liebenden Person passiert, ist in der Fachliteratur hingegen umfassend beschrieben, und da steigen wir jetzt ein.

Wie geht eigentlich Liebe?

Das Funktionsprinzip der Liebe lässt sich mit einem Wort gut zusammenfassen: *Biochemie*. Oder genauer gesagt: *Hormone*. Was Hormone sind, möchte ich dir kurz erklären.

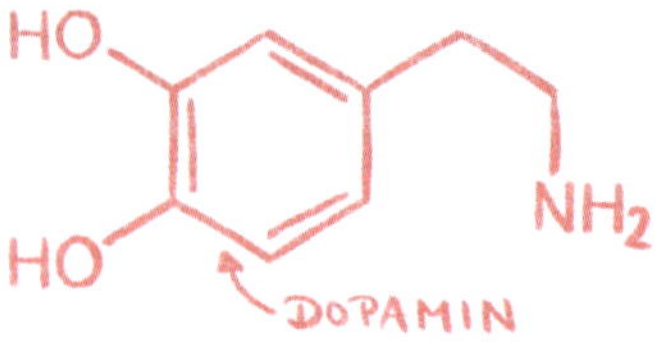

Reden wir von Hormonen, dann sprechen wir über Botenstoffe. Das Wort *Hormon* ist altgriechischen Ursprungs und bedeutet so viel wie »erregen«. Hormone sind also Moleküle, die uns erregen. Es handelt sich dabei aber nicht nur um sexy Moleküle, sondern um biochemische Verbindungen mit bisweilen sechs Ecken. Die Botenstoffe fungieren als Kontrollinstanz, denn Hormone regeln viele Prozesse in unserem Körper: Wachstum, Pubertät, Schwangerschaft, Stress und Stoffwechsel. Aus evolutionsbiologischer Sicht sind Hormone für unser Paarungsverhalten wichtig. Nicht zuletzt, weil sie als Taktgeber beim Tête-à-Tête zwischen Menschen fungieren, dürfen sie in diesem Buch nicht fehlen.

Wie wirken Hormone nun also bei der Liebe? Was die Biochemie betrifft, hat sich für die romantische Liebe zwischen Menschen ein Modell etabliert, das ich sehr schlüssig finde. Das *Drei-Säulen-Modell des romantischen Verliebens* stammt von Helen Fisher, einer Anthropologin, die als Gastwissenschaftlerin an der Rutgers University in New Jersey tätig war. Mittlerweile ist Fisher Chief Science Advisor der Internet-Dating-Seite Match.com. Das muss die Liebe zum Beruf sein.

Die erste Säule der romantischen Liebe bei Menschen ist die *Lust*. Sie wird dominiert von den Sexualhormonen *Testosteron* und *Östrogen*, die von den Hoden beziehungsweise von den Eierstöcken produziert werden und für sexuelles Verlangen und dessen Befriedigung zuständig sind. Aus evolutionärer Sicht scheint Lustempfinden beim Menschen nützlich zu sein, um einen Anreiz zur Reproduktion zu schaffen. Interessanterweise wirken die Sexualhormone bei allen Geschlechtern, dazu kommen wir später noch. Es gibt in Bezug auf Sexualhormone also eine Grauzone, sozusagen Fifty Shades … aber lassen wir das und gehen stattdessen weiter zur zweiten Säule der romantischen Liebe bei Menschen, der *Anziehungskraft*.

Das ist nicht im physikalischen Sinne gemeint, zwar hat die Erde eine hohe Anziehungskraft, aber so lieb- und sorglos, wie die Menschen mit dem Planeten umgehen, scheint er nur begrenzt attraktiv. Wie lässt sich Lust von der Anziehungskraft (*attraction*) unterscheiden? Richtig, durch Hormone. Denn wenn wir eine andere Person anziehend finden, werden in unserem Körper *Dopamin* und Noradrenalin ausgeschüttet. Letzteres kennst du vielleicht auch unter dem Namen *Norephinephrin*. Dopamin ist Teil unseres Belohnungssystems. Wenn wir uns mit Dopamin belohnen, fühlen wir uns gut, und Noradrenalin macht uns aktiv, wofür (kurzfristig) Energie bereitgestellt wird. In diesem hormonellen Ausnahmezustand werden andere Bedürfnisse nach etwa Nahrung oder Schlaf in den Hintergrund gedrängt. Bestimmt hast du das auch schon einmal erlebt, oder? Man ist verliebt, muss immer an die andere Person denken und kriegt keinen Bissen runter. Deshalb hat der Ausdruck *nur von Luft und Liebe leben* durchaus einen wahren Kern.

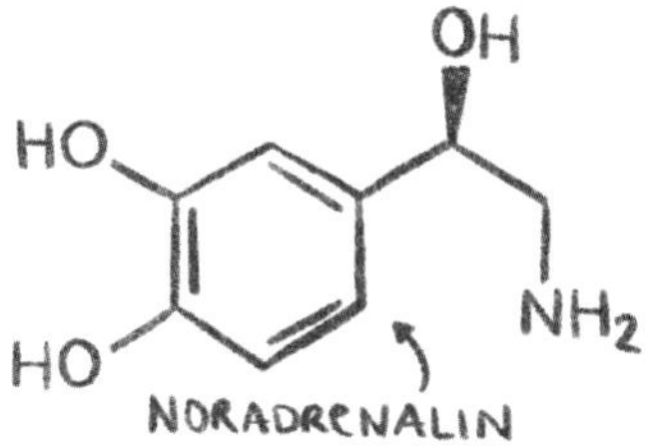

Apropos Kern, der *Nucleus caudatus*, ein Kerngebiet im Endhirn, ist die Region, in der unsere Nervenzellen durch Dopamin und Noradrenalin besonders aktiv sind, wenn wir uns verlieben. In dieser Zeit ist die Konzentration des Hormons *Serotonin* in unserem Körper niedrig. Serotonin reguliert unter anderem unsere Stimmung und damit die Anziehungskraft, die eine andere Person auf uns ausübt. Niedrige Konzentrationen von Serotonin in unserem Körper werden dafür verantwortlich gemacht, dass wir beinahe obsessiv an eine andere Person denken müssen.

Die dritte Säule der romantischen Liebe ist die *Bindung* (*attachment*). Diese Säule ist für langfristige Beziehungen wichtig und wird hauptsächlich durch die Hormone *Oxytocin* und

Vasopressin reguliert. Langfristige Bindungen spielen nicht ausschließlich für romantische Liebe eine Rolle, sondern auch für Freundschaften oder Beziehungen zwischen Eltern und Kindern. Oxytocin wird das *Kuschelhormon* genannt, was nicht gänzlich falsch ist, denn Oxytocin wird ausgeschüttet, wenn wir einander berühren oder umarmen, wenn wir uns küssen, wenn ein Kind geboren oder gestillt wird. Was ich besonders interessant finde, ist, dass Oxytocin nicht nur Auswirkungen auf unser Bindungsverhalten hat, sondern auch auf unseren Stoffwechsel. Seine Konzentration im Körper führt nämlich auch dazu, dass das Fettgewebe an Masse verliert und der Körper mehr Energie verbrennt. Für mich ist das natürlich doppelt spannend, denn ich bin Fettforscher und untersuche in meinem Labor mit meinem Team, wie sich das Fettgewebe im Laufe des Lebens verändert.

Die Liebe bei Menschen ist komplex, weil Gefühle nicht so einfach zu messen und viele Hormone involviert sind. Da ist das Drei-Säulen-Modell schon mal ganz nützlich, um ein bisschen Ordnung in den Hormonhaushalt zu bringen und die Hormone in einzelne Schubladen zu sortieren für Lust, Anziehungskraft oder Bindung. Es wird aber noch komplizierter, denn Hormone verändern sich nicht nur mit dem Lebensalter, sondern vermutlich sogar mit den Jahreszeiten. Jasmin wird später im Kapitel über Sex noch genauer darauf eingehen, wie die eben genannten Hormone aktiv werden, wenn wir uns körperlich näher kommen.

Was uns ins Wanken bringt: Über Hormone

Also lass uns mal reinzoomen in den Hormonhaushalt. Wie funktionieren Hormone eigentlich beim Menschen?

Beginnen wir beim *Hypothalamus*. Der Name bedeutet so viel wie »Unterzimmer« und meint ein murmelgroßes, etwa 15 Gramm schweres Areal unseres Gehirns mittig zwischen den Ohren. Der Hypothalamus steuert das *vegetative Nervensystem*, welches für unbewusste Körperprozesse zuständig ist und selbst eben auch nicht willentlich kontrolliert werden kann, beispielsweise unsere Atmung oder auch den Herzschlag. Zum Glück, sonst müssten wir ja dauernd denken *jetzt einatmen, Herzschlag, Herzschlag, Herzschlag und ausatmen*. Stressig! Im Gegensatz zum vegetativen Nervensystem kann übrigens das *somatische Nervensystem* aktiv von uns kontrolliert werden. Ich kann willentlich veranlassen, jetzt aufzustehen und mir einen Tee zu holen (wenn dieser Sessel hier nicht so unglaublich gemütlich wäre).

Zurück zum Hypothalamus im Gehirn und zum vegetativen Nervensystem. Letzteres kann in *Sympathikus* und *Parasympathikus* unterteilt werden. Der Sympathikus ist vor allem für Stressreaktionen verantwortlich und steuert die Ausschüttung von Hormonen wie Adrenalin und Noradrenalin. Diese Hormone erhöhen den Puls, verbessern die Durchblutung der Skelettmuskulatur und erweitern Bronchien und Pupillen. So sind wir bestens für Kampf oder Flucht gerüstet! Zum Glück regelt er auch die Verdauung runter, sodass sich man sich auf der Flucht nicht in die Hose ... egal. Der Parasympathikus jedenfalls wirkt als Gegenspieler und sorgt für gegenteilige Reaktionen. Er senkt also den Puls, regt die Verdauung an und verengt Bronchien und Pupillen. Der Parasympathikus wirkt über den Vagusnerv und sorgt dadurch für Ruhe und Entspannung.

Koordiniert werden Sympathikus und Parasympathikus vom Hypothalamus, der die direkt darunter liegende Hirnanhangdrüse (*Hypophyse*) zur Ausschüttung von Hormonen ins Blut anregen kann – im Wesentlichen eine Anregung zur Aufregung. So wird beispielsweise das Stresshormon *Adrenocorticotropin* von der Hirnanhangsdrüse ins Blut abgegeben und gelangt zu den Nieren. Dies veranlasst die Nebennierenrinde zur Produktion von *Corticoiden*, wie zum Beispiel *Cortisol*, das du vielleicht schon kennst. Der Cortisolspiegel steigt bei Stress an und sorgt dafür, dass wir kurzfristig mehr Energie zur Verfügung haben.

Die gesteigerte Leistungsfähigkeit in Stresssituationen hat allerdings ihren Preis. Denn bei erhöhtem Stresslevel haben wir durch die Bildung von Cortisol kurzfristig mehr Energie zur Verfügung, worunter jedoch unser Immunschutz leidet. Dabei sollte Stress nicht von Dauer sein. Wenn unser Stressempfinden chronisch erhöht ist, werden wir krank, weil wir dann anfälliger für Infektionen, Depressionen, Herz-Kreislauf-Erkrankungen und Magen-Darm-Beschwerden sind.

Auch während der Schwangerschaft ist der Cortisolspiegel erhöht, wobei er sich auf die Entwicklung des Kindes auswirkt. Wenn der Stress während der Schwangerschaft zu hoch wird, beispielsweise durch traumatische Erfahrungen oder eine konstante Überlastung, kann das das ungeborene Kind in seiner Entwicklung negativ beeinflussen. Die Auswirkungen davon reichen von asymmetrischen Gesichts-/Körperseiten bis zu einem verminderten Intelligenzquotienten.

Frühlingsgefühle beim Menschen

Hormone beim Menschen beeinflussen die Energiebereitstellung und den Immunschutz nicht nur kurzfristig infolge von Stress, sondern auch abhängig von den Jahreszeiten. Dass das auch bei uns Menschen so ist, war wissenschaftlich lange nicht nachgewiesen, doch wir kennen es aus dem Tierreich.

Bei Vögeln ist uns beispielsweise bekannt, dass Hormone saisonal schwanken. Im Jahr 1937 wurde bereits ein Fachartikel im Journal *Science* veröffentlicht, in dem von der durch die Hypophyse angeregten Hormonproduktion bei Fasanen berichtet wurde, besonders während der Brutzeit (gut einen Monat zwischen März und August). Dass Hormone auch mit Fortpflanzung zu tun haben, dazu kommen wir gleich gesondert. Denn jetzt widmen wir uns erst einmal der Frage, ob es saisonale Hormonschwankungen auch bei Menschen gibt. Um das zu beantworten, braucht es Blutproben von vielen verschiedenen Proband:innen. Hormone hängen mit unserem Stressempfinden zusammen, und da Stress von Mensch zu Mensch unterschiedlich intensiv empfunden wird, sollte das Blut von einer großen Gruppe von Testpersonen kommen. Es braucht also nicht nur viele Leute, die einmal kurz bei dem Versuch mitmachen wollen, sondern die Freiwilligen müssen dann auch noch über das ganze Jahr verteilt immer wieder Blutproben abgeben. Aus diesen Proben können dann die Hormonkonzentrationen im Blut gemessen werden, beispielsweise das Cortisollevel, und erst dann kann man schauen, ob einzelne Hormone bei Menschen über das Jahr regelmäßigen Schwankungen unterliegen oder ob sich die Messwerte nur zufällig verändern, unabhängig von der Jahreszeit.

Würde ich mit meiner Arbeitsgruppe diese Aufgabe angehen wollen, bräuchte ich zuerst zwei Dinge, die in der Wissenschaft notorisch knapp sind: Zeit & Geld. Die Messungen müssten über mehrere Jahre durchgeführt werden, und die Bestimmung der Hormonkonzentrationen aus Tausenden von Blutproben ist nicht gerade billig. Aber es gibt eine Möglichkeit, Hormonschwankungen bei Menschen zu erforschen, ohne dabei viel Zeit oder Geld aufzuwenden. Denn die benötigten Daten existierten bereits – und zwar im Gesundheitssystem. Solche Daten analysierte ein Forschungsteam vom Weizmann-Institut in Israel, wo ich nach Fertigstellung meiner Doktorarbeit forschte. Alle Menschen, die in Israel leben, sind bei Clalit pflichtversichert, so auch ich von 2017 bis 2021. Aus dem Datensatz wurden die Messungen von Schwangeren bereinigt, dann auch die von Menschen, die bekannte Vorerkrankungen aufwiesen oder nachweislich Drogen konsumierten. Diese Ausschlusskriterien stellten sicher, dass eventuell festgestellte Hormonschwankungen nicht noch anderweitig verursacht wurden. Der Beobachtungszeitraum erstreckte sich von 2002 bis 2017 (ich bin also nicht Teil dieser Kohorte). Die Daten von Männern und Frauen wurden getrennt voneinander betrachtet, und die untersuchten Personen waren zwischen 20 und 80 Jahre alt.

Zunächst musste das Forschungsteam sicherstellen, dass es keine tageszeitlichen Schwankungen bei den Messungen gab. Egal, ob die Blutprobe morgens oder abends entnommen wurde, die Messergebnisse blieben gleich. Dann begann die Suche nach Mustern, und es gab auch schnell Ergebnisse.

In den Daten zeigte sich, dass Hormone für die Reproduktion (zum Beispiel: *Luteinisierendes Hormon*), den Stoffwechsel (zum Beispiel: *Thyreotropin*) und die Stillzeit (zum Beispiel: *Prolaktin*) regelmäßige saisonale Schwankungen im Bereich einiger Prozente aufweisen. Der Höhepunkt der Messwerte bei den genannten Hormonen lag jeweils im Sommer, genauer: im Juli oder August. Damit wäre der Beweis erbracht: Saisonale Hormonschwankungen gibt es auch bei uns Menschen.

Allerdings ist es noch etwas komplizierter, aber keine Angst,

wir kommen da gemeinsam durch. Hormone können nicht nur unterteilt werden nach den Prozessen, die sie regulieren (beispielsweise Wachstum oder Fruchtbarkeit), sondern auch nach der Reihenfolge ihres Wirkens. Das oben erwähnte Adrenocorticotropin wird als Erstes von der Hirnanhangdrüse gebildet und zählt zu den *Auslösern*. Ausgelöst wird im Fall von Adrenocorticotropin die Bildung von Cortisol, welches seinerseits zu den *Effektoren* zählt. Cortisol sorgt dafür, dass mehr Energie zur Verfügung gestellt wird, und zwar auf Kosten des Immunschutzes, der dadurch ein wenig runtergedreht wird. Es hat also einen direkten Effekt auf ein Organ, daher der Name. Das Forschungsteam fand dazu in den Daten etwas Unerwartetes. Bei Auslöser- und zugehörigen Effektor-Hormonen sind die Höchstwerte innerhalb eines Jahres immer um einige Monate verschoben. Während Auslöser-Hormone ihre Spitzenwerte beispielsweise im Sommer haben, erreichen die entsprechenden Effektor-Hormone ihren Höhepunkt im Frühling oder im Herbst. Das ist verwunderlich, weil die Bildung von Cortisol nur wenige Minuten oder Stunden nach der Ausschüttung von Adrenocorticotropin beginnt. Ein klassisches Beispiel für wissenschaftliche Forschung: Am Ende des Forschungsprojekts konnte die ursprüngliche Frage beantwortet werden, dadurch ergeben sich aber neue Fragen. Wir wissen jetzt, dass Hormone in Menschen saisonal schwanken, aber nicht, warum Auslöser- und Effektor-Hormone ihren jeweiligen Höhepunkt um mehrere Monate versetzt erreichen.

Es würde jetzt hier zu tief gehen, aber wenn du einen Erklärungsansatz für dieses Phänomen erfahren willst, hör gern in unseren Podcast rein: *Bugtales.FM*, Episode 36 mit dem Titel »Frühlingsgefühle«.

Apropos Höhepunkt: Im Frühling erreichen die Sexualhormone *Testosteron*, *Östradiol* und *Progesteron* ihren jeweiligen Spitzenwert. Lösen diese Hormone die sprichwörtlichen Frühlingsgefühle aus?

Ein Ritt auf der Gefühlsachterbahn: Abschied von Hormone

Im Laufe der Zeit verändern sich unsere Gefühle. Wie es gegen Ende des Lebens aussieht, hat Jasmin in ihrem Sachbuch *Abschied von Hermine* beschrieben. Doch Empfindungen ändern sich nicht nur innerhalb eines Lebens, sondern sogar innerhalb eines Lebensjahres.

Frühlingsgefühle müssen interdisziplinär betrachtet werden, aus hormoneller wie auch aus psychologischer Perspektive. Im Frühling führt das zunehmende Tageslicht dazu, dass die Menge des »Schlafhormons« *Melatonin* im Blut sinkt. Dadurch steigen die Mengen des »Glückshormons« *Serotonin* und des Stresshormons *Noradrenalin*, was dazu führt, dass wir uns wacher und aktiver fühlen. Hast du schon einmal von der berüchtigten »Frühjahrsmüdigkeit« gehört? Die Hormone liefern eine mögliche Begründung. Noradrenalin wirkt im Sympathikus, unser Herz schlägt dann schneller und stärker. Steigt damit auch unsere sexuelle Aktivität? Ein Indiz dafür sind vermehrte Registrierungen und erhöhte Betriebsamkeit auf Flirtportalen und Dating-Apps, dort sind im Frühling zumindest höhere Werte verzeichnet als im Herbst. Aber was machen die Sexualhormone Testosteron, Östradiol und Progesteron mit unserem Körper, wenn sie im Frühling ihren saisonalen Höchstwert erreichen?

Testosteron ist ein Sexualhormon, das für den Aufbau von Fett- sowie Muskelmasse sorgt und die Spermienproduktion ankurbelt. Saisonale Höchstwerte von Testosteron könnten ein Grund sein, warum die Spermienqualität im Frühjahr am besten ist. *Östradiol* zählt zu den *Ögenen*, oder auch: *Östrogenen*. Diese Sexualhormone fördern hauptsächlich das Wachstum von Vagina, Gebärmutter und Eierstöcken. Außerdem beeinflussen Östrogene die Gebärmutter während des Menstruationszyklus, indem sie Gewebewachstum und Durchblutung anregen. Während der Schwangerschaft kann das Östrogenlevel im Blut um das Zehnfache ansteigen. Progesteron wird mit entwicklungsbiologischen und neurologischen Prozessen in Verbindung gebracht, spielt aber hauptsächlich eine Rolle bei Menstruation und Schwangerschaft. Ich finde es interessant, dass Sexualhormone wie Östrogen und Progesteron, die während des (jeweils vierwöchigen) Menstruationszyklus so stark schwanken, auch saisonal nachweisbar variieren und im Frühjahr Höchstwerte im Blut erreichen. Um beurteilen zu können, ob diese saisonalen Schwankungen im Vergleich zu den monatlichen Zyklusvariationen überhaupt relevant sind, müssen wir eine messbare Eigenschaft finden, die mit dem Level von Östrogen und Progesteron im Zusammenhang steht. Wie wäre es mit der Schwangerschaft?

Wenn Östrogen und Progesteron im Frühling regelmäßig Höchstwerte erreichen und das von Bedeutung für die Schwangerschaft ist, dann sollte sich auch ein Muster in der saisonalen Häufigkeit von Schwangerschaften entdecken lassen. Dafür gibt es immerhin einige Hinweise. In einer Übersichtsarbeit 2022 wird festgestellt, dass es im Frühling zu mehr Schwangerschaften kommt als zu den anderen Jahreszeiten. Andere Arbeiten suggerieren, dass die Geburtsrate von März bis Mai am höchsten ist, was eher für sexy Herbstgefühle sprechen würde. Dabei spielt auch eine Rolle, ob die Menschen auf der Nord- oder Südhalbkugel miteinander Kinder zeugten und aus welcher Gesellschaftsschicht sie entstammten. Ob es sich bei diesen Beobachtungen um eine zufällige Korrelation handelt oder ob die von Östrogen und Progesteron vermittelten Frühlings-/Herbstgefühle direkt dafür verantwortlich sind, muss weitere Forschung zeigen.

Liebe und Beziehungsformen bei Tieren

Liebe ist vermutlich das Gefühl, das uns als Menschheit am längsten fasziniert, in all seinen Auswirkungen; Verliebtheit, Herzschmerz, Wut, Hass und Trauer finden sich in Kunstwerken, in Musik oder Literatur. Liebe und alle guten und weniger guten Gefühle, die sich daraus ergeben, sind in vielen Lebensbereichen die Triebfeder, die uns antreibt. Liebe äußert sich in verschiedenen Formen, von den Höhenflügen einer leidenschaftlichen Romanze bis hin zur tröstlichen Beständigkeit einer Freundschaft – aber auch jetzt sprechen wir erst einmal über die romantische Liebe, wie Lorenz im Kapitel zuvor.

Nicht nur uns Menschen hat die Liebe fest im Griff, auch im Tierreich gibt es eine Vielfalt an Liebes- und Beziehungsstilen, die jeweils durch evolutionäre Zwänge, Umweltbedingungen und artspezifische Verhaltensweisen geprägt sind. Liebe führt zu Liebesbeziehungen, die sich bei uns jedoch anders anbahnen und auch ausgestalten. Wir Menschen projizieren unser Verständnis von Monogamie, Polygamie und anderen Beziehungsstilen oft auf Tiere, aber die Realität ist viel komplexer und nuancierter. Und genau das schauen wir uns jetzt an.

Monogamie im Tierreich

Monogamie ist bei Tieren eine Beziehungsform, die sich stark von der menschlichen Vorstellung unterscheiden kann. Während Menschen Monogamie gern als lebenslange, exklusive Partnerschaft idealisieren, ist die Monogamie bei Tieren typischerweise ein fließendes Spektrum und von eher pragmatischen Überlegungen bestimmt. Es gibt verschiedene Formen, darunter soziale oder sexuelle Monogamie. Jede Form hat unterschiedliche Merkmale und evolutionäre Vorteile und lässt sich nicht einfach auf *Du schläfst jetzt nur noch mit mir!* herunterbrechen.

Soziale Monogamie

Monogamie kommt allgemein selten im Tierreich vor, findet sich aber in manchen Gruppen in erhöhtem Maße: Unter fünf Prozent der Säugetiere leben monogam, dafür sind über 90 Prozent der Vögel zumindest sozial monogam. Die Betonung liegt hier auf *sozial*: Die *soziale Monogamie* beschreibt eine Paarbindung zwischen zwei Individuen, die bei Aktivitäten wie Nestbau, Aufzucht des Nachwuchses und Verteidigung des Territoriums ein Team bilden und sich den Rücken stärken. Diese Bindung bedeutet jedoch nicht notwendigerweise sexuelle Exklusivität. Generell zeigen immer mehr Forschungsergebnisse, dass Sex außerhalb der festen Partnerschaft im Tierreich eher die Regel als die Ausnahme ist. Ein gutes Beispiel dafür sind die Meisen (Paridae): Galten sie früher als sexuell treu, hat man mittlerweile festgestellt, dass mehr als die Hälfte der Meisen durchaus für ein Rendezvous außerhalb der Partnerschaft zu haben ist und die sich kümmernden Väter meistens nicht mit allen Küken verwandt sind.

Sexuelle Monogamie

Sexuelle Monogamie bedeutet dagegen die ausschließliche Paarung zwischen zwei Partner:innen. Diese Form der Monogamie ist im Tierreich vergleichsweise selten. Ein Beispiel ist die Schneeeule (*Bubo scandiacus*), bei der beide Elternteile während der gesamten Beziehung sexuell exklusiv bleiben. Also, äh, meistens. Es sei denn, das Nahrungsangebot ist ungewöhnlich reichhaltig, dann teilen sich zwei Weibchen schon mal einen männlichen Partner, und es muss sich nicht eines allein über Gebühr abrackern. Sexuelle »Untreue« hat aber nicht nur Vorteile. Je nach Vogelart kann es ernsthafte Konsequenzen haben, wenn ein Partner den anderen beim außerehelichen Stelldichein erwischt: Gewalt gegen den fremdgehenden Part, Trennung oder Verweigerung der Unterstützung bei der Aufzucht der Jungen sind mögliche Reaktionen.

Es gibt aber auch sehr treue Vogelarten. So bleiben die bereits erwähnten Schneeeulen ein Leben lang zusammen. Auch Albatrosse (Diomedeidae) sind an langfristigen Beziehungen interessiert, verbringen aber die meiste Zeit getrennt über dem Meer und treffen sich nur zur Fortpflanzung. Sie haben eine lange »Verlobungszeit«, da viel gegenseitiges Vertrauen notwendig ist, um sicherzustellen, dass sie bei dieser ungewöhnlichen Lebensweise nicht verlassen werden. Höckerschwäne (*Cygnus olor*) sind ebenfalls für ihre enge Paarbindung bekannt, doch auch bei ihnen kommt es gelegentlich zu Seitensprüngen. Vor allem, wenn das Weibchen brütet, langweilt sich das Männchen und flirtet mit anderen Schwänen – und zwar überraschenderweise sehr gerne auch mit Männchen.

Die evolutionären Gründe für die Entwicklung eines monogamen Paarungssystems unterscheiden sich von Art zu Art. In Umgebungen, in denen Ressourcen knapp oder weit verstreut sind, kann Monogamie vorteilhaft sein, da sie eine kooperative Versorgung der Nachkommen und eine effiziente Ressourcennutzung gewährleistet, und in erster Linie will man ja die Kinder durchbringen, um das eigene Erbgut in der Nachwelt zu platzieren. Außerdem können monogame Paare bei Arten, die unter starkem Raubdruck stehen, ihre Jungen besser schützen, indem sie sich die Bewachung und Verteidigung des Nachwuchses teilen.

Monogamie entwickelt sich auch bei Arten, deren Nachwuchs eine intensive elterliche Fürsorge erfordert. Bei Vögeln zum Beispiel werden oft beide Elternteile benötigt, um die Küken zu füttern und zu beschützen, was Monogamie zu einer vorteilhaften Strategie macht. Auf diese Weise können sich die Eltern bei der Nahrungsbeschaffung abwechseln und reiben sich nicht komplett auf. Außerdem gibt es ein Back-up, falls einem *Elter* – ein gängiges Wort in der Biologie für *Elternteil* – etwas zustößt.

Saisonale beziehungsweise serielle Monogamie

Saisonale Monogamie ist eine bei vielen Vogelarten verbreitete Strategie, bei der sich Paare nur für die Dauer der Brutsaison binden. Diese Strategie ermöglicht es den Individuen, ihren Fortpflanzungserfolg zu maximieren, indem sie sich in jeder Saison einen neuen Partner suchen und sich so an schwankende Umweltbedingungen und die Verfügbarkeit von Ressourcen anpassen. Das können wir zum Beispiel bei der Amsel (*Turdus merula*) beobachten. Diese Vögel bilden zu Beginn der Brutsaison monogame Paare und arbeiten beim Nestbau, der Brut und bei der Aufzucht der Jungen als effizientes Team zusammen. Am Ende der Brutsaison gibt man sich ein High Five, sagt *Tschüss* und sucht sich im nächsten Jahr wieder jemand anderes. Auch unser Rotkehlchen (*Erithacus rubecula*) geht solche saisonalen *Brutehen* ein. Während der Saison sind die Vögel monogam und bringen zwei bis drei Gelege durch, danach trennen sie sich wieder einvernehmlich.

Dieses saisonale Monogamiesystem ist in Umgebungen vorteilhaft, in denen wichtige Ressourcen wie Nahrung und Nistplätze nicht das ganze Jahr über verfügbar sind. Indem die Amseln jede Saison neue Paarbindungen eingehen, können sie sich an wechselnde Bedingungen anpassen und ihren Fortpflanzungserfolg maximieren. Wenn die Bedingungen in einem Jahr das Territorium oder die Ressourcen eines anderen Partners begünstigen, ist es von Vorteil, dass man sich immer wieder neu entscheiden kann. Außerdem erhöht das die genetische Vielfalt. So bleibt der Genpool bunt und die Art gesund und anpassungsfähig.

Polygamie

Polygamie, bei der ein Individuum mehrere Paarungspartner:innen hat, ist im Vergleich zur Monogamie ein weiteres weitverbreitetes Paarungssystem in der Tierwelt. Polygamie kann in *Polygynie*, *Polyandrie* und *Polygynandrie* unterteilt werden, die jeweils unterschiedliche Merkmale und evolutionäre Vorteile aufweisen.

Polygynie bedeutet, dass sich ein Männchen im Laufe seines Lebens mit mehreren (= *poly*) Weibchen (= *gyn*) paaren kann. Dieses System kommt bei Arten vor, bei denen die Männchen um die Weibchen konkurrieren, wie zum Beispiel bei den Schwarzen Witwen, die wir später kennenlernen werden. Eine Unterkategorie der Polygynie ist das *Harem-System*, in dem beispielsweise Löwenrudel organisiert sind. Hier kontrollieren dominante Männchen ihre Reviere oder Harems und paaren sich mit mehreren Weibchen. Diese Strategie stellt sicher, dass die Gene des Männchens weit verbreitet werden, während die Weibchen von der Paarung mit hochwertigen Männchen profitieren, die ihnen Schutz und Ressourcen bieten können. Auch See-Elefanten (*Mirounga*), die größte Robbenart der Welt, sind in Harems organisiert. Während der Paarungszeit bilden die normalerweise einzelgängerischen See-Elefanten große Kolonien an den Stränden, wobei dann ein einzelner Bulle zehn bis zwanzig Kühe, nun, nennen wir es: *betreut*. Um ihren Harem zu halten und zu verteidigen, tragen die Bullen heftige Kämpfe aus. Jüngere und schwächere Bullen werden an den Rand der Kolonie verdrängt, wo sie schlechtere Bedingungen und nur wenige kränkliche Weibchen vorfinden. Dennoch bleiben sie ständig in Wartestellung und versuchen immer wieder, sich zu paaren was wochenlang zu wiederholten, zum Teil wirklich sehr brutalen Auseinandersetzungen führt. Unter dem Schutz ihres dominanten Bullen, dem sogenannten *Strandmeister* (ja, das heißt wirklich so), bringen die Kühe ihren Nachwuchs zur Welt, der im Vorjahr gezeugt wurde. Sie kümmern sich einige Wochen um die Jungen, bevor sie sich erneut mit den Bullen paaren, um die neue Generation fürs nächste Jahr zu sichern.

Polyandrie, bei der sich ein Weibchen mit mehreren Männchen paart, ist weniger verbreitet, kommt aber bei Vogelarten wie dem Drosseluferläufer (*Actitis macularius*) vor. Wenn die Brutsaison beginnt, kommen Weibchen vor den männlichen Vögeln an den Brutplätzen an. Sie sind die ersten Vögel, die das Territorium erobern und heftig miteinander um die besten Plätze am Ufer wetteifern. Sobald die Männchen in Erscheinung treten, gehen die Weibchen vom Kampf gegeneinander dazu über, die Männchen zu umgarnen. Sie nähern sich den Männchen und stellen dabei oft ihr hübsch geflecktes Gefieder zur Schau, das ausgeprägter gemustert ist als das der Männchen. Die Männchen hingegen verhalten sich eher passiv und warten oft darauf, dass die Weibchen den ersten Schritt machen. Diese Umkehr der Geschlechterrollen wird von einer interessanten hormonellen Dynamik begleitet. Während der Balzphase haben die Weibchen einen höheren Testosteronspiegel als sonst, was ihnen hilft, ihr aggressives und konkurrenzbetontes Verhalten aufrechtzuerhalten, das sie brauchen, um sich Partner und Reviere zu sichern. Später sinkt er dann wieder ab. Wenn die Weibchen bei einem Männchen ankommen, wird sich ruckzuck gepaart. Das Weibchen legt die Eier in eines der vom Männchen vorbereiteten Nester. Gefällt man einander sehr, kann sich auch eine monogame Beziehung entwickeln, bei der beide Elternteile die Aufzucht der Jungtiere managen. Ansonsten ist es in der

Regel so, dass das Männchen die Eier allein ausbrütet, während sich das Weibchen mit dem nächsten Männchen paart.

Bei der Polygynandrie gehen mehrere Männchen und Weibchen langfristige Beziehungen in Form von regelrechten Netzwerken ein. Dieses System findet man bei Arten wie dem Bonobo (*Pan paniscus*). Polygynandrie fördert die genetische Vielfalt und verringert das Risiko von Inzucht, da die Nachkommen von

verschiedenen Männchen gezeugt werden, und nicht nur von einem Anführer. Außerdem kann dieses System die Konkurrenz zwischen den Männchen verringern und die Zusammenarbeit innerhalb der Gruppe fördern. Gibt es jedoch kein soziales Beziehungsnetz, sondern nur Sex, spricht man von *Promiskuität*.

Der offensichtlichste Vorteil der Polygamie ist die Steigerung des Fortpflanzungserfolges. Durch die Paarung mit mehreren Partner:innen kann ein Tier wesentlich mehr Nachkommen zeugen und seine Gene erfolgreicher an die nächste Generation weitergeben. Dies ist besonders wichtig in Umgebungen, in denen die Überlebensrate der Nachkommen aufgrund schwieriger Umweltfaktoren oder eines hohen Raubdrucks gering ist. Außerdem stammen die Nachkommen aus einem größeren Pool genetischer Informationen, was die Anpassungsfähigkeit der Population an Umweltveränderungen verbessern und sie gleichzeitig resistenter gegen Krankheiten machen kann – die genetische Vielfalt wird also erhöht. In schwierigen Umgebungen, in denen die Ressourcen knapp oder die Überlebensbedingungen schlecht sind, bietet Polygamie einen wichtigen Schutz. Wenn ein Tier stirbt oder unfruchtbar wird, können die anderen Partner:innen weiterhin für Nachwuchs sorgen und so das Überleben der Gruppe sichern.

Wenn wir später über verschiedene Fortpflanzungsmethoden sprechen, werden wir auch noch weitere Beziehungskonstellationen kennenlernen. Jetzt wenden wir uns aber erst einmal uns selbst zu.

Liebesbeziehungen bei uns Menschen

Bei uns Menschen überwiegen hauptsächlich zwei Beziehungsstile: monogam oder polygam/polyamor. Die meisten von uns werden vermutlich eine serielle Monogamie pflegen: mehrere aufeinanderfolgende kürzere und längere Beziehungen, bis vielleicht sogar geheiratet wird. In dem Fall geht es mit der Ehe weiter, wobei auf jede dritte Ehe in Deutschland eine Scheidung folgt. Dazwischen gibt es natürlich noch alle möglichen anderen Facetten – eine *Freundschaft plus*, bei der man befreundet ist und ab und zu miteinander schläft, ohne eine feste Beziehung zu führen; eine *Situationship*, also eine Bindung, die im Höllenlimbo zwischen flüchtiger Affäre und fester Beziehung schwelt und oft ein bisschen On-Off geht, an deren Ende eigentlich immer eine oder gleich beide Personen verletzt werden. Ich erinnere mich mit Grauen an mein Datingleben in Berlin.

Natürlich gibt es auch rein sexuelle Affären, wobei »Affäre« hier nichts damit zu tun hat, dass irgendjemand fremdgeht. In diesem Kontext bedeutet es einfach nur, dass man zwar eine sexuelle Beziehung, aber keine Paarbeziehung miteinander führt, vielleicht nicht einmal eine Freundschaft.

Vielleicht ist es merkwürdig, über das Ende einer Liebe zu sprechen, bevor man über Beziehungsformen gesprochen hat, aber ich werde es trotzdem kurz machen. Jemanden zu lieben bedeutet natürlich, sich verletzlich zu machen und das Risiko einzugehen, Liebeskummer zu

bekommen. Liebeskummer ist eine universelle menschliche Erfahrung, die sowohl psychologische als auch physiologische Auswirkungen hat. Auf psychologischer Ebene erleben wir oft intensive Gefühle wie Traurigkeit, Angst, Einsamkeit und tiefe, schmerzhafte Verzweiflung. Physiologisch löst es eine komplexe Kaskade neurochemischer Reaktionen in unserem Gehirn aus. Studien haben gezeigt, dass dieselben Hirnareale, die bei körperlichem Schmerz feuern, auch bei emotionalem Schmerz aktiv sind. Das erklärt, warum sich Liebeskummer oft richtig körperlich anfühlt, richtig greifbar – als dumpfer Schmerz in der Brust, als Knoten im Magen, als Gefühl der Leere bis in die Fingerspitzen.

Lorenz wird uns gleich noch mehr über Hormone erzählen, nur so viel: Unser Dopaminspiegel sinkt, wenn wir an Liebeskummer leiden, und es laufen ähnliche Mechanismen ab wie bei einem Drogenentzug. Und genau so schrecklich fühlt es sich an. Außerdem wird Cortisol ausgeschüttet, eines der wichtigsten Stresshormone. Es sorgt dafür, dass wir keinen Bissen mehr runterkriegen, dass wir nicht mehr schlafen können, wenn unser Herz gebrochen ist, dass wir sogar körperlich krank werden können, weil unser Immunsystem auf Sparflamme läuft. In extremen und zum Glück sehr seltenen Fällen kann Liebeskummer sogar zu einer vorübergehenden Herzschwäche führen, dem sogenannten *Broken-Heart-Syndrom*, das auch bei extrem starker Trauer oder traumatischen Erlebnissen auftreten kann. Diese Erkrankung, die durch starken emotionalen Stress und die damit verbundene Ausschüttung von Adrenalin und Noradrenalin ausgelöst wird, kann zu herzinfarktähnlichen Symptomen führen. In den meisten Fällen ist die Erkrankung nicht lebensbedrohlich. Sie kann manchmal jedoch zum Herzstillstand und sogar zum Tod führen.

Der Verlust eines geliebten Menschen kann natürlich auch soziale Folgen haben. Menschen, die unter Liebeskummer leiden, neigen oft dazu, sich zurückzuziehen und soziale Kontakte zu meiden, was zu einer Verstärkung der Einsamkeit und Isolation führen kann. Doch obwohl Liebeskummer schmerzhaft und schrecklich ist, obwohl er so *scheiße* ist, ist er zumindest ein Zeichen dafür, dass wir fähig sind, wirklich tief zu lieben und uns mit anderen auf einer so emotionalen und verletzlichen Ebene zu verbinden. Und auch wenn es sich im Moment vielleicht nicht so anfühlt und der Gedanke im akuten Moment auch viel zu abstrakt ist: Liebeskummer dauert nicht ewig. Mit der Zeit heilt das Gehirn, die Hormone regulieren sich wieder, und wir sind wieder in der Lage, die Scherben zusammenzukehren und weiterzumachen.

Menschliche Monogamie

Schauen wir uns zuerst einmal die Monogamie an, dem, darf man Disney und Co. glauben, absoluten *Ziel eines vollständigen und erfolgreichen Lebens*.

Eben habe ich ja über Tiere und die dort vorherrschenden Beziehungsformen gesprochen. Die haben sich im Laufe der Evolution so ergeben, und normalerweise sitzt ein Rotkehlchen auch nicht auf dem Ast und hinterfragt das alles. Wir Menschen können aber viel hinterfragen, neue Modelle kreieren, neue Normen und Werte erschaffen, nachdem Beziehungsform A plötzlich doch doof ist und Beziehungsform B jetzt ganz toll. Wir können uns zum Glück auch selbst für individuelle Modelle und Abmachungen entscheiden, die für unsere jeweilige Lebenssituation einfach am besten passen, sofern die äußeren Umstände einen nicht in einen Lebensstil zwingen, den man eigentlich nicht möchte, Stichwort Zwangsehe und Co. Die Frage ist hier jetzt: Kann man irgendetwas als die uns *natürlich gegebene* Beziehungsform ansehen? Definitiv ein Thema, bei dem man sich in Internetforen ganz wunderbar die Köpfe einschlagen kann.

Die Frage, ob der Mensch von Natur aus monogam ist, beschäftigt Gesellschaft und Wissenschaft schon lange. Die Meinungen dazu gehen weit auseinander, wie auch eine Umfrage von *YouGov* aus dem Jahr 2016 zeigt: Nur 25 Prozent der Deutschen glauben, dass Monogamie unserer menschlichen Natur entspricht. 53 Prozent sehen das anders, und 22 Prozent sind sich nicht sicher. Diese Uneinigkeit spiegelt sich auch in der wissenschaftlichen Literatur wider, in der unterschiedliche Perspektiven und Forschungsansätze zu diesem komplexen Thema diskutiert werden. Diejenigen, die für die Hypothese der »natürlichen Monogamie« argumentieren, behaupten, dass Monogamie eine evolutionäre Anpassung sei, die sich im Laufe der Menschheitsgeschichte herausgebildet habe, um die Überlebenschancen des Nachwuchses zu maximieren. Demnach fördere die monogame Paarbindung die Investition beider Elternteile in die Aufzucht und den Schutz der Kinder, was in der Vergangenheit vor allem in rauen und feindlichen Umgebungen überlebenswichtig gewesen sein kann. Kritik an dieser Monogamie-ist-natürlich-These weist auf die enorme kulturelle Vielfalt hin, die in Bezug auf menschliche Paarungsmuster zu beobachten ist, und klassifiziert sie eher als eine fromme, idealisierte, aber auch verkürzte Sicht des menschlichen Zusammenlebens. In vielen Gesellschaften waren und sind polygame Formen des Zusammenlebens wie Polygynie (ein Mann mit mehreren Frauen) oder Polyandrie (eine Frau mit mehreren Männern) weitverbreitet. Die Formen menschlicher Partnerschaften haben sich im Laufe der Geschichte stark verändert. Monogamie, wie sie heute in vielen Gesellschaften häufig praktiziert wird, ist daher ein relativ junges Konstrukt, das eng mit der Entwicklung von Institutionen wie Ehe und Familie verbunden ist. Und mit Disney, zumindest behaupte ich das. Hust. Dabei ist Disney hier auch nur ein provokantes und nicht ganz ernst gemeintes Beispiel. Wir finden auch Hunderte oder Tausende Jahre alte Liebesgeschichten in

Märchen, Sagen und Folklore, in denen es um ein tragisches Liebespaar geht, das am Ende zusammenkommt und *glücklich bis ans Ende seiner Tage* lebt. Diese Vorstellung fasziniert uns also schon lange, doch die Frage ist, wie realistisch das alles ist, und wie sehr wir uns damit unter Druck setzen können. Aber das schauen wir uns später noch einmal an.

Alternative Erklärungsmodelle für die Entstehung von Monogamie konzentrieren sich eher auf soziale und ökonomische Faktoren. So könnte die Monogamie durch die zunehmende Sesshaftigkeit und den Aufbau oder den Austausch von Eigentum begünstigt worden sein, da diese eine langfristige Kooperation innerhalb der Partnerschaft erforderten. Wie sagt man so schön: *Liebe vergeht, Hektar besteht.*

Es ist schier unmöglich, den Finger auf etwas zu legen und zu sagen: *Das ist die natürliche menschliche Beziehungsform, die Vögel machen das auch!* Wie wir aber vorhin gelernt haben, bedeutet Monogamie im Tierreich oft was anderes. Die meisten dieser Beziehungen würde man aus Menschenperspektive eher als *offene Ehen* bezeichnen, wie die Brutehen bei den Rotkehlchen. Wenn eine Person sagt: *Mein Mann und ich leben monogam*, meint diese Person in der Regel nicht *Und nebenher haben wir beide noch mehrere Sachen außerhalb der Beziehung am Laufen.* So etwas kategorisieren wir für uns eher in den Bereich *Polyamorie* ein.

Polyamorie

In den letzten Jahren wird immer öfter über Polyamorie gesprochen. Dabei handelt es sich um Beziehungen, in denen Menschen gleichzeitig mehrere romantische und/oder sexuelle Beziehungen mit Einverständnis aller Beteiligten führen. Sie sind eine Alternative zum traditionellen monogamen Modell und spiegeln die zunehmende Vielfalt gelebter Liebesbeziehungen in unserer Gesellschaft wider. Einvernehmlich nicht-monogame Beziehungen wie Polyamorie bieten einen geschützten und liebevollen Rahmen, in dem Liebes- und Sexualbeziehungen für Dritte geöffnet werden können. Laut Statistiken ist diese Beziehungsform gar nicht so selten: Etwa 20 Prozent der Menschen im Westen haben schon mal Erfahrungen mit Polyamorie gemacht, und circa vier Prozent leben aktuell in einer solchen Beziehung.

Die Motivationen für Polyamorie sind vielfältig. Ergebnisse einer vom Datingportal *Parship* 2017 in Auftrag gegebenen Umfrage zeigen, dass sowohl die Suche nach sexueller Vielfalt (28 Prozent Männer, 21 Prozent Frauen) als auch die emotionale Entlastung durch die Erfüllung von Bedürfnissen durch mehrere Partner (34 Prozent Frauen, 21 Prozent Männer) eine Rolle spielen. Nichtbinäre Menschen wurden leider nicht in die Studie einbezogen, und man kann natürlich auch die Interessenslage hinter so einer Umfrage infrage stellen. Dennoch liefern die Ergebnisse eine interessante Tendenz: Ein hoher Prozentsatz der Befragten (28 Prozent Männer, 29 Prozent Frauen) kann sich demnach vorstellen, mehrere Personen gleichzeitig zu lieben, oder war bereits in mehr als eine Person gleichzeitig verliebt.

Polyamor lebende Menschen sind genauso zufrieden oder unzufrieden mit ihren Beziehungen und fühlen sich psychisch genauso wohl oder unwohl wie monogame Menschen. Es gibt aber Tendenzen, dass polyamor lebende Menschen eher zufrieden mit ihrem Sexualleben sind als monogam lebende Menschen. Das könnte daran liegen, dass in solchen Beziehungen weniger Gewöhnung und das Verfallen in einen sexuellen Alltagstrott stattfindet.

Trotz wachsender Akzeptanz ist Polyamorie aber immer noch mit gesellschaftlicher Stigmatisierung verbunden. Das kann natürlich auch negative Bewertungen und Ausgrenzung zur Folge haben. Diese Stigmatisierung basiert oft auf Vorurteilen, die sich auf die Unfähigkeit zur Bindung oder moralische Defizite beziehen, die aber nicht durch empirische Daten gestützt und demnach nichts als gehässiger Quatsch sind. Ich selbst lebe nicht polyamor, aber wieso sollte ich mich über Leute aufregen, die sich lieben? Verstehe ich nicht. Polyamorie ist einfach eine alternative Beziehungsform mit eigenen Vorteilen, Nachteilen und Herausforderungen, ebenso wie Monogamie auch. Es wäre gut, wenn wir alle diese Beziehungsmodelle in der Gesellschaft besser akzeptieren und verstehen würden, damit wir diskriminierungsfrei und tolerant miteinander umgehen können. Wählen wir doch einfach alle das Beziehungsmodell, mit dem wir uns am wohlsten fühlen.

Beziehung vs. Single

In diesem Buch geht es hauptsächlich um die biologischen Hintergründe von Liebe, Sex und Erblichkeit. Dennoch will ich den ein oder anderen kulturellen Aspekt zumindest anschneiden. In vielen Kulturen gilt die Ehe als Höhepunkt persönlicher Leistung und Erfüllung. Historische, religiöse und soziale Normen haben diese Auffassung tief verwurzelt und feiern die Ehe als das höchste Lebensziel, nicht umsonst wird der Start in den Bund der Ehe als »*Hoch*zeit« bezeichnet, das Maximum ist also erreicht, mehr geht nicht. Die davon abgeleitete Vorstellung, dass alleinstehende Menschen »versagt« haben, hält sich hartnäckig in vielen Köpfen. Der noch immer vorherrschende gesellschaftliche Druck, zu heiraten und Kinder zu bekommen, führt oft dazu, dass Menschen ihren Selbstwert und Erfolg an diesen Meilensteinen messen und in Situationen geraten, in denen sie sich eigentlich nicht wohlfühlen. Aschenputtel lebte bei ihrer Stieffamilie und hatte echt einen Höllenalltag; sie wurde schikaniert, musste hart schuften und sich quälen, während die Stiefmutter und -schwestern die Füße hochlegten. Was hätte

Aschenputtel gebraucht? Ein Jugendamt oder eine Gewerkschaft, eine Ausbildung, damit sie da rauskommt. Was braucht sie laut Märchen? Natürlich einen Mann, der sie rettet. Es gibt sicher Situationen, in denen das eine glückliche Fügung sein kann. Aber immer? Ich weiß ja nicht.

Historisch gesehen bot die Ehe in erster Linie wirtschaftliche und soziale Stabilität. Früher sicherte sie Bündnisse, Sicherheit über die Abstammung und Eigentum, wie schon weiter oben erwähnt. Obwohl es heute vor allem in westlichen Gesellschaften in der breiten Masse nicht mehr darum geht, Eigentum und Erbe abzusichern, bleibt das mit einer Ehe verbundene soziale Prestige bestehen. Noch immer gelten verheiratete Menschen oft als stabiler, reifer und erfolgreicher als ihre ledigen Pendants.

Die Medien haben einen großen Einfluss darauf, was wir über Beziehungen und das Leben als Single denken. In Filmen, Büchern und sogar Kindergeschichten finden die Protagonist:innen oft ihr »glückliches Ende« in den Armen eines romantischen Partners oder einer Partnerin. Diese kulturelle Erzählung verstärkt die Vorstellung, dass eine Beziehung das ultimative Ziel ist, während diejenigen, die Single bleiben, als *unvollständig* oder *abgehängt* dargestellt werden.

So enden klassische Disneyfilme, Märchen oder Hollywoodstreifen oft mit einer großen Hochzeit oder dem Versprechen ewiger romantischer Glückseligkeit. Aschenputtel heiratet ihren Prinzen, genauso wie Schneewittchen und all die anderen. Diese Darstellung weckt unrealistische Erwartungen an Beziehungen, weil sie sich nur auf die Anfangsphase der Romanze und des Kennenlernens konzentriert. Die Realität und die Herausforderungen einer langfristigen Partnerschaft werden dabei komplett verschwiegen. Meine Großeltern sind seit über 70 Jahren ein Paar und haben in der Zeit vier Kinder großgezogen, Höhen und Tiefen erlebt, sind aus einer Diktatur geflohen und mussten sich ihr Leben noch mal neu aufbauen – das alles plus den normalen

Stress und den üblichen Schicksalsschlägen. Sie lieben sich sehr, können aber nur müde über *Und sie lebten glücklich bis ans Ende ihrer Tage, ENDE!* lächeln. Als ob das Leben so funktioniert. Die Arbeit, die für eine funktionierende Ehe erforderlich ist – wie effektive Kommunikation, Kompromissbereitschaft und gegenseitiger Respekt –, wird selten dargestellt. Das Diskutieren, das Verhandeln, das Ringen, die Missverständnisse, all das. Dadurch erhält das Publikum natürlich ein verzerrtes Bild dessen, was Beziehungen mit sich bringen. Der Film endet dann, wenn es eigentlich gerade erst losgehen müsste! Ich will Teil 2 sehen, in dem die Eheleute nach dem ganzen Brimborium herausfinden, wie man mit jemandem zusammenlebt, den man genau *einen Abend* kennt – looking at you, Aschenputtel! Zeigt mir die Diskussionen über die Spülmaschine oder das Abendessen. *Was, du isst Fleisch? Ich bin Vegetarierin!* Was für ein Spektakel das wäre! Schade, dass wir das nicht zu sehen bekommen. Das ist übrigens auch etwas, das mich manchmal an den USA irritiert. Ich habe dort einige Freund:innen, und sie finden es teilweise recht normal (und ihr Umfeld auch), dass man nach einem halben oder einem Jahr Beziehung einen Heiratsantrag macht und dann auch recht zügig vor den Altar schreitet. Was bei mir

Entsetzen auslöst, finden dort viele Menschen romantisch. Unvorstellbar, es dauert sicherlich ein halbes bis ein Jahr, bis ich meinem Partner überhaupt mein geheimes Singleverhalten zeige und mich richtig öffne (beispielsweise meine verstorbenen Spinnen präparieren, während im Hintergrund Trash-TV läuft). Es hat über ein Jahr gedauert, bis Lorenz festgestellt hat, dass er mit einer Frau zusammen ist, die alles, was sie mit den Hunden macht, singend erledigt. Nein, nicht einfach irgendwelche normalen Lieder singen, wir reden hier davon, dass ich für jede Aktivität aus dem Stegreif ein passendes Lied dichte und lautstark und schief schmettere. Die Top-5-Hits bei unseren Hunden sind *Stickzeit, beste Zeit*, *Jetzt wird sich einer neigefresse*, *Mit dem Hund rausgehen*, *Luchsmann Futzmann* und *Jetzt ist Schlafenszeit*. Und ja, er hat mich trotzdem geheiratet, ich glaub's selbst kaum.

Eine Partnerschaft – und das ist unabhängig davon, wie viele Menschen Teil dieser Beziehung sind – kann erfüllend und bereichernd sein, erfordert aber auch viel Glück, Einsatz und Engagement. Erst einmal einen *guten* Partner, eine *geeignete* Partnerin finden. Und damit meine ich nicht nur, dass es von den Zielen her passt. Wenn man Pech hat, gerät man an eine:n gewalttätige:n Partner:in oder jemanden, der oder die einen finanziell über den Tisch zieht, die Beziehungsregeln bricht, die Kellnerin anschreit, oder, oder, oder. Und wenn man jemand Passendes gefunden hat, war es das ja auch noch nicht. Auch gut miteinander harmonierende Partner:innen müssen sich einer Vielzahl von Herausforderungen stellen, darunter finanzielle Belastungen, berufliche Veränderungen, Familiendynamik und persönliches Wachstum. Diese Herausforderungen verlangen kontinuierliche Anstrengungen, Geduld und die Bereitschaft, sich anzupassen und gemeinsam zu wachsen.

In der Realität der Beziehung müssen die individuellen Bedürfnisse also irgendwie mit denen der Partnerschaft in Einklang gebracht werden; ein bisschen Glasschuh anprobieren wie bei Aschenputtel, heiraten und Chichi reicht nicht. Effektive Kommunikation ist entscheidend für die Lösung von Konflikten und die Aufrechterhaltung einer gesunden Beziehung. Anstrengend, oder?

Ich persönlich muss sagen: Ich hatte immer recht lange Beziehungen, war aber auch extrem gerne Single. Ich habe mich relativ schnell mit Anfang 20 von der Vorstellung erholt, die »große Liebe« zu suchen, zu finden, von ihr niedergeschlagen oder mit einer Bärenfalle gefangen zu werden oder sonst wie auf sie zu stoßen. In meinem Umfeld wurde ich deswegen immer ein bisschen schief angeschaut. Auf einer Familienfeier wurde mal eine Rede gehalten, und dann wurden immer die Leute mit ihren Partner:innen aufgerufen. Von den Volljährigen war ich der einzige Single, weshalb ich dann erwähnt wurde als »Jasmin, die in einer ganz *besonderen* Beziehung mit ihrem Hund lebt«. Mein Gott, diese *Implikationen*. Es war total lieb und unschuldig gemeint, aber das war schon wild. Teil eines Paares zu sein ist bei vielen Menschen eben der Standard – zur Not eben als Teil eines Mensch-Hund-Paars. Stell dich als 50-jährige Singlefrau auf eine Party und sag *Ich bin Single, nein, nicht geschieden, nein, Kinder habe ich auch keine, und ja, ich will das so.* Viel Spaß! Das Entsetzen. Das Tuscheln. Die schiefen Blicke. Das Beäugen, ob *die* sich jetzt gleich an die vergebenen Männer ranmacht. Ich kann es mir bildlich vorstellen, und es schüttelt mich.

Unglaublich, das betonen zu müssen, aber: Ja, Singles können durchaus ein erfülltes Leben führen, und immer mehr Menschen tun das auch. Und das nicht »obwohl« oder »trotz allem«, sondern einfach: weil. Weil sie es können. Weil man ja auch als Single auf die Welt kommt und dennoch irgendwie klarkommt. Es ist ja nicht so, dass man mit der sexuellen Reife plötzlich die Fähigkeit verliert, als einzelner Mensch zu existieren. Und ja, das alles wurde sogar häufig richtig wissenschaftlich untersucht. Oft verfügen »Alleinstehende« über ein großes soziales Netz-

werk und haben viele erfüllende Interessen und Hobbys. Sie pflegen eher enge Freundschaften, nehmen an Gemeinschaftsaktivitäten teil und verfolgen persönliche Interessen und Ziele, was ihre Lebensqualität insgesamt auf einem hohen Niveau stattfinden lässt. Menschen in Langzeitbeziehungen lassen soziale Kontakte nicht selten etwas schleifen und »verschwinden« irgendwie in der Beziehung.

Die Vorstellung, dass das Leben als Single von Natur aus einsam oder unerfüllt ist, ist eine sehr seltsame und sagt eigentlich mehr über die Leute aus, die das denken und behaupten, als über ein Leben ohne Partnerschaft. Ich war mir immer selbst genug, und es ist schön, dass Lorenz jetzt Teil meines Lebens ist und wir diesen Weg gemeinsam gehen – wie weit auch immer er uns führen wird. In unserem Ehegelübde haben wir die Passage *Bis dass der Tod uns scheidet* durch *Bis das Leben uns scheidet* ersetzen lassen. Wir wollten die Ehe nicht mit einer Lüge oder einem immensen Druck beginnen, denn wir wissen ja gar nicht, was kommt. Vielleicht bleiben wir bis zum Tod zusammen, vielleicht nicht.

Heutzutage gibt es immer mehr Menschen, die selbstbestimmt Single bleiben und auch keinen Kinderwunsch haben, beziehungsweise nicht trotz fehlenden, expliziten Kinderwunschs Kinder bekommen, um eine:n Partner:in zu halten oder die Eltern zu glücklichen Großeltern zu machen. Und das ist eine verdammt gute Sache.

Was bleibt zu sagen? Ich bin keine Kultur- oder Sozialwissenschaftlerin, so jemand wäre hier vermutlich mehr in die Tiefe gegangen, man könnte damit ganze Bücher füllen. Dennoch wollte ich die kulturellen und sozialen Aspekte nicht unerwähnt lassen, deshalb gab es eben meine persönliche Sichtweise. Es ist jedenfalls echt an der Zeit, die Stigmatisierung von Singles zu beenden und die Vielfalt der Lebensentwürfe anzuerkennen. Glück und Erfüllung sind nicht an eine:n Partner:in gebunden, sondern an unsere Fähigkeit, ein Leben zu führen, *das uns entspricht*. Das kann bedeuten, eine liebevolle Partnerschaft zu führen, sich auf persönliche Karriereziele zu konzentrieren, Freundschaften zu pflegen, ein Kind allein großzuziehen oder einfach die Freiheit und Unabhängigkeit des Singledaseins zu genießen.

SEX

Evolution

Bewegen wir uns nach dem kurzen Exkurs jetzt wieder in eher biologische Gefilde. In einem Buch über Liebe, Sex und Erblichkeit müssen wir natürlich auch über eine Sache sprechen, die die treibende Kraft hinter all dem ist: die <*Trommelwirbel*> Evolution.

Versetzen wir uns kurz nach England, an die Schwelle des 19. Jahrhunderts. Die meisten Birkenspanner (*Biston betularia*), die zu den Nachtfaltern gehören, hatten helle Flügel, die sie auf der weißlichen Rinde von Birken und anderen Bäumen gut tarnten. Diese helle Flügelfarbe war ein großer Vorteil, denn sie half den Faltern, sich vor Fressfeinden wie Vögeln zu verstecken. Zwischen den auf den Birken wachsenden Flechten fielen sie kaum auf. Dunklere Exemplare hingegen wurden leichter entdeckt und gefressen. Die Birkenspanner mit den hellen Flügeln waren damals also besser an ihre Umwelt angepasst und hatten höhere Überlebenschancen, sodass ihre Population wuchs, während ihre dunkleren Kameraden weggefuttert wurden.

Doch mit der Industriellen Revolution veränderte sich die Umwelt dramatisch. Fabriken und Kraftwerke stießen große Mengen Ruß und Schadstoffe aus, die sich auf den Baumrinden ablagerten und sie dunkler machten; zudem töteten diese Giftstoffe die Flechten, zwischen denen sich die hellen Birkenspanner bisher so gut tarnen konnten. Plötzlich hatten die hellen Falter in den verrußten Wäldern einen Nachteil, da sie auf den fast schwarzen Baumrinden viel besser sichtbar und für Vögel leichter zu entdecken waren. Die zuvor selteneren dunkleren Birkenspanner konnten sich nun besser tarnen und hatten größere Überlebenschancen. Diese Veränderung führte dazu, dass die dunkleren Birkenspanner über mehrere Generationen hinweg häufiger wurden. Die dunkle Flügelfarbe, die zuvor ein Nachteil war, wurde nun zu einem Vorteil und breitete sich in der Population aus. Dieser Vorgang wird als *Industriemelanismus* bezeichnet.

Normalerweise dauerten evolutionäre Prozesse deutlich länger – wir reden hier von Millionen von Jahren. Ein Beispiel dafür sind die Pinguine (Spheniscidae). Vor etwa 60 Millionen Jahren hatten ihre Vorfahren noch die Fähigkeit zu fliegen. Doch mit der Zeit passten sich einige dieser Vögel an ein Leben am und im Wasser an. Ihre Flügel verwandelten sich in flossenartige Strukturen, ihre Körper wurden stromlinienförmig, und sie entwickelten dichte, wasserabweisende Federn, wodurch die modernen Pinguine entstanden, die auf dem Ewigen Eis leben und unter Wasser jagen.

Ein Schlüsselaspekt der Evolution ist also die allmähliche Veränderung im Laufe der Zeit. Die natürliche Auslese treibt die Evolution voran, indem Lebewesen, die besser an ihre Umwelt angepasst sind, einen Vorteil haben und eher überleben, wie bei den Birkenspannern. Eigenschaften, die das Überleben und die Fortpflanzung fördern, werden eher an die nächste Generation vererbt. Über viele Generationen hinweg sammeln sich diese vorteilhaften Eigenschaften in der Population an.

Die aktuelle Evolutionstheorie ist eine der grundlegenden Säulen der modernen Biologie. Sie erklärt, wie Arten entstehen, wie sie sich verändern und an ihre Umwelt anpassen. Ein bedeutender Pionier dieser Theorie war der britische Naturwissenschaftler Charles R. Darwin, dessen Beobachtungen auf den Galapagosinseln maßgeblich zu unserem heutigen Verständnis der Evolution beigetragen haben. Schauen wir uns mal an, wie.

Charles Darwin und die Galapagos-Finken

Während seiner fünfjährigen Forschungsreise mit dem Schiff *HMS Beagle* erkundete Charles Darwin vom 15. September bis zum 20. Oktober 1835 die Galápagosinseln, von denen er die Inseln San Salvador, Floreana, Isabela und San Cristóbal besuchte. Auf diesen eher abgelegenen Inseln bemerkte er eine auffallende Vielfalt von Finken, die sich auf den ersten Blick ähnelten, sich aber bei näherer Betrachtung durch unterschiedliche Schnabelformen unterschieden. Der damals 26-jährige Forscher erkannte, dass die Schnabelformen der Finken an die

spezifischen Nahrungsquellen auf den verschiedenen Inseln angepasst waren. So hatten die Finken, die harte Samen fraßen, dickere und kräftigere Schnäbel, während die Schnäbel der Finken, die Insekten jagten, dünner und spitzer waren. Aus diesen Beobachtungen schloss Darwin, dass sich die Finken im Laufe der Zeit an ihre Umwelt angepasst hatten. Darwin entwickelte auf Grundlage dieser Beobachtung die Theorie der *natürlichen Selektion*, um zu erklären, wie solche Anpassungen zustande kommen.

Natürliche Selektion ist der Prozess, bei dem Individuen mit vorteilhaften Merkmalen und Eigenschaften für ihren Lebensraum eine höhere Überlebens- und Fortpflanzungschance haben. Da sich diese Individuen dann häufiger und erfolgreicher paaren können und das Erbgut immer besser neu kombiniert wird, treten diese Merkmale in den folgenden Generationen häufiger auf. Über viele Generationen hinweg können sich diese kleinen Veränderungen zu großen Unterschieden akkumulieren, die schließlich zur Entstehung neuer Arten führen können. Diese Artbildung, auch *Speziation* genannt, kann durch geografische Isolation geschehen, bei der Populationen derselben Art durch physische Barrieren getrennt werden und sich unabhängig voneinander entwickeln. Ein Beispiel hierfür sind eben jene Galapagos-Finken (die man auch Darwinfinken nennt), die sich auf den verschiedenen Inseln der Galapagosgruppe unterschiedlich entwickelten.

Seit Darwins Zeiten hat sich unser Verständnis der Evolution erheblich erweitert und verfeinert. Die moderne Synthese der Evolutionstheorie integriert Erkenntnisse aus der Genetik, der Molekularbiologie und der Entwicklungsbiologie. Diese interdisziplinäre Herangehensweise hat unsere Sichtweise darauf, wie Evolution funktioniert, vertieft und präzisiert. Genetik spielt eine zentrale Rolle in der modernen Evolutionstheorie. *Mutationen*, also Veränderungen in der DNA-Sequenz, erzeugen *genetische Variabilität* innerhalb von Populationen. Diese Variabilität – die genetischen Unterschiede und die genetische Vielfalt – ist die Grundlage, auf der die natürliche Selektion wirkt. Durch die Kombination von genetischen Daten mit fossilen Aufzeichnungen und ökologischen Studien können Forschende die evolutionären Pfade verschiedener Arten nachzeichnen.

Was ist eine Art?

Vielleicht klären wir erst mal, was das überhaupt ist: eine *Art*. Wie viele Arten es auf unserem Planeten gibt, wissen wir nicht genau und können es nur schätzen. Derzeit geht man von zehn bis zwanzig Millionen Arten von Mikroorganismen, Pilzen, Pflanzen und Tieren aus – Letztere beinhalten auch uns Menschen, *Homo sapiens*. Ja, wir sind Tiere. Im Jahr 2011 errechnete ein Forschungsteam eine Zahl von 8,7 Millionen. Das kann stimmen, muss es nicht, ist aber eine gute Annäherung. Derzeit sind etwa 1,8 Millionen Arten bekannt, sowohl die noch existierenden als auch die uns bekannten ausgestorbenen Spezies.

Die natürliche Aussterberate zu bestimmen ist nicht einfach, kann aber durch Fossilienfunde bei ein bis zwei Arten pro eine Million Jahre festgehalten werden. Bei zehn Millionen Spezies sollten demzufolge jährlich eine bis zehn Arten aussterben. Aktuell liegt die Aussterberate jedoch 100- bis 1.000-fach höher – laut eines Berichts der Vereinten Nationen sterben derzeit bis zu 130 Spezies täglich aus, eine Million Arten sind ganz akut vom Aussterben bedroht. Eine Studie von 2022 schätzt, dass seit dem Jahr 1500 7,5 bis 13 Prozent (150.000–260.000) der uns bekannten Arten ausgestorben sind. Die *Intergovernmental Science-Policy Platform on Biodiversity and Eco-*

system Services (IPBES) warnt, dass die Arten schneller aussterben, als sich die Ökosysteme erholen können. So weit, so schlecht. Wenn du von schrecklichen Zahlen nicht genug kriegen kannst, schau in mein Buch *100 Seiten über Biodiversität*, da gibt es noch mehr. Hier belassen wir es jedoch dabei.

Schauen wir uns nicht nur das Aussterben an, sondern auch, wie eine neue Art entsteht. Das geschieht, indem sich der Genpool eines Teils einer Population komplett vom Genpool der Ursprungspopulation entfernt hat. Wenn sich zwei verschiedene Populationen einer Art nicht mehr miteinander fortpflanzen und sie auch keine fruchtbaren Nachkommen zeugen können, zeigt uns das, dass sich zwei Arten gebildet haben. Ein Beispiel dafür sind Esel und Pferde, die zwar verwandt sind, aber unterschiedlichen Arten angehören. Kreuzt man eine Hauseselstute mit einem Hauspferdehengst, entsteht ein Maultier. Beide Eltern gehören zur Gattung *Equus*, innerhalb davon aber verschiedenen Arten an. Das Maultier ist unfruchtbar, ebenso wie der Maulesel, das Kind von Hauspferdestute und Hauseselhengst. Diese *Hybride* können sich nicht fortpflanzen und bilden daher auch selbst keine neue Art.

Seit dem 20. Jahrhundert wird eine Art deshalb als potenzielle *Fortpflanzungsgemeinschaft* betrachtet. Früher wurden Arten jedoch einfach nur anhand der *Morphologie*, also durch die äußere Form und Gestalt der Lebewesen, bestimmt. Beide Konzepte haben ihre Grenzen. Betrachtet man nur das äußere Erscheinungsbild, kann es zu Verwechslungen kommen, da es innerhalb einer Art oft viele verschiedene »Looks« gibt. Zum Beispiel könnten Hain-Bänderschnecken (*Cepaea nemoralis*), deren Gehäuse unterschiedlich gemustert sind, als verschiedene Arten klassifiziert werden. Auch Männchen und Weibchen einer Art können unterschiedlich aussehen, was die

Bestimmung erschwert. Betrachtet man dagegen nur die Fortpflanzungsfähigkeit, so stößt man bei der ungeschlechtlichen Vermehrung an Grenzen. Bakterien teilen sich, manche Pflanzen können sich durch Ableger vermehren und klonen sich somit selbst. Und Arten, die sich kürzlich erst voneinander abgespalten haben, können manchmal noch fruchtbare Hybride bilden – also gemischte Nachkommen, die gelegentlich sogar fruchtbar sind. Wie findet man also heraus, wo eine Artgrenze aufhört und die andere anfängt? Die Lösung liegt in der Kombination beider Methoden. Die Bestimmung einer neuen Art ist aufwendig und erfordert die Untersuchung äußerer Merkmale sowie genetischer und biochemischer Daten.

Natürliche Selektion

Jetzt, wo wir verstanden haben, wie wir überhaupt auf die Evolutionstheorie gekommen sind und was eine Art ist, wollen wir noch etwas tiefer in das Prinzip der natürlichen Selektion eintauchen. Sie basiert auf vier grundlegenden Prinzipien:

1. **Variation:** Innerhalb einer Population gibt es Unterschiede zwischen den Individuen. Diese Variationen können *morphologisch* (also auf den Körperbau bezogen), *physiologisch* (in Bezug auf Funktion und Prozesse im Körper) oder *behavioral* (auf das Verhalten bezogen) sein. Ein Teil dieser Variation ist genetisch bedingt und kann von Generation zu Generation vererbt werden.
2. **Überproduktion:** Die Eltern-Organismen produzieren mehr Nachkommen, als eigentlich überleben können. Diese Überproduktion führt unter den Kindern zu einem Wettbewerb um begrenzte Ressourcen wie Nahrung, Wasser und Lebensraum. Wer hier das bessere genetische Besteck hat, ist im Vorteil.

3. **Adaptation:** Einige Individuen haben Merkmale, die ihnen einen Überlebens- oder Fortpflanzungsvorteil in ihrer spezifischen Umgebung verschaffen. Diese Merkmale werden als *Adaptationen* bezeichnet – bei den Darwinfinken waren es beispielsweise die Schnabelformen. Die Anpassungen erhöhen die Wahrscheinlichkeit, dass diese Individuen ihre Gene an die nächste Generation weitergeben.
4. **Selektion:** Über die Zeit führen diese unterschiedlichen Überlebens- und Fortpflanzungserfolge dazu, dass vorteilhafte Merkmale in der Population häufiger auftreten. Diesen Prozess nennt man *Selektion* – man sagt dann, dass für diese Merkmale *selektiert* wird. Eigenschaften, die die Überlebens- und Fortpflanzungschancen erhöhen, werden also durch natürliche Selektion gefördert, während nachteilige Merkmale nach und nach aussterben.

Genetische Grundlagen der natürlichen Selektion

Lorenz wird später noch eine – keine Sorge, unterhaltsame – Einführung in die Genetik geben. Aber kurz auch hier: Die natürliche Selektion wirkt auf die genetische Vielfalt innerhalb einer Population, und das ist wichtig zu wissen. Gene, die vorteilhafte Merkmale kodieren, werden eher an die nächste Generation weitergegeben, weil die Lebewesen, die diese hilfreiche Eigenschaft haben, eher überleben und sich auch eher fortpflanzen als die, denen die Eigenschaft fehlt. Das hatten wir jetzt schon ein paarmal besprochen.

Behalte dafür mal diesen Begriff im Hinterkopf: *Allel*. Das ist quasi eine Variante eines Gens (zum Beispiel: das Gen = Haarfarbe, die Varianten = blond, braun, rot etc.), und die *Allelfrequenz* zeigt, wie häufig diese Variante in einer Population vorkommt. Durch die natürliche Selektion ändern sich die Allelfrequenzen für Populationen im Laufe der Zeit, ein Prozess, den man *adaptive Evolution* nennt.

Genetische Mutationen bringen frischen Wind ins Erbgut und sind die primäre Quelle neuer Genvariationen in einer Population. Mutationen hatte ich weiter vorn schon erwähnt, das sind Veränderungen im Erbgut, also in der DNA eines Organismus.

Die DNA ist ja der Bauplan für den Körper und alle seine Funktionen. Während wir also leben und unsere Körperfunktionen ausüben, während sich unsere Zellen immer wieder erneuern, muss immer wieder auf diesen Bauplan zugegriffen werden, in dem steht, wie unsere Hautzellen auszusehen haben. Veränderungen in der DNA können daher große Auswirkungen haben. Verschiedene Faktoren wie Fehler bei der DNA-Vervielfältigung, UV-Strahlung oder chemische Substanzen können Mutationen verursachen. Man kann sich das wie kleine Tippfehler im genetischen Code vorstellen. Obwohl die meisten Mutationen neutral oder schädlich sind – wie Hautkrebs nach jahrelangem exzessivem Sonnenbaden ohne Sonnenschutz –, können einige vorteilhaft sein und die Fitness eines Organismus erhöhen – das kann beispielsweise eine Färbung sein, die ein Insekt besonders gut vor Fressfeinden versteckt. Tritt eine vorteilhafte Mutation auf, fördert die natürliche Selektion ihre Verbreitung in der Population.

Doch es gibt auch Konkurrenz und evolutionären Druck auf einer anderen Ebene: bei der Fortpflanzung an sich. Und das schauen wir uns jetzt an.

Sexuelle Evolution

Die Sache mit dem Sex ist: Er ist kompliziert und teuer. Nicht, weil man das Kamasutra durcharbeiten muss oder sich zuvor absurd wertvolle Dinge schenkt. Aber wenn ich die Wahl hätte zwischen neun Monaten Schwangerschaft und einer schmerzhaften Geburt, die mich theoretisch umbringen kann, oder der Option, meinen Nachwuchs als Knospe aus meinem Arm wachsen zu lassen … oder einen Finger abzuschneiden und einzupflanzen … wäre Zweiteres nicht einfacher? Klar, das mit dem Finger klingt brutal, aber ich bin mir sicher, dass sich das so entwickelt hätte, dass es nicht wehtut, und der Finger würde bestimmt wieder nachwachsen.

So oder so stellt sich die Frage: Warum gibt es überhaupt Sex? Es muss ja wohl irgendwelche Vorteile haben, sich durch schreckliche *Tinder*-Dates zu quälen, jemanden vier Jahre lang zu daten, bis er »dann doch ganz woanders hinwill im Leben«, dann wieder alles von vorne, bis man auf jemanden trifft, mit dem man sich fortpflanzen kann. Geht das nicht einfacher? Hier, Bakterien zum Beispiel! Die müssen sich bestimmt nicht erniedrigend von Date zu Date schleppen. Warum also machen wir es nicht alle so?

Kein Sex, kein Problem – oder?

Vor etwa 3,8 Milliarden Jahren entstanden in den Urmeeren unseres Planeten die ersten einfachen Einzeller. Diese frühen Lebensformen, die unseren modernen Bakterien ähneln,

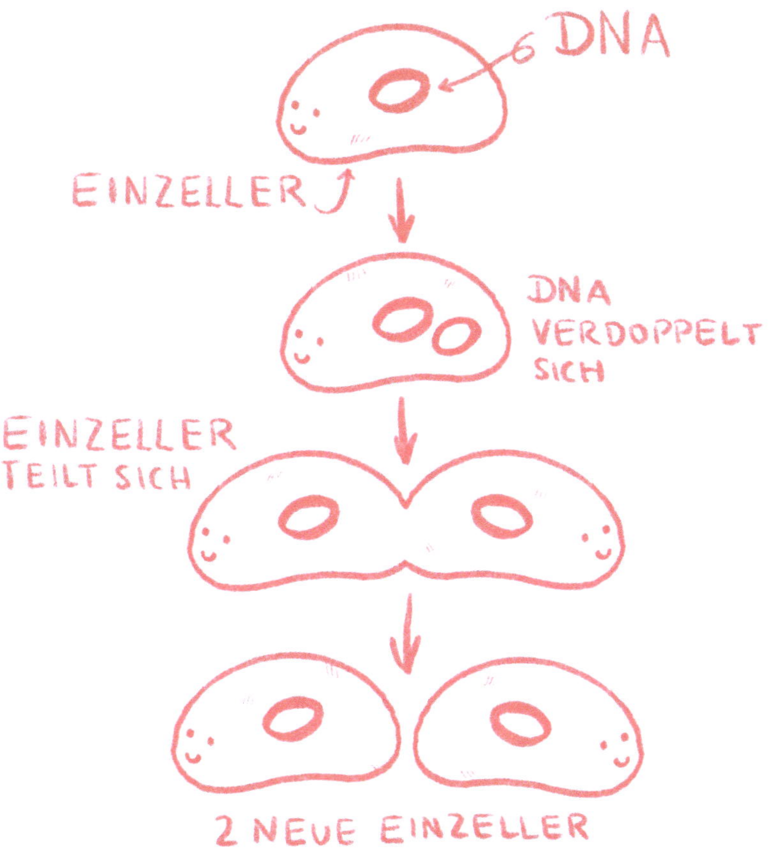

pflanzten sich ungeschlechtlich, also asexuell fort. Sie kopierten einfach ihre DNA und teilten sich in zwei identische Zellen, ein Prozess, der als *binäre Teilung* bekannt ist. Fast wie ein Kopierer, aber nicht ganz: Wenn ich eine Kopie anfertige, habe ich am Ende das Original und die Kopie. Wenn sich aber eine Zelle teilt, entstehen zwei neue, junge Zellen. Das Original geht quasi in diese zwei Teile auf. Sich ungeschlechtlich fortzupflanzen geht schnell und sorgt dafür, dass 100 Prozent des Erbmaterials weitergegeben werden, und das ist es, was Lebewesen wollen. Ich habe ja vorhin schon erwähnt, wie wichtig es Tieren ist, so viel eigenes Erbgut wie möglich in ihren Nachkommen zu platzieren. Später werden wir noch mehr darüber hören, wenn es darum geht, wie (manche) tierische(n) Mütter alles dafür tun, ihre Gene weiterzugeben – wenn es sein muss, auch auf Kosten des einzelnen Kindes.

Wenn du das alles so liest, denkst du dir vielleicht: *Okay, aber wieso nicht gleich ungeschlechtlich? Das klingt ja viel weniger anstrengend!* Ganz einfach: Weil es auch Nachteile gibt. In Bezug auf Mutationen, zum Beispiel, die ich eben schon angesprochen habe. Es ist wichtig zu verstehen, dass bei der ungeschlechtlichen Fortpflanzung jede Mutation, die in einer Zelle auftritt, direkt an die Nachkommen weitergegeben wird. Es gibt keinen Mechanismus, der diese Veränderungen bei der Kopie repariert oder »verdünnt«, da das Erbgut 1:1 kopiert werden soll. Mit der Zeit häufen sich diese Mutationen an und verschlechtern allmählich die Qualität des Erbguts. Man kann sich das vorstellen wie das wiederholte Kopieren eines Dokuments – irgendwann werden die Kopien immer fehlerhafter und unleserlicher. Ich glaube, ein großer Teil meines Schulwissens basiert auf kaum noch erkennbaren Kopien – ob alles gestimmt hat, was ich damals meinte, entziffert zu haben? Keine Ahnung. Ähnlich verhält es sich mit Zellen: Je mehr Generationen diese ungeschlechtliche Fortpflanzung, dieses »Kopieren«, aufweisen, desto mehr Mutationen sammeln sich an. Mutationen werden nicht nur an die nächste Generation weitergegeben, sondern es entstehen auch in jeder neuen Generation spontan neue Mutationen, die zusammen mit den Altlasten der Eltern und Großeltern an die nächste Generation weitergegeben werden. Das kann zu großen Problemen führen. Die Wahrscheinlichkeit für die Entstehung von Erbkrankheiten wächst, außerdem kann die allgemeine Gesundheit und Lebenserwartung der Nachkommen beeinträchtigt werden. Diese Anhäufung von Mutationen hat auch einen Namen: *Muller-Ratsche* (nach dem Biologen Hermann Joseph Muller (1890–1967)) oder auch *Sperrklinke*. Diese kann bei Organismen auftauchen, die sich asexuell fortpflanzen, aber auch bei solchen, die eine sexuelle Fortpflanzungsstrategie haben. Heißt: Wie bei einer Sperrklinke dreht sich das Rad immer nur in eine Richtung; ein Zurück zu einem Zustand vor der Mutation ist nicht mehr möglich.

Sexy Einzeller

Verlassen wir kurz unseren Ur-Einzeller und spulen etwa 1,5 Milliarden Jahre vor, als das Leben mit der Entstehung der *Eukaryoten* deutlich komplexer wurde. Eukaryoten heißen so, weil ihr Name aus den griechischen Wörtern »eu« (εὖ) für »echt« oder »wahr« und »karyon« (κάρυον) für »Kern« stammt, was auf einen richtigen Zellkern hinweist, in dem die DNA gut eingepackt ist. *Prokaryoten* hingegen leiten ihren Namen von den griechischen Wörtern »pro« (πρό) für »vor« und »karyon« ab, da sie keinen echten Zellkern besitzen und ihre DNA frei in der Zelle herumschwimmt; ganz grob übersetzen kann man die beiden mit *Echtkern* und *Vorkern*.

Im Gegensatz zu den einfacheren Prokaryoten, zu denen auch die Bakterien gehören, besitzen Eukaryoten eine Vielzahl spezialisierter Strukturen, die *Organellen* genannt werden. Diese Organellen erfüllen verschiedene Aufgaben in der Zelle. Zum Beispiel sind die *Mitochondrien* die Kraftwerke der Zelle (klingeling, die Schulzeit ruft an!), die Energie in Form von ATP (*Adenosintriphosphat*) produzieren. Weitere wichtige Organellen sind das *Endoplasmatische Retikulum*, das für den Transport von Proteinen und Lipiden innerhalb der Zelle verantwortlich ist, und der *Golgi-Apparat*, der Proteine umbaut und verpackt. Klingt alles deutlich komplexer, nicht?

Eukaryoten können einzellig oder mehrzellig sein, wie Pflanzen, Tiere und Pilze. Wofür wir uns hier gerade interessieren, sind die ein- und kleinzelligen Eukaryoten, die *Protisten*, die lange als die ersten Lebewesen angesehen wurden, die quasi *sexuell* aktiv wurden – in dem Fall bedeutet es, dass ein Protist mit dem anderen genetisches Material austauschte. Dazu hatten sie verschiedene Strategien. Zum einen die *Konjugation*, bei der sich zwei Bakterien über eine Plasmabrücke verbinden und ihr Erbmaterial direkt austauschen. Es wandert also über die Brücke von einem Bakterium zum anderen und andersherum. Der Empfänger baute das Erbgut dann in sich ein, und wenn er sich wieder einmal teilte, hatten seine »Nachkommen« ebenfalls diese Gene. Ein anderer Prozess ist die *Transformation*. Hier nehmen Bakterien freie DNA aus ihrer Umgebung auf, oft von toten Bakterien, und bauen sie in ihr eigenes Erbgut ein – quasi der Schrottsammler-Modus. Der dritte Vorgang ist die *Transduktion*, bei der Viren, sogenannte *Bakteriophagen*, DNA von einer Zelle auf eine andere übertragen. In meinem Buch *Abschied von Hermine* erzähle ich ausführlicher darüber. Diese Prozesse – Konjugation, Transformation und Transduktion – bezeichnet man als *Parasexualität*. Obwohl sie nicht die klassische sexuelle Fortpflanzung darstellen, ebneten sie den Weg für echten Sex, bei dem die Eltern sozusagen Erbgut »mischen« und daraus dann Kinder mit eben jenem neu gemixten Erbgut entstehen lassen, ohne das eigene Erbgut zu bearbeiten.

Wichtig ist zu beachten, dass die Protisten früher ein eigenes Königreich in der Systematik wie Pflanzen, Pilze oder Tiere waren, also eine offizielle Kategorie. Mittlerweile haben sie den Königreich-Status verloren, wurden also entthront, und sind jetzt eher eine lockere Beschreibung für ein Mix aus ein- und kleinzelligen Eukaryoten, für den es nicht einmal mehr eine allgemeingültige Definition gibt.

Die Vorteile sexueller Fortpflanzung

Bei der sexuellen Fortpflanzung werden die Gene der Eltern also kombiniert, wodurch bei den Nachkommen ein neuer Genmix entsteht. Du kennst das sicher auch: *Oh, du hast die Ohren deiner Mutter!, den Humor deines Vaters!*, dies das. Jeder neue Organismus, der aus einem Elternpaar entsteht, ist eine genetische Mischung, bei der sich die Gene der Nachkommen nur zu 50 Prozent mit denen eines Elternteils überschneiden. Es werden somit auch die eben erwähnten Allele, also Varianten der Gene, gemischt. Diese Vermischung der Gene nennt man *genetische Rekombination*.

Obwohl Sex auf den ersten Blick anstrengender und damit weniger effizient erscheint als die asexuelle Fortpflanzung, führt die sexuelle Fortpflanzung zu einer genetischen Vielfalt, die für das Überleben und die Anpassung der Arten unerlässlich ist. Stellen wir uns eine Bakterienkolonie vor. Tritt eine schädliche Mutation auf, wird sie bei Bakterien, die sich nicht sexuell fortpflanzen, an alle Nachkommen weitergegeben. Dies kann zum genetischen Verfall und im schlimmsten Fall zum Aussterben einer Population oder Art führen, weil das vielleicht eine Eigenschaft ist, mit der die Bakterien nicht mehr im jetzigen Lebensraum zurechtkommen können. Wenn eine Mutation plötzlich die Fähigkeit entfernt, dass eine sich asexuell vermehrende Bakterienkolonie mit Schwefel klarkommt, diese Kolonie jedoch in einer Schwefelquelle lebt – ungünstig. Das war es dann halt. Bei Organismen, die sich geschlechtlich fortpflanzen, werden Gene jedoch immer wieder durch genetische Rekombination neu gemischt. Hat also ein Elternteil eine überlebenswichtige Fähigkeit verloren und kann sie deshalb nicht mehr weitergeben, kann das andere Elternteil, das diese Fähigkeit noch besitzt, sie stattdessen an die Kinder weitervererben, sodass diese weiterhin gut in ihrem Lebensraum zurechtkommen.

Auch im Umgang mit Krankheitserregern kann geschlechtliche Fortpflanzung Vorteile bringen. Denn die Rekombination zweier Erbgutstränge beschleunigt die Anpassung an veränderte Umweltbedingungen, da die natürliche Selektion nützliche Mutationen begünstigt. Treten diese Mutationen in verschiedenen Individuen auf, können sich diese in den Nachkommen zu neuen vorteilhaften Genkombinationen verbinden. Dadurch passen sich Populationen, die sich sexuell fortpflanzen, schneller an neue Umweltbedingungen an als Populationen, die sich ungeschlechtlich fortpflanzen. In der Natur stellen Parasiten und Krankheitserreger eine ständige Bedrohung dar, da sie sich schnell entwickeln und immer neue Wege finden, um ihre Wirte auszunutzen. Sexuelle Fortpflanzung ist ein entscheidender Abwehrmechanismus gegen diese sich schnell entwickelnden Feinde.

Die *Red-Queen-Hypothese* veranschaulicht diesen Zusammenhang. Benannt nach der Herzkönigin in Lewis Carrolls (1832–1898) Buch *Alice hinter den Spiegeln*, die den folgenden Satz sagt: »Hierzulande musst du so schnell rennen, wie du kannst, wenn du am gleichen Fleck bleiben willst«, beschreibt diese Theorie das ständige evolutionäre Wettrüsten zwischen *Wirt* und *Parasit*. Der Wirt muss fortlaufend neue Abwehrmechanismen entwickeln, um dem sich ebenfalls entwickelnden Parasiten immer einen Schritt voraus zu sein. Sexuelle Fortpflanzung ermöglicht eine ständige Neuanordnung der genetischen Karten, sodass die Nachkommen unterschiedliche Immunantworten aufweisen. Dadurch wird es für den Parasiten schwieriger, sich an eine einzige genetische Abwehr anzupassen, und die Wirtspopulation bleibt ihm durch die höhere Vielfalt im Idealfall immer einen Schritt voraus.

Dem Sex abschwören

Hast du schon einmal dem Sex abgeschworen? In der Natur gibt es einige Arten, die genau das getan haben. Obwohl Sex, wie wir gerade gelernt haben, viele Vorteile hat, haben diese Arten einen evolutionären Rückzieher gemacht. Sie haben sich wieder der ungeschlechtlichen Fortpflanzung zugewandt, die zwar weniger abwechslungsreich ist, aber für diese Lebewesen einige unwiderstehliche Vorteile bietet.

Millionen Jahre keinen Sex und trotzdem gute Laune

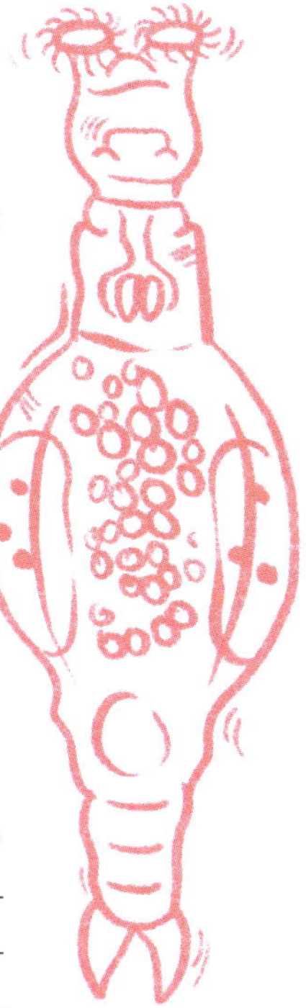

Die Bdelloidea (oder auch: Bdelloid-Rädertierchen), kleine wirbellose Süßwasserorganismen, haben eine interessante Fortpflanzungsstrategie entwickelt. Seit mehr als 350 Jahren bekannt und weltweit in verschiedenen Lebensräumen verbreitet, galt es lange Zeit als sicher, dass sich diese Organismen ausschließlich ungeschlechtlich fortpflanzen. Kurz gesagt: Man ging davon aus, dass alle Arten in dieser Gruppe schon vor vielen Millionen Jahren die Männchen abgeschafft und die Evolution fest in matriarchale Hand gelegt haben. Die Fortpflanzung erfolgt über unbefruchtete Eier, aus denen die Töchter schlüpfen, die identische Klone ihrer Mütter sind. Diese Jungfernzeugung oder auch *Parthenogenese* hat den Vorteil, dass Nachkommen ohne die Notwendigkeit eines Geschlechtspartners erzeugt werden können. Das führt zu einer schnellen Vermehrung, insbesondere unter stabilen Umweltbedingungen, bei denen die genetische Variation weniger wichtig ist. Denn: Wenn sich nix ändert, muss man sich auch an nichts Neues anpassen. Dienst nach Vorschrift, fertig! Diese Methode hat es diesen Tieren ermöglicht, in einer Vielzahl von Lebensräumen zu gedeihen, einschließlich temporär existierender Pfützen und auf feuchten Moosen und Flechten.

Überhaupt können die Bdelloidea auch den widrigsten Lebensbedingungen trotzen. Sie haben kein Problem mit extremen Lebensräumen, weshalb man sie auch als *extremophil* bezeichnet, ein Begriff, der sich aus dem lateinischen »extremo« für »extrem« und dem griechischen »phil« für »liebend« zusammensetzt. Sie können Austrocknung, Kälte und sogar hohe Strahlungsdosen überleben – ganz wie die Bärtierchen, über die ich schon häufiger in meinen anderen Büchern geschrieben habe. Diese Widerstandsfähigkeit ermöglicht es ihnen, unter extrem wechselnden Umweltbedingungen zu überleben und sich schnell zu erholen, wenn die Bedingungen wieder günstiger werden.

Vielleicht hast du gerade ein paar Fragezeichen im Kopf. Weiter vorn im Buch haben wir über die Entstehung einer Art gesprochen, wobei Mutationen und die Rekombination von Eigenschaften eine große Rolle spielen. Wenn sich jedoch nichts rekombiniert, wie können wir dann fast 400 bekannte Bdelloidea-Arten kennen? Und noch eine Frage drängt sich auf: Wie entgehen sie den fatalen Auswirkungen von Mullers Ratsche?

Bdelloidea, insbesondere die Art *Adineta vaga*, sind dafür bekannt, fremde Gene aus der Umwelt aufzunehmen und in ihr Genom einzubauen. Das ist ungewöhnlich, da dieser *horizontale Gentransfer* (so nennt man es, wenn Gene nicht »von oben nach unten« weitergegeben werden, also von Eltern zu Kind, sondern eben »horizontal«, also von Individuum zu Individuum derselben Generation) traditionell als ein Prozess gilt, der hauptsächlich bei einzelligen Organismen auftritt. Ein Team an der belgischen Universität Namur hat die speziellen DNA-Reparaturmechanismen untersucht, die es diesen Tieren ermöglichen, fremde Gene ins eigene Erbgut zu integrieren. Und zwar so: Trocknen Rädertierchen aus, zerfällt ihre DNA in viele Bruchstücke. Doch das bedeutet nicht das Ende! Rädertierchen nutzen diese Situation zu ihrem Vorteil. Wenn sie beispielsweise nach einem Regenguss wieder befeuchtet werden, setzen sie außerordentlich effiziente Reparaturmechanismen ein, um die DNA-Brüche zu reparieren und die Fragmente wieder zusammenzusetzen: Genabschnitte werden neu angeordnet und fremde Gene aus der Umwelt »versehentlich« in das Genom integriert. Die genaue Funktionsweise dieser Mechanismen wird noch erforscht, aber es wird vermutet, dass sie ursprünglich zur Behebung von Schäden durch Austrocknung entwickelt wurden, die eine Schlüsselrolle beim *horizontalen Gentransfer* in diesen Organismen spielen. Die eingebauten Gene können das Tier im schlimmsten Fall schachmatt setzen, im besten Fall aber mit einer Fähigkeit ausstatten, die es plötzlich zum King oder in diesem Fall eher zur Queen der Gegend macht. Denn vielleicht hat es ja plötzlich einen Trick auf Lager, mit dem es alle anderen Rädertierchen übertrifft und viel besser in der Umwelt zurechtkommt.

Obwohl die Bdelloidea traditionell als rein asexuell angesehen wurden, gibt es inzwischen Hinweise darauf, dass sie sich unter bestimmten Umständen doch sexuell fortpflanzen können. Eine Studie aus dem Jahr 2022 zeigt, dass sexuelle Fortpflanzung gelegentlich vorkommen kann. Durch genetische Analysen innerhalb einer Gruppe eng verwandter Bdelloidea der Art *Macrotrachella quadricornifera* konnte dieses Team der Universitäten Helsinki und Harvard nachweisen, dass die Organismen *fakultativ sexuell* sind. Das bedeutet, dass sie sich zwar hauptsächlich ungeschlechtlich, aber gelegentlich auch sexuell fortpflanzen *können* – sie haben also die Wahl. Unter bestimmten Stressbedingungen oder Umweltveränderungen können sie auf sexuelle Rekombination zurückgreifen, um die genetische Vielfalt zu erhöhen und die Fitness der Population zu verbessern. Dies könnte eine weitere Erklärung dafür sein, wie sie

Mullers Ratsche entkommen und sich erfolgreich an verschiedenste Lebensräume anpassen. Die Untersuchung zeigte, dass bei der Art *Macrotrachella quadricornifera* die genetischen Merkmale innerhalb der Population in einer Weise verteilt sind, die nur durch genetischen Austausch zwischen den Individuen – also durch sexuelle Fortpflanzung – erklärt werden kann.

Amazonenkärpflinge: Nehmen, ohne zu bezahlen

An dieser Stelle passt die Geschichte einer Fischart gut rein, die sich den Sex ebenfalls abgewöhnt hat – also gewissermaßen. Der Amazonenkärpfling *Poecilia formosa* ist ein gutes Beispiel für asexuelle Fortpflanzung in Verbindung mit einem gewissen Extra, sag ich mal.

Amazonenkärpflinge pflanzen sich durch *Gynogenese* fort, eine Form der Parthenogenese, bei der das Sperma einer verwandten Art erforderlich ist, um die Entwicklung der Eier auszulösen. Das Sperma leistet jedoch *keinen* genetischen Beitrag zu den Nachkommen! Das bedeutet, dass Amazonenkärpflinge im Wesentlichen Klone ihrer Mütter sind und die Männchen tatsächlich abgeschafft haben. Bei *Poecilia formosa* geschieht dies, indem die Weibchen Spermien von Männchen der nahe verwandten Arten *Poecilia latipinna* oder *Poecilia mexicana* verwenden.

Dass die Weibchen zwar das Sperma nutzen, das der männliche Fisch ja mit viel Mühe und hohen energetischen Kosten

WELCHEN FILM WOLLEN WIR HEUTE ABEND SCHAUEN?

GNHG... NGH...

SEIT UNSERER HOCHZEIT REDEST DU KAUM NOCH MIT MIR!

GNRGNNH!!!

produziert hat, er aber nicht dadurch belohnt wird, dass die Kinder 50 Prozent seines Erbguts in sich tragen, bezeichnet man als *sexuellen Parasitismus*. Auf den ersten Blick denkt man sich: *okay, wow, wie fies!* Aber es hat sich herausgestellt, dass auch das Männchen etwas davon hat. Wenn nämlich die Weibchen aus der Art der Männchen sehen, wie die Jungs mit Weibchen des Amazonenkärpflings »mitgehen«, finden sie sie auf einmal total attraktiv … kennt man, oder? Diese Männchen werden dann von den Weibchen der eigenen Art bevorzugt, was in der Verhaltensbiologie als *Mate Copying*, oder ganz einfach: Nachahmungseffekt, bekannt ist.

Sexueller Parasitismus

Eine meiner liebsten Geschichten, die man gut auf Partys erzählen kann, ist diese: Wäre ein Anglerfischpärchen ebenfalls eingeladen gewesen, hätte die Fischdame wahrscheinlich auf zwei kleine Pickel an ihrer Flanke gezeigt und gesagt: *Darf ich Ihnen meinen Gatten vorstellen?*

Die Tiefsee-Anglerfische gehören zur Unterordnung der Armflosser (Lophiiformes), einer Ordnung, die etwa 300 Arten umfasst. Diese Fische, die für uns Menschen mit ihren oft riesigen Zähnen und dem angelroutenartigen Fortsatz auf dem Kopf vielleicht bizarr aussehen, bewohnen die dunklen Tiefen der Ozeane, meist in Bereichen zwischen 1.000 und 4.000 Metern unter der Meeresoberfläche. Anglerfische sind Gegenstand intensiver Forschung, insbesondere in Bezug auf ihre Evolution. Die meisten aktuellen Hypothesen besagen, dass die Ordnung der Lophiiformes vor etwa 100 Millionen Jahren entstanden ist, wobei eine Schwankungsbreite von plus/minus 30 Millionen Jahren besteht – ein Thema, das in der Fachwelt noch intensiv diskutiert wird. Unabhängig von den genauen Daten ist jedoch eines sicher: Ihr Stammbaum ist uralt. Dies spiegelt sich auch in

ihrem Erscheinungsbild wider. Mit ihren albtraumhaft langen Zähnen sehen diese Fische aus wie Relikte aus einer längst vergangenen Zeit, fast als hätte die Evolution sie in den Abgründen der Meere vergessen. Doch dieses archaische Aussehen ist vor allem eins: eine Anpassung an ihren extremen Lebensraum.

In der Tiefsee herrscht Dunkelheit, die Farben verschwinden fast vollständig. Kein Sonnenstrahl erreicht diese abgeschiedenen Orte. Schon in zehn Metern Tiefe ist Rot nicht mehr wahrnehmbar, ab 15 Metern verschwindet Orange, ab etwa 30 Metern ist Gelb nicht mehr zu sehen, und ab etwa 50 Metern verliert sich auch Grün, sodass die Umgebung nur noch in Blautönen erscheint. Das Blau sieht man ungefähr bis 60 Meter Tiefe, danach herrscht völlige Dunkelheit. Die eigentliche Tiefsee beginnt in etwa 200 Metern Tiefe und umfasst fast 90 Prozent der Ozeanfläche. Und je weiter man hinabsinkt, umso stärker steigt der Druck. In einem Kilometer Tiefe lastet auf jedem Quadratzentimeter bereits ein Druck von rund 100 Kilogramm, am Grund des Marianengrabens, wo es noch Leben gibt – zum Beispiel Borstenwürmer –, sogar eine Tonne pro Quadratzentimeter. Zum Vergleich: Wenn ich mich mit einem Kaffee an den Hamburger Hafen setze, lastet auf meiner Haut ein Druck von etwa einem Kilogramm pro Quadratzentimeter.

Hinzu kommt die Kälte. Die Temperaturen liegen zwischen −1 °C und 4 °C und bleiben in der Tiefsee ohne große Schwankungen relativ stabil. In diesem extremen Lebensraum, in dem es auch keine *Primärproduktion* gibt – das heißt, in diesen Tiefen kann keine *Photosynthese* stattfinden, weil das Sonnenlicht fehlt, das die Grundlage für die Bildung pflanzlicher Biomasse und damit das erste Glied der meisten Nahrungsketten bildet –, ist das Überleben eine große Herausforderung. Entsprechend extrem sind die Anpassungen der dort lebenden Organismen, beispielsweise was den Körperbau angeht. Einige Tiere werden einfach unfassbar groß, wie der Riesenkalmar, der eine Gesamtlänge von bis zu 20 Metern erreichen kann. Oder die Tiefseetiere zeigen körperliche Anpassungen an den enorm hohen Wasserdruck. Wenn man sie dann an die Wasseroberfläche holt, sehen sie durch den fehlenden Druck, der auf ihren Körper wirkt und ihn in Form hält, oft nur noch zerlaufen und traurig aus – wie der Blobfisch (*Psychrolutes marcidus*), der in seinem natürlichen Lebensraum eigentlich rund ist.

Da es keine Pflanzen in der Tiefsee gibt, ernähren sich die Bewohner in der Regel von Aas, oder aber sie jagen. Tiefsee-Anglerfische sind Räuber, die Biolumineszenz – also die Fähigkeit, Licht zu erzeugen, das hatten wir ja schon bei den Glühwürmchen – nutzen, um ihre Beute anzulocken. Stell dir jetzt mal vor, du bist ein Lebewesen in der Tiefsee – einem Ort, der so dünn besiedelt ist, dass du tage- oder sogar wochenlang keinem anderen Tier begegnest. Wenn da dann etwas herumleuchtet, erregt das natürlich deine Aufmerksamkeit. Neugierig näherst du dich. Wenn du Glück hast, ist es ein Paarungspartner oder Beute. Wenn du Pech hast, bist *du* die Beute.

Anglerfische nutzen für ihre Leuchtorgane eine besondere Technik: Sie beherbergen lichterzeugende Bakterien in einem auffälligen Leuchtorgan, der *Esca*, die sich am Ende eines verlängerten Rückenflossenstrahls befindet. Dieses Organ kann unterschiedliche Formen haben, die manchmal aussehen wie Würmer, Garnelen oder einfach nur etwas Puscheliges. Dieses Leuchten und die Form des Gebimsels (ja okay, das ist kein Fachbegriff) wirkt auf potenzielle Beutetiere verführerisch und lockt auch männliche Anglerfische an. Das ist enorm wichtig, denn die Tiefsee ist so weitläufig, dass viele Anglerfisch-Männchen während ihres gesamten Lebens, das durchaus mal 20 bis 30 Jahre dauern kann, keinem einzigen Weibchen begegnen! *Keinem einzigen!* Andersherum wäre es auch als Weibchen von Nachteil, wenn es selbst keinen Partner trifft. Oder nur einmal einen, und dann nie wieder. Was macht man da also am besten?

Man lässt den Partner einziehen, sodass man sich immer schön nah ist. Sehr, *sehr* nah.

Bindung bis zur völligen Selbstaufgabe

Viele Arten der Tiefsee-Anglerfische haben also eine ungewöhnliche Form der Fortpflanzung entwickelt, die als *sexuelle Symbiose* bekannt ist – ebenfalls eine Form des sexuellen Parasitismus. Männliche Anglerfische sind im Vergleich zu ihren Partnerinnen winzig klein, weshalb sie auch als Zwergmännchen bezeichnet werden. Die Herren heften sich also beim ersten Date direkt an die Damen dran – ein Prozess, der bei einigen Arten temporär ist, aber bei vielen auch zu einer dauerhaften Verschmelzung führt. Zuerst beißen sie meist in die Haut, diese mechanische Bindung wird aber bald zu einer *echten* Bindung. Denn nach einer Weile verwachsen die Haut und später auch der Blutkreislauf des Paares miteinander, sodass das Anglerfischmännchen vollständig von der Nährstoffversorgung durch das Weibchen abhängig wird. In extremen Fällen bildet sich das Männchen so weit zurück, dass es nur noch als »Hodenpaar« am Weibchen hängt, um das Eingangsbild dieses Kapitels noch mal aufzugreifen.

Aus unserer Perspektive ist das ein *ungehöriger* Vorgang. Nicht nur wegen der Vorstellung, als +1 an seiner Angebeteten zu baumeln, sondern vor allem in Bezug auf das Immunsystem. Menschen, denen ein Organ transplantiert wurde, müssen ihr Leben lang Medikamente einnehmen, um die Abstoßung des Transplantats zu verhindern. Normalerweise ist das Immunsystem bei uns und anderen Wirbeltieren nämlich darauf eingestellt, fremdes Gewebe – beispielsweise von Bakterien, Pilzen oder Viren – zu entdecken, es als Gefahr wahrzunehmen und zu bekämpfen, um uns vor Krankheiten zu schützen. Ungünstig bei Transplantationen, klar, aber insgesamt absolut lebensnotwendig, sonst hätte jeder Otto-Normal-Erkältungsvirus leichtes Spiel mit uns. Deshalb ist es auch so wichtig, dass wir bei Bluttransplantationen nur unsere Blutgruppe oder die für alle passende Blutgruppe 0 als Infusionen bekommen. Denn jede Blutgruppe hat spezifische *Antigene* auf der Oberfläche ihrer Blutzellen, die das Immunsystem als *eigen* oder *fremd* identifizieren kann. Bekommt man Blut einer unpassenden Blutgruppe transferiert, erkennt das Immunsystem die fremden Antigene, löst eine Abwehrreaktion aus und beginnt, die neuen Zellen anzugreifen und zu zerstören. Das führt dazu, dass sich Antikörper der Person, die das Blut erhalten hat, an die fremden Blutzellen binden und mit ihnen verklumpen. Diese sogenannte *Agglutination* ist lebensbedrohlich. Ist ja auch klar: Klumpen im Blut = *nicht gut*. Wirklich gar nicht gut.

Bei den Anglerfischen kommt es jedoch nicht zu solchen Reaktionen. Im Gegenteil, die Verschmelzung der Gewebe und Blutkreisläufe von Männchen und Weibchen wird von deren Immunsystemen abgesegnet und durchgewunken. Für uns Menschen unvorstellbar – eine solche Verbindung mit einem anderen Menschen (*Parabiose* genannt) würde uns schnell töten. Jetzt ist natürlich die spannende Frage: Wie machen die Fische das? Kann es uns Menschen vielleicht nützen im Hinblick auf die bessere Verträglichkeit von Organ- und Körperteil-Transplantationen? Im Jahr 2020 hat deshalb ein Team des Max-Planck-Instituts in Freiburg eine Studie durchgeführt, die im Magazin *Science* veröffentlicht wurde. Das Team des Wissenschaftlers Thomas Boehm hat untersucht, welche genetischen »Umbauten« das Immunsystem des Anglerfisches durchlaufen, um diese Superkraft zu erlangen. Das Team hat herausgefunden, dass die Immunabwehr der Anglerfische während der Evolution wirklich ganz woanders abgebogen ist als unsere. So sind zum Beispiel die Gene für MHC-I und MHC-II reduziert oder fehlen ganz. Wie Lorenz schon erklärt hat, sind diese Moleküle in unseren Körpern normalerweise dafür zuständig, Antigene von Krankheitserregern zu entdecken, herauszupicken und dem Immunsystem zu präsentieren, damit es Jagd auf die so markierten Gegner machen kann. Auch weitere Gene für andere Immunzellen und -mechanismen, die für unser angeborenes Immunsystem sehr wichtig sind, damit es uns vor Krankheiten schützen kann, sind bei den Anglerfischen reduziert oder fehlen gleich ganz.

Wie machen die Fische das? Wie können diese Tiere mit einem derart umgebauten und aus unserer Perspektive geschwächten Immunsystem überleben, ohne von jedem dahergelaufenen Keim niedergestreckt zu werden?

Kurz gesagt: Noch ist nicht alles erforscht. Manche Anglerfische, die sich nicht miteinander verbinden, haben ähnliche Umbauten. Wieso? Gute Frage. Ebenfalls hat die Wissenschaft auch noch nicht herausgefunden, wie sich Anglerfische mit umgebautem Immunsystem stattdessen gegen *Pathogene*, also potenzielle Krankheitserreger, in ihrer Umwelt schützen.

Dennoch scheinen sich diese Anpassungen trotz der Risiken evolutionär zu lohnen. Zum einen leben die Tiere in einer Umwelt, die keinen starken Schwankungen unterliegt. Wir hatten ja eben schon bei den Rädertierchen erwähnt, dass man manche biologische Sicherheitsprinzipien dann etwas mehr schleifen lassen kann. Und auch Krankheitserreger gibt es in der Tiefsee nicht ansatzweise so viel wie in Meeresregionen, die näher an der Oberfläche sind. Insgesamt lohnt es sich für die Tiere also mehr, das Risiko einzugehen, mit cinem schwächeren Immunsystem herumzuschwimmen, als zu riskieren, genau einen Paarungspartner zu finden und nach einer Paarung nie wieder jemanden und die Gene damit nicht weitergeben zu können. In der Biologie spricht man von einem *Trade-off*, einem Tauschgeschäft, bei dem gewisse Vorteile gegen bestimmte Nachteile in Kauf genommen werden. Was willst du als Fisch auch mit einem unbesiegbaren Immunsystem, wenn du es dann gar nicht weitervererben kannst, weil du seit Ewigkeiten niemandem mehr begegnet bist? Eben.

Sich solche Phänomene wie das Paarungsverhalten der Tiefsee-Angler anzuschauen, ist spannend. Ein bisschen so, als würde man Aliens untersuchen, oder? Es gibt neben unseren leuchtenden Freunden auch noch andere Tiere, die ähnliche Fortpflanzungsstrategien haben, die auf sexueller Symbiose oder sexuellem Parasitismus beruhen.

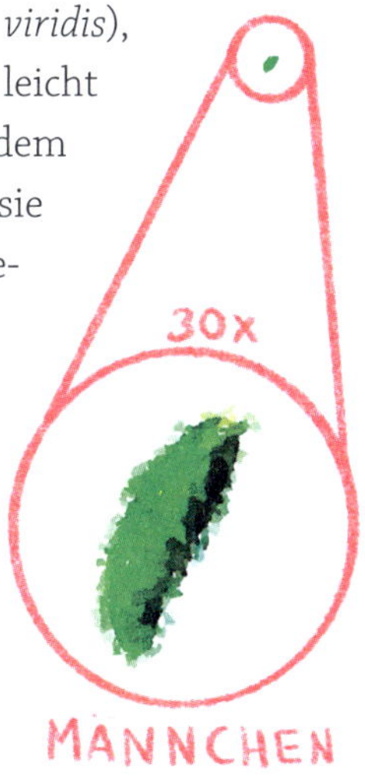

Die Weibchen des Grünen Igelwurms (*Bonellia viridis*), der im Mittelmeer oder im Nordatlantik lebt, sind leicht an ihrem großen grünlich-schwarzen Körper und dem langen, gegabelten Rüssel zu erkennen, mit dem sie sich ernähren und den Schlamm ihres marinen Lebensraums nach Nahrung durchsuchen. Ihr Körper kann zehn bis 15 Zentimeter lang werden, beträgt also auch hier ein Vielfaches der Männchen, die nur einen bis drei Millimeter »groß« werden. Und wo leben die Männchen? Jawoll, im Genitalsack des Weibchens, das dachtest du dir bestimmt gerade, oder? Absolut naheliegend und logisch, wo sonst. Aber Spaß beiseite – die Strategie ist einfach richtig gut. So sind die Männchen nämlich gleich da, wo sie gebraucht werden. Die Eier werden im Weibchen befruchtet und dann ins Wasser ausgestoßen, wo sie sich zu freischwimmenden Larven entwickeln. Ob diese Larven später ein Männchen oder ein Weibchen werden, hängt davon ab, wo sie landen. Wenn sich eine Larve auf einem offenen, normalen Substrat niederlässt – beispielsweise einem Stein oder dem Meeresgrund –, entwickelt sie sich zu einem Weibchen. Landet sie dagegen auf einem Weibchen, wird sie ein Männchen und zieht direkt bei der neuen Freundin ein. Diese Geschlechtsfestlegung wird durch eine von den Weibchen abgegebene chemische Substanz beeinflusst, die den Entwicklungsweg der Larven grundlegend beeinflusst.

Auch die zu den Bartwürmern gehörende Gattung *Osedax* ist ein starker Vertreter der Extrem-WG. Diese Würmer leben ebenfalls im Meer und sorgen dafür, dass der Meeresboden nicht meterhoch mit Walskeletten bedeckt ist, denn die Tierchen futtern am liebsten Knochen. Die Männchen sind zwischen stattlichen 0,2 und 1 Millimetern messende »Riesen«, die in Gruppen von 50 bis 100 Junggesellen in der gallertartigen Außenhülle des 2 bis 7 Zentimeter großen Weibchens leben – bereit, es zu befruchten.

Kann man machen, kann man aber auch lassen

Bei sexuellen Symbiosen gibt es für Männchen und Weibchen sowohl Vor- als auch Nachteile.

Der offensichtlichste Vorteil für das Männchen ist die Sicherung des Fortpflanzungserfolges. Durch das Anhängen an ein Weibchen stellt der männliche Partner sicher, dass er seine Gene weitergeben kann, womit sein größtes Lebensziel erfüllt ist. Dem Weibchen so nah zu sein ist ein wichtiger Vorteil in Umgebungen, in denen es nur wenige Partner gibt und Begegnungen selten sind – wie eben im Lebensraum der Tiefsee-Anglerfische. Ebenfalls praktisch: So fällt vor der Paarung auch die Konkurrenz um das Weibchen weg, und die ganze Angelegenheit spart auch noch Energie. Klingt gut, oder? Auf der anderen Seite profitieren die Weibchen ebenfalls in mehrfacher Hinsicht. In rauen Umgebungen, in denen das Timing des Fortpflanzungszeitpunkts entscheidend sein kann, sorgt ein bereits anwesendes Männchen für die sofortige Befruchtung der Eier – perfekt! Sie kann somit auch bestimmen, wann und wie sie sich paart.

Natürlich gibt es auch Risiken für beide Seiten. Komplett von seinem Partner abhängig zu sein ist beispielsweise dann schlecht, wenn eben jener Partner stirbt – schlimmstenfalls vor der Fortpflanzung. Stirbt Irene, stirbt der mit ihr verschmolzene Peter leider mit; auch dann, wenn seine Zeit vielleicht noch gar nicht gekommen war. Außerdem kann die dauerhafte Bindung beide Partner anfälliger für gemeinsame Umweltbedrohungen, Krankheiten oder Parasiten machen. Und auch für das Weibchen ist es natürlich eine Herausforderung, plötzlich noch den Gatten mit durchfüttern zu müssen.

Zugegeben, dieses Arrangement ist aus Menschenperspektive gewöhnungsbedürftig. Ich liebe Lorenz, aber das wäre mir dann doch etwas zu nah. Aber wenn es für andere funktioniert – *good for them!*

Sexueller Kannibalismus

Wenn wir schon über relativ extreme *-ismen* im Bezug auf Fortpflanzungskonzepte sprechen, können wir ja einfach direkt weitermachen.

Bestimmt ist dir schon einmal in Schlagzeilen in Boulevard-Medien der Begriff »Schwarze Witwe« als Bezeichnung für Frauen begegnet, die ihre Ehepartner ermordet haben. Der Begriff geht auf das Verhalten bestimmter Spinnenarten zurück, deren Weibchen dazu neigen, ihre männlichen Partner zu fressen. In der Regel während oder nach der Paarung, wenn es schlecht fürs Männchen läuft, auch mal vorher.

Naturforscher wie Stephen J. Gould (1941–2002) oder Charles Darwin sahen *Kannibalismus* eher als Fehler der Natur an. Als Männer haben sie es wohl als ehrverletzend empfunden, dass die Weibchen erstens die Oberhand haben und zweitens mit den Herren der Schöpfung auch noch kurzen Prozess machen. Doch so drastisch und für uns unverständlich dieser Mechanismus auch wirkt, so hat er doch ziemlich viele Vorteile für beide Seiten, wie wir gleich sehen werden. Ist auch irgendwie klar, sonst hätte er es ja nicht durch die Evolution geschafft.

Schwarze Witwen

Bleiben wir mal bei den Schwarzen Witwen. Für ein Uni-Modul durfte ich mal einige Wochen bei der renommierten Spinnenexpertin Jutta Schneider mit zwei Arten Echter Witwen (*Latrodectus*) arbeiten: *Latrodectus hasselti*, auch bekannt als Rotrückenspinne, die ursprünglich in Australien beheimatet ist, und *Latrodectus katipo*, auch bekannt als Rote Katipo, welche in Neuseeland vorkommt. *L. hasselti* ist jedoch mittlerweile auch in Neuseeland angekommen und gilt dort als invasiv – eins der Probleme, mit dem sich die selten gewordene Rote Katipo herumschlagen muss.

Klassisch für *Latrodectus*-Witwen ist auch hier ein stark ausgeprägter *Sexualdimorphismus*. Das bedeutet, die Weibchen sind deutlich größer als die Männchen und sehen auch völlig anders aus. Die beiden Arten stehen sich evolutionär sehr nahe und haben sich vor nicht allzu langer Zeit erst aus einem gemeinsamen Vorfahren aufgespalten. Was sofort auffällt: Optisch ähneln sie sich, allerdings sind Weibchen und Männchen der australischen Rotrückenspinne kleiner als die der neuseeländi-

schen Roten Katipo. Und es gibt noch einen Unterschied, den man den beiden Arten von außen nicht ansieht: Sie können zwar fruchtbare Nachkommen zeugen, doch haben sie unterschiedliche Paarungssysteme. Das Paarungsverhalten der Roten Katipo ist noch nicht so gut erforscht wie das anderer Spinnen, aber dank Forscherinnen wie Maydianne Andrade, die in Toronto seit Jahren exzellente Forschung über *Latrodectus*-Spinnen betreibt, wissen wir zumindest, dass ihr Paarungssystem potenziell *polygyn* ist – darüber habe ich ja schon weiter vorn geschrieben. Und das funktioniert nur, weil das Weibchen das Männchen nach der Paarung nicht verspeist (Ausnahmen bestätigen die Regel, und bevor es noch mehr Getuschel gibt: Hilde hatte wirklich *unglaublichen* Hunger!).

Auf der anderen Seite haben wir *Latrodectus hasselti*. Ihr Paarungssystem ist sehr gut untersucht, unter anderem dank der australischen Spinnenforscherin Lyn Forster (1925–2009). Dieses Paarungssystem ist *monogyn*, was bedeutet, dass sich ein Spinnenmännchen im Laufe seines Lebens nur mit einem (= *mono*) Weibchen (= *gyn*) paart. Und der Ablauf ist darauf ausgelegt, dass das Weibchen das Männchen nach der Kopulation frisst.

Salto in den Tod

Schauen wir uns mal an, wie so eine Paarung bei der australischen Rotrückenspinne abläuft.

Der Paarung geht bei verschiedenen Arten der Echten Witwen in der Regel ein ausführliches Balzritual voraus. Generell können solche Balzrituale bei Spinnen unterschiedliche Funktionen haben. Einerseits können Männchen zeigen, was in ihnen steckt, also beispielsweise mit Ausdauer glänzen, oder aber sie wollen sich vergewissern, dass das Weibchen wirklich

versteht, dass hier ein Männchen im Netz entlangläuft, und nicht etwa leckere Beute. So ein Balzritual steigert insgesamt die Bereitschaft des Weibchens, das Männchen nicht zu fressen, was für alle Beteiligten schon einmal eine gute Sache ist. Ja, auch für das Weibchen, denn um ihre Gene weiterzugeben, braucht sie ja ein Männchen. Und wenn man das Popcorn schon vor dem Kinofilm … na ja, du weißt, was ich meine, nicht?

Das Balzritual bei unserer australischen Rotrückenspinne beinhaltet unter anderem das Vibrieren des Netzes durch das Männchen, das Einsammeln von Seide aus dem Netz, das Tänzeln und Trommeln auf dem Körper des Weibchens – und Oralverkehr. Quasi. Das Männchen stimuliert hier die Geschlechtsöffnungen des Weibchens, von denen es zwei Stück gibt, durch Knabbern und Lecken mit den Mundwerkzeugen. Der Kollege läuft auf jeden Fall die Extrameile und lässt sich nicht lumpen.

Wenn das Weibchen so weit in Stimmung gebracht wurde und es das Männchen nicht vorher schon genervt verspeist hat (auch das passiert), kommt es zur ersten Paarung. Das Männchen, das die *Pedipalpen* an seinem Kopf schon vorher mit Sperma aufgeladen hatte, rollt nun seinen *Embolus* aus und schiebt ihn in die *Epigyne* des Weibchens, um ihre Spermathek – also den Spermienspeicherort – zu füllen.

Aber vor allem passiert zeitgleich etwas anderes, sehr Auffälliges: Das Spinnenmännchen macht einen Kopfstand, auch als *Salto* bezeichnet – und zwar direkt auf die Mundwerkzeuge des Weibchens, das das Männchen auch sofort in den Hintern beißt.

Man muss wissen: Bis auf eine Gruppe von Spinnen sind alle Spinnen giftig, nur eben nicht alle für den

Menschen. Die meisten Spinnen hierzulande kommen gar nicht durch unsere »dicke« Haut, und selbst wenn, wäre das Gift zu schwach, um uns Probleme zu bereiten. Falls du dich für Details interessierst: In meinem Buch *Schreibers Naturarium* habe ich ein ganzes Kapitel über Spinnen, deshalb überspringe ich hier jetzt die Einzelheiten. Das Weibchen einer Australischen Schwarzen Witwe wäre auf jeden Fall ein medizinisches Problem für uns, weshalb ich im Universitätspraktikum auch wirklich Vorsicht walten lassen musste, während ich die Spinnen handhabte. Hätte mich eins der Weibchen gebissen, während ich es mit einem Pinsel aus seinem Röhrchen auf das Testgestell und wieder zurückgesetzt habe, wäre ich ein Fall fürs Krankenhaus gewesen.

Unser Männchen, das hier einen Salto macht, weiß natürlich um die Giftigkeit seiner Angebeteten. Was ebenfalls Probleme macht, sind die Verdauungssäfte, die durch den Biss des Weibchens in seinen Körper gelangen. Spinnen setzen ja auf Außenverdauung, beißen also ihre Beute, injizieren die Verdauungssäfte und schlürfen dann nach einer Weile den leckeren Smoothie aus. Unser Spinnenmännchen hat jetzt ebenfalls diese Stoffe im Körper, weshalb es sich in einem geschwächten Zustand befindet. Damit sich die zersetzenden Stoffe nicht zu schnell im Körper verteilen, hat das Männchen vor der Paarung einen Teil seines Abdomens – also den Körperteil, in dem die Organe liegen – abgeschnürt, um sich zu schützen. Es ist nur eine Lösung auf Zeit, das Männchen hat aber noch eine Mission zu erfüllen: die Befruchtung der zweiten Geschlechtsöffnung

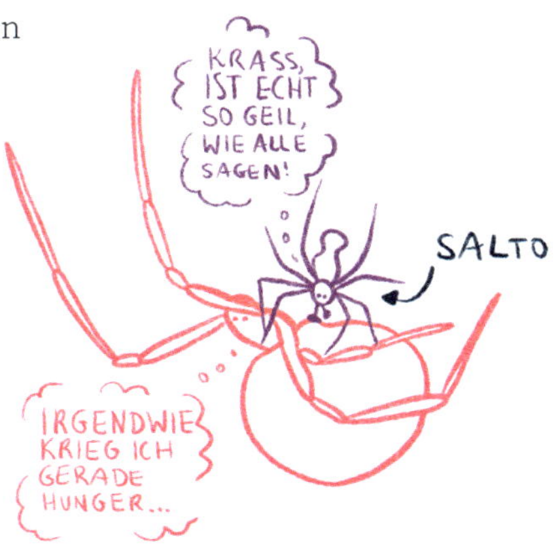

des Weibchens! Denn nur so kann es seine genetischen Informationen optimal weitergeben. Das Männchen mobilisiert also seine letzten Kräfte, dreht sich erneut in Position und vollzieht eine zweite Paarung. Der Vorgang wiederholt sich: Das Weibchen beißt erneut zu und spritzt mehr Verdauungssäfte ein.

Die Chancen, dass das Männchen diese zweite Paarung überlebt, sind verschwindend gering. In der Regel endet der Akt mit dem vollständigen Verzehr des Vaters in spe. Doch dieser scheinbar extreme und selbstzerstörerische Akt hat auch seine Vorteile: Durch den Verzehr des Partners erhält das Weibchen eine wertvolle Proteinquelle, die ihre Fortpflanzung unterstützt und dafür sorgt, dass die Nachkommen besser überleben können – und das ist das, was das Männchen möchte: das Beste für die Nachkommen. Außerdem erhöht das eigene Opfer die Wahrscheinlichkeit, dass seine Spermien die einzigen sind, die die Eizellen des Weibchens befruchten, da er die Geschlechtsöffnungen des Weibchens mit einem Teil seiner abgebrochenen Geschlechtsorgane verschließt.

Sexuelle Selektion

Wir haben jetzt ja einige der ungewöhnlicheren Paarungsstrategien zum »Warmwerden« kennengelernt und auch schon über die natürliche Selektion gesprochen. Es wird also Zeit, zu den allgemeinen Prinzipien dahinter zu kommen, angefangen mit dem Grundbaustein jeder Lovestory in der Natur: der *sexuellen Selektion*.

Der Lebensraum von Organismen stellt bestimmte Ansprüche an sie. Unter Wasser ist es von Vorteil, wenn man durch Kiemen atmen kann, in der dunklen Tiefsee sollte man nicht von Photosynthese und damit Sonnenlicht abhängig sein, und Tiere in Grönland sollten Strategien entwickelt haben, sich gut gegen die Kälte zu wappnen. Die Lebewesen müssen in der Lage sein, sich zu schützen, sich zu ernähren und sich fortzupflanzen, und für diese Aufgaben müssen sie bestimmte Eigenschaften besitzen. Das alles bezeichnen wir in der Biologie als *Selektionsdruck*.

Unter sexueller Selektion versteht man die Entwicklung von Merkmalen, die den Fortpflanzungserfolg eines Individuums erhöhen und die auch genetisch weitergegeben werden. Diese Merkmale können auf zwei Wegen entstehen: durch *intersexuelle Selektion* (= Selektion zwischen den Geschlechtern), also durch die Partnerwahl des anderen Geschlechts, und durch *intrasexuelle Selektion* (= Selektion innerhalb eines Geschlechts), also durch den Wettbewerb gleichgeschlechtlicher Individuen um Paarungspartner. Hier konkurrieren die Männchen direkt miteinander um den Zugang zu Weibchen. Dieser Wettbewerb kann auf verschiedene Weisen ausgetragen werden und hat dazu geführt, dass sich spezifische Merkmale bei den Männchen entwickelt haben, die ihnen in diesen Kämpfen und Konkurrenzsituationen Vorteile verschaffen.

Intrasexuelle Selektion

Widmen wir uns erst einmal der *intra*sexuellen Selektion.

Ein klassisches Beispiel findet sich beim Rotwild. Das imposante Geweih der Männchen signalisiert nicht nur Stärke und Durchsetzungsvermögen in Richtung der Weibchen, sondern zeigt das auch anderen Männchen. Ein Hirsch mit einem großen Geweih demonstriert damit seine Kraft, Fitness und seine Fähigkeit, im Lebensraum die Ressourcen aufzubringen, die für das Tragen und die Pflege eines solchen Geweihs notwendig sind. Das heißt, genetisch hat dieser Herr wohl einiges zu bieten.

Die Konkurrenz unter den männlichen Hirschen ist groß. Der Hirsch mit dem größten Geweih und der besten Kondition hat natürlich auch die besten Chancen, rivalisierende Männchen abzuhängen und sich mit Weibchen zu paaren. Aber Konkurrenzkämpfe sind gefährlich, auch für fitte Hirsche. Aus diesem Grund gehen männliche Hirsche in der Regel nicht sofort aufeinander los. Sie versuchen erst einmal, ihre Rivalen einzuschüchtern, indem sie ihr Geweih, ihre Körpergröße und ihr Röhren zur Schau stellen. Sie wollen signalisieren: *Wenn du dich mit mir anlegst, wird es dir schlecht ergehen. Lass es lieber gleich bleiben und zieh dich zurück!* Diese Darbietungen sollen potenzielle Gegner abschrecken und Kämpfe vermeiden.

Intersexuelle Selektion

Die Schwanzfedern männlicher Pfauen sind hingegen ein klassisches Beispiel für *inter*sexuelle Selektion. Weibchen bevorzugen Männchen mit besonders großen und bunten Schwanzfedern, vermutlich weil diese Federn auf gute Gesundheit und starke Gene hindeuten. Diese Vorliebe hat zur Folge, dass Männchen mit prächtigeren Schwanzfedern bessere Chancen haben, ein Weibchen zu erobern, sich fortzupflanzen und ihre Gene weiterzugeben. Die bunten Schwanzfedern der Pfauenmännchen sind also nicht nur Schmuck, sondern ein klares Signal für die Fitness des Trägers.

Sex ist teuer

Die Entwicklung sexuell selektierter Merkmale kostet. Bei unserem Pfauenbeispiel erfordert beispielsweise die Entwicklung und Erhaltung der großen Schwanzfedern einen hohen Energie- und Ressourcenaufwand. Männliche Pfauen müssen mehr Nahrung aufnehmen, um den Energiebedarf für das Wachstum der Federn zu decken. Das bedeutet, dass sie mehr Zeit mit der Futtersuche verbringen müssen, was wiederum die Zeit für andere lebenswichtige Aktivitäten verringert.

Die auffälligen und großen Schwanzfedern machen Pfauenmännchen zu einem leichten Ziel für Raubtiere, denn unauffällig geht anders. Was die Weibchen gut sehen können, können natürlich auch alle anderen Tiere gut sehen, weshalb sich das Risiko erhöht, von einem Raubtier entdeckt und angegriffen zu werden. Die Federn können auch die Flucht erschweren, da sie schnelle und wendige Bewegungen behindern – wieder ein Trade-off. Solche Abwägungen kennen wir auch aus unserem Alltag: Wenn ich mich entscheide, mehr Stunden zu arbeiten, um mehr Geld zu verdienen, weil ich zum Beispiel auf bestimmte Ziele hinspare, reduziere ich gleichzeitig meine verfügbare Freizeit. Umgekehrt führt mehr Freizeit oft zu weniger Einkommen, was mir aber recht ist, wenn ich es mir leisten kann und der Freizeit den Vorrang geben möchte.

Manchmal ist es auch so, dass sexuelle und natürliche Selektion im Widerspruch stehen, da sie unterschiedliche evolutionäre Anforderungen an ein Individuum stellen.

Kurze Erinnerung an die vorherigen Kapitel: Als *natürliche Selektion* bezeichnet man den Prozess, bei dem Individuen mit bestimmten Eigenschaften eher überleben und sich fortpflanzen können, wodurch diese Eigenschaften weitergegeben werden. Das können beispielsweise eine bessere Tarnung oder eine erhöhte Widerstandsfähigkeit gegen Krankheiten sein. Im Gegensatz dazu bezieht sich die sexuelle Selektion auf Merkmale, die die Fortpflanzungschancen eines Individuums erhöhen, indem sie es für potenzielle Partner:innen attraktiver machen und Merkmale eventuell über das Optimum der natürlichen Selektion hinaustreiben.

Wenn wir unseren Pfau von vorhin nehmen, dann steht ein buntes, ausgefallenes Federkleid natürlich im Widerspruch zu dem Anspruch, von Feinden nicht entdeckt zu werden. Komisch, oder? Stimmt. Willkommen im *quantitativen Paradoxon der sexuellen Selektion*, ein kompliziertes Wort für *hä, wieso sind noch nicht alle Pfauen ausgestorben oder dunkelbraungrün?*

Irgendwie paradox

Der Grund, warum diese Merkmale trotz ihrer Nachteile bestehen bleiben, ist die große Varianz im Fortpflanzungserfolg der Männchen. Die Pfauenmännchen mit den riesigen bunten Federn sind extrem erfolgreich und haben viele Nachkommen, während andere Männchen, die weniger auffällig sind, kaum Nachkommen haben. Dieser große Unterschied (= die eben erwähnte Varianz) bedeutet, dass sexuelle Selektion sehr stark Einfluss nehmen kann, auch wenn sie nur auf die Männchen wirkt.

Darwin, der den Begriff der natürlichen Selektion geprägt hatte, war einer der Ersten, der versuchte, das Konzept zu verstehen und zu definieren. Er stellte sich die sexuelle Selektion jedoch als schwächere Kraft im Vergleich zur natürlichen Selektion vor. In seinen Überlegungen versuchte er, das Paradoxon der auffälligen und scheinbar unpraktischen Merkmale wie bei den Pfauen zu lösen, indem er annahm, dass sowohl die Vorliebe der Weibchen als auch die auffälligen Merkmale der Männchen vererbt werden. Er ging davon aus, dass viele Tiere einen »ästhetischen Sinn« hätten, der dazu führe, dass bestimmte Merkmale bevorzugt würden. Diese Vorlieben und Merkmale würden dann in den folgenden Generationen stark selektiert.

In den 1930er-Jahren stellte der britische Genetiker Ronald A. Fisher (1890–1962) jedoch eine Theorie auf, die als *Fishers Runaway-Hypothese* bekannt wurde und Darwin widersprach. Fisher argumentierte, dass sexuelle Selektion eine viel stärkere Kraft sein könnte, als Darwin dachte. Laut Fishers Hypothese können sich auffällige Merkmale und die Vorlieben für diese

Merkmale in einem sich selbst verstärkenden Prozess entwickeln. Stell dir vor, ein Pfauenweibchen bevorzugt Männchen mit besonders langen Schwanzfedern. Wenn diese Vorliebe vererbt wird, werden ihre Nachkommen sowohl die Präferenz für lange Federn als auch die langen Federn selbst erben. Im Laufe der Generationen kann dieser Prozess zu immer extremeren Merkmalen führen, weil die Weibchen weiterhin die Männchen mit den auffälligsten Merkmalen im Vergleich zur Konkurrenz wählen – die Merkmale in jeder Generation also noch auffälliger werden müssen – und diese Männchen wiederum mehr Nachkommen haben. Dieser Prozess kann zu sehr ausgeprägten und energetisch kostspieligen Merkmalen führen, sogar dann, wenn diese Merkmale das Überleben der Männchen erschweren.

Die *Sexy Son Hypothesis*, die 1979 vorgestellt wurde, greift diese Idee auf und bietet eine modernere Erklärung dafür, warum solche auffälligen Merkmale bestehen bleiben. Diese Hypothese besagt, dass Weibchen attraktive Männchen wählen, weil ihre Söhne dadurch ebenfalls attraktiv und somit erfolgreicher in der Fortpflanzung sein werden. Die attraktiven Söhne haben also bessere Chancen, Partnerinnen zu finden und viele Nachkommen zu haben. Dadurch wird die Wahrscheinlichkeit erhöht, dass auch Gene der Mutter weitergegeben werden – und das ist ihr Ziel.

Koevolution

Wenn wir über Evolution und sexuelle Selektion sprechen, müssen wir auch über *Koevolution* sprechen. Dieser Begriff bezeichnet den Prozess, in dem sich zwei oder mehr Arten gegenseitig beeinflussen und entsprechend in Abhängigkeit evolutionär weiterentwickeln – bei den Überlegungen zu sexueller versus asexueller Fortpflanzung haben wir das vorhin schon bei den Parasiten kurz angesprochen.

Koevolution kann die Beziehung zwischen Wirt und Parasit sein, zwischen Sender und Empfänger eines Signals, zwischen sogenannten *Mutualismuspartnern* wie Biene und Blüte, Männchen und Weibchen und so weiter.

Ein klassisches Beispiel für Koevolution ist die Beziehung zwischen Räuber und Beute. Räuber üben durch ihr Jagdverhalten Selektionsdruck auf ihre Beutetiere aus, was bei den Beutetieren zur Entwicklung von Abwehrmechanismen wie Tarnung, Schnelligkeit oder Giftigkeit führt. Umgekehrt müssen sich die Räuber wieder an diese neuen Eigenschaften ihrer Beute anpassen, um weiterhin erfolgreich jagen zu können, was zu einem *evolutionären Wettrüsten* führt.

Ein gutes Beispiel für die Koevolution zwischen Räuber und Beute sind Motten und Fledermäuse. Die Echoortung bei Fledermäusen funktioniert, indem sie Ultraschallrufe aussenden und die Echos dieser Rufe auswerten, um die Position, Entfernung und Größe von Objekten oder Beutetieren in ihrer Umgebung zu bestimmen. So können sie fliegende Insekten entdecken und jagen. Nachtaktive Motten haben als Reaktion darauf eine beeindruckende Vielfalt an Abwehrstrategien entwickelt.

Eine Anpassung bei einigen Mottenarten ist die Entwicklung einer akustischen Tarnung. Diese Motten besitzen spezielle, teilweise wie Haare aussehende Schuppen auf ihren Flügeln und Körpern, die Schallwellen absorbieren und so die Echoortungssignale der Fledermäuse umgehen können. Diese Schuppen wirken wie ein akustischer Tarnmantel und machen es für die Fledermäuse schwieriger, die Motten zu lokalisieren.

Der mittelamerikanische Bärenspinner *Bertholdia trigona* – ein Falter, keine Spinne – kann Ultraschallklicks erzeugen, die die Echoortung der Fledermäuse stören. Diese Klicks überlagern die Rufe der Fledermäuse und erschweren es ihnen dadurch, die Motten zu lokalisieren. Einige Mottenarten modulieren diese Klicks so, dass sie die Fledermäuse effektiv verwirren oder sogar abschrecken. Als Reaktion darauf haben einige Fledermausarten ihre Echolokationsrufe angepasst, indem sie die Frequenzen ihrer Rufe verändern oder unregelmäßige Rufe einsetzen, die weniger vorhersehbar sind. Andere Fledermäuse haben empfindlichere Hörsysteme entwickelt, um selbst schwächste Echos der getarnten Motten wahrzunehmen.

Sexueller Konflikt

Sexuelle Koevolution und *sexueller Konflikt* sind zentrale Konzepte in der Evolutionsbiologie, die das dynamische Zusammenspiel zwischen den Geschlechtern bei der Fortpflanzung beschreiben. Diese Wechselwirkungen sind durch das eben erwähnte ständige Wettrüsten gekennzeichnet, bei dem Männchen und Weibchen beispielsweise in sexuell binären Systemen kontinuierlich Anpassungen und Gegenanpassungen entwickeln, um ihre jeweiligen Fortpflanzungserfolge zu maximieren. Die evolutionären Veränderungen, die durch diesen Prozess ausgelöst werden, beeinflussen die Entwicklung von Geschlechtsmerkmalen und Verhaltensweisen und führen zu einer beeindruckenden Vielfalt an Fortpflanzungsstrategien.

Ein Konflikt tritt auf, wenn sich die reproduktiven Interessen von Männchen und Weibchen stark unterscheiden oder sogar gänzlich gegensätzlich gegenüberstehen. Diese sogenannte *Divergenz* führt zu einer evolutionären Auseinandersetzung, bei der jedes Geschlecht versucht, die Kontrolle über den Fortpflanzungsprozess zu erlangen oder zu behalten. Klar: Man will ja

vor allem die eigenen Gene weitergeben. Ein klassisches Beispiel für diesen Konflikt ist das Verhalten von Wasserläufern (Gerrilae). Männliche Wasserläufer versuchen häufig, Weibchen durch aggressive Paarungsversuche zur Kopulation zu zwingen. Im Laufe der Evolution haben die Männchen spezielle Strukturen entwickelt, die ihnen helfen, Weibchen während der Paarung festzuhalten und sie zu zwingen, sich mit ihnen zu paaren. Diese Greiforgane ermöglichen es den Männchen also, die Kontrolle über die Weibchen zu behalten und ihre Fortpflanzungschancen zu erhöhen. Weibchen haben als Reaktion darauf Stachel entwickelt, die auf ihrem Abdomen positioniert sind und es ihnen erleichtern, Männchen abzuwehren und unerwünschte Paarungen zu verhindern. Auch darauf haben die Wasserläufermännchen wieder mit einer Anpassung reagiert: Erpressung. Dafür tanzen sie auf der Wasseroberfläche herum und erzeugen dadurch kleine Wellen. Früher dachte man, das sei einfach eine Art Paarungstanz, um das Weibchen zu beeindrucken. 2010 hat ein Forschungsteam jedoch eine Arbeit im Fachmagazin *Nature Communications* veröffentlicht, in dem aufgezeigt wird, dass die Männchen mit diesen Bewegungen Raubfische anlocken wollen, um das Weibchen unter Druck zu setzen: *Entweder du paarst dich jetzt mit mir, oder ich tippel so lange auf der Wasseroberfläche herum, bis ein Fisch kommt und uns beide frisst!*

Ein weiteres Beispiel für einen ähnlichen sexuellen Konflikt findet sich bei Wasservögeln (Anseriformes). Männliche Enten sind bekannt für ihre aggressive Paarungsweise, bei der das Weibchen bei vielen Spezies teilweise gewaltsam unter Wasser gedrückt und zur Kopulation gezwungen wird – und gar nicht so selten endet das sogar mit dem Ertrinken der weiblichen

Ente. Diese aggressiven Paarungsstrategien führen dazu, dass Weibchen stärkeres Abwehrverhalten und noch kompliziertere Fortpflanzungsorgane entwickelt haben. Diese weiblichen Anpassungen beinhalten unter anderem Spiralen in ihrer *Kloake* – also dem Körperteil, das bei Vögeln zur Paarung und Ausscheidung da ist –, die entgegengesetzt zur Richtung des Penisgewindes verlaufen und so die Kontrolle über das Eindringen und die Spermienaufnahme ermöglichen. Kooperiert das Weibchen nicht, wird es dadurch schwieriger, die Paarung zu erzwingen.

Sexueller Konflikt beschränkt sich jedoch im Allgemeinen nicht nur auf die Kontrolle über die Paarung, sondern erstreckt sich auch auf die Nutzung der Spermien nach der Kopulation. Nach der Paarung können Männchen und Weibchen einer Tierart weiterhin in Konflikt stehen, insbesondere wenn es darum geht, welche Spermien zur Befruchtung verwendet werden. Männchen entwickeln Mechanismen, um die Spermien anderer Männchen zu verdrängen oder Weibchen daran zu hindern, mit anderen Männchen zu kopulieren – das haben wir ja schon bei den Schwarzen Witwen gesehen. Weibchen hingegen entwickeln Mechanismen, um die besten Spermien für die Befruchtung auszuwählen und unerwünschte Spermien zu entfernen, sollte sich doch noch eine bessere Gelegenheit ergeben. Diese Mechanismen können biochemische Prozesse umfassen, die die Lebensfähigkeit und Beweglichkeit der Spermien beeinflussen, oder physische Strukturen, die den Zugang zu den Eizellen kontrollieren.

Diese Prozesse der sexuellen Koevolution und des sexuellen Konflikts laufen kontinuierlich ab und führen zu einem ständigen Wechselspiel von Anpassung und Gegenanpassung. Während dieses evolutionären Wettrüstens entwickeln Männchen und Weibchen fortlaufend neue Strategien, um ihren Fortpflanzungserfolg zu sichern, was wiederum neue Gegenstrategien des anderen Geschlechts hervorruft.

OH JA, GIB MIR MENSCHENNAMEN!
ÄHM… GÜNTHER!
OH BABY, DU BIST SO VERSAUT!!!

Animalisch heiß

Beim Stichwort Sex denken die meisten von uns wahrscheinlich einerseits sofort an Zweigeschlechtlichkeit, direkt gefolgt von einem Bild, das sich ganz gut mit Rein-Raus zusammenfassen lässt. Doch das ist eine recht eindimensionale Sicht der Dinge.

Wir haben schon über die Evolution der Sexualität gesprochen und da gesehen, dass es eine Bandbreite an Fortpflanzungssystemen geben kann. Es muss nicht immer zwei Geschlechter geben, und es ist auch nicht immer so, dass nur ein Part befruchtet wird. Sexualität und auch sexuelle Identität sind ein buntes Spektrum, sowohl bei Menschen als auch bei Tieren. Wie weit unsere mitunter ziemlich eingeschränkten binären Vorstellungen von Sexualität von der Realität vieler Organismen abweichen kann, kann man gut anhand des Fortpflanzungssystems von Quallen veranschaulichen.

Qualle wechsel dich!

Viele Menschen wissen nicht so recht, was sie von Quallen halten sollen. Diese Tiere sind schön, lösen aber auch Angst aus, da es einige Vertreterinnen unter ihnen gibt, bei denen es sehr unangenehm sein kann, wenn man auf sie trifft.

Ja, es gibt Arten, die wirklich gefährlich sind, zum Beispiel die Würfelquallen (Cubozoa), zu denen auch die Seewespe (*Chironex fleckeri*) gehört. Diese stark giftige Qualle kommt in den Küstengewässern Nordaustraliens vor. Wenn man von ihr berührt wird, kann das wirklich innerhalb weniger Minuten zum Tod führen. In unseren Breiten gibt es jedoch ungefährlichere

Arten, die entweder gar nicht brennen oder nur ein bisschen, und die als Feuerquallen bekannt sind.

Was mich an Quallen am meisten fasziniert, ist, dass sie ziemlich viele unserer gewohnten Sichtweisen infrage stellen. Vielleicht hast du schon von Staatsquallen gehört? Äußerlich wirken sie wie ein großer Organismus, oft mit Tentakeln und einem irgendwie gearteten Körper ausgestattet – doch das ist eine Täuschung. In Wirklichkeit handelt es sich nicht um einen einzigen Organismus, sondern um Tausende kleiner Tiere, die gemeinsam eine Kolonie bilden, daher auch der Name! Jeder dieser Organismen hat eine spezielle Funktion und bildet im Verbund Organe und Körperteile: Eine Gruppe nimmt Nahrung auf und verdaut sie, eine andere ist für die Sinne zuständig, einige bilden mit ihren Nesseln eine Verteidigungslinie, und wieder andere kümmern sich um die Fortpflanzung.

Auch im Bereich Sexualität läuft bei unseren glibberigen Freund:innen einiges anders, und zwar nutzen Quallen einen sogenannten *Generationswechsel* zur Fortpflanzung, wobei sie hier zwischen asexueller und sexueller Fortpflanzung hin- und herwechseln können.

Polypen: Die sessile Phase

Beim Begriff *Polyp* denken viele sicherlich an Wucherungen in ihrem Darm oder in der Nase, doch in der Welt der Quallen ist das etwas anderes. Polypen sind eine von mehreren Quallen-Lebensformen, die sich durch ihre ortsansässige (= *sessile*) Lebensweise auszeichnen. Sie haften mit ihrer kleinen Fußscheibe an Oberflächen wie Korallenriffen und sind durch ihre zylindrische Form und einen Kranz kleiner Tentakeln leicht erkennbar. Im Zentrum dieses Tentakelkranzes befindet sich die Mundöffnung, die in einen blinden Darm führt – einen Hohlraum mit nur einem Eingang, der sowohl der Nahrungsaufnahme als auch der Ausscheidung dient.

Die Fortpflanzung der Polypen erfolgt ungeschlechtlich. Ein Polyp kann durch Knospung kleine Auswüchse bilden, die sich entweder vom Mutterpolypen lösen und eigenständige Individuen werden oder als Teil der Kolonie an Ort und Stelle verbleiben. Polypen können sich auch durch Spaltung vermehren oder Gewebe von ihrer Fußplatte abstoßen, das dann zu neuen Polypen heranwächst. Alle Methoden führen jedoch dazu, dass die Nachkommen genetisch identisch mit dem Mutterpolyp sind.

Medusen: Die schwimmende Generation

Das Medusenstadium stellt dann die freischwimmende Phase im Lebenszyklus der Quallen dar, und dieses Stadium erkennt man schließlich auch auf den ersten Blick als Qualle. Im Gegensatz zu den sessilen Polypen sind Medusen beweglich, schwim-

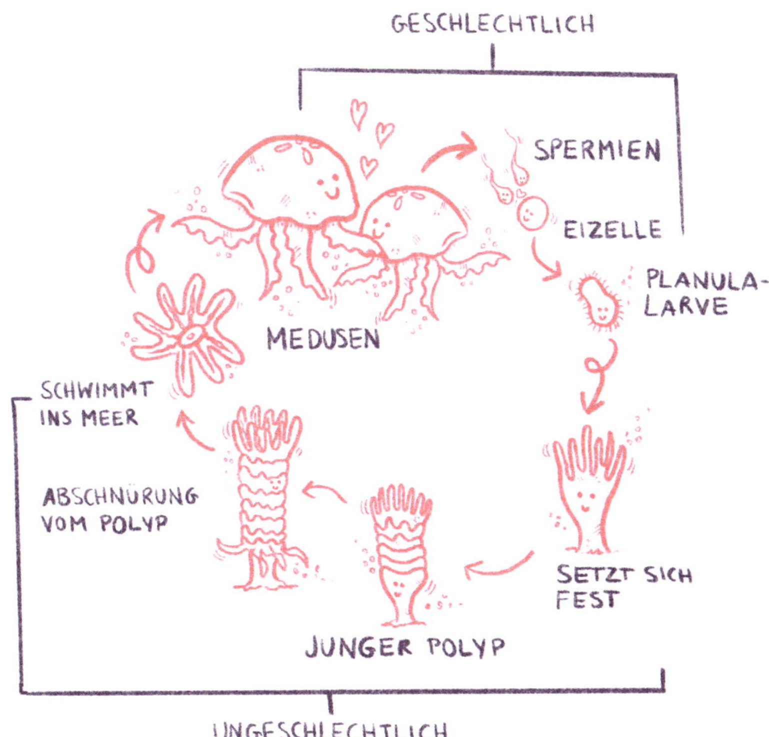

men herum und können sich geschlechtlich fortpflanzen, weil sie ein Geschlecht haben – sie sind entweder männlich oder weiblich. Weibliche Medusen geben ihre Eier ins offene Meer ab, wo sie dann von den Spermien der männlichen Medusen befruchtet werden; diese haben ihre Geschlechtszellen nämlich auch einfach ins Wasser abgegeben. Die Medusen sterben nach der Fortpflanzung, wodurch ihre Lebensdauer auf wenige Monate begrenzt ist.

Nach der Befruchtung entwickeln sich aus den befruchteten Eiern sogenannte *Planula-Larven*. Diese winzigen, bewimperten Larven schwimmen erst mal eine Weile frei im Meer herum, bevor sie sich auf einer geeigneten Oberfläche niederlassen und zu neuen Polypen heranwachsen – die nächste Generation ist also wieder asexuell, kann dann aber jedoch wieder Medusen hervorbringen. Und so wechseln sich sexuelle und asexuelle Generationen immer wieder ab.

Explosives Liebesspiel

Die Honigbiene (*Apis mellifera*) ist ein wichtiger Bestandteil unserer Ökosysteme und Landwirtschaft. Diese weitverbreitete Art, die verschiedene Unterarten umfasst, ist ein wichtiger Bestäuber für zahlreiche Nutz- und Wildpflanzen. Allerdings wird ihre Bedeutung für die Bestäubung häufig überschätzt, da viele andere Insekten, insbesondere Wildbienen, eine ebenso wichtige Rolle spielen.

Bei uns heimisch war ursprünglich die Dunkle Europäische Honigbiene (*Apis mellifera* ssp. *mellifera*). Doch seit dem Zweiten Weltkrieg ist sie durch die Verbreitung von künstlich »produzierten« Zuchtformen und gezielter Bekämpfung der wild lebenden Bienenvölker fast vollständig verdrängt worden. Während die Honigbiene durch Imker:innen geschützt wird und nicht vom Aussterben bedroht ist, sind viele Wildbienenarten, einschließlich der Dunklen Europäischen Honigbiene, aufgrund von Lebensraumverlust und Pestizideinsatz gefährdet und benötigen dringend unseren Schutz. In *Schreibers Naturarium* habe ich das Thema schon ausführlich behandelt, deshalb belasse ich es jetzt erst einmal dabei. Du bist ja für etwas anderes hier, oder? Du willst wissen, wie es unsere gestreiften Freund:innen zwischen den Laken krachen lassen. Also los!

Den Grundstein für das Überleben der Honigbienenpopulation legt die Königin, das einzige fruchtbare Weibchen eines Bienenvolkes. Im Gegensatz zu den Arbeiterinnen, die nur wenige Wochen alt werden, leben Königinnen mehrere Jahre. Solch eine Bienenkönigin legt bis zu 2.000 Eier pro Tag – in der Regel schlüpfen daraus Töchter – und steuert das Verhalten ihrer Arbeiterinnen mit speziellen Duftstoffen, den bereits erwähnten Pheromonen. Das wichtigste Pheromon, die *Königinnensubstanz* (der wesentlich eingängigere Name für *9-Oxo-trans-2-decensäure*), signalisiert ihre Anwesenheit und Fruchtbarkeit, unterdrückt die Entwicklung der Eierstöcke bei den Arbeiterinnen und verhindert so, dass diese selbst Eier legen. Auf diese Weise wird sichergestellt, dass nur die Königin für die Fortpflanzung verantwortlich ist. Mit zunehmendem Alter der Königin produziert sie weniger Königinnensubstanz, was bei den Arbeiterinnen ab einer gewissen Schwelle den Schwarmtrieb auslöst, bei dem sie neue *Weiselzellen* bilden und sich auf die Teilung des Volkes vorbereiten. Weiselzellen sind spezielle Zellen, die von den Arbeiterinnen gebaut werden, um darin eine neue Königin aufzuziehen. Die entwickelt sich aus einem ganz normalen Ei und wird dann mit *Gelée Royale* gefüttert, einer Art Superfood, das sie zur Königin macht. Die Pheromone der Königin beeinflussen auch das Sammelverhalten der Arbeiterinnen, indem sie diese dazu anregen, Nektar und Pollen zu sammeln und in den Bienenstock zu bringen, um die Brut zu füttern und Vorräte für den Winter anzulegen. Außerdem helfen die Pheromone den Arbeiterinnen, sich im Bienenstock zu orientieren und die Königin zu finden, was für die Kommunikation und Koordination innerhalb des Bienenvolkes wichtig ist. Bei Gefahr können die Pheromone der Bienenkönigin die Arbeiterinnen alarmieren und zur Verteidigung des Bienenstocks auffordern.

Etwa fünf bis zehn Tage nach dem Schlüpfen begibt sich die junge Bienenkönigin ab Anfang Mai auf ihre »Hochzeitsflüge«. Dabei fliegt sie zu speziellen Treffpunkten, den sogenannten Drohnensammelplätzen, an denen sich die männlichen Bienen, die Drohnen, versammeln. Normalerweise besteht ein Bienenvolk fast ausschließlich aus Weibchen. Wenn jedoch die Paarungszeit naht, produzieren die Königinnen auch Männchen. Diese schlüpfen aus den unbefruchteten Eiern. Finden sich die Drohnen an den Sammelplätzen ein, fliegen sie bis zu 20 Meter hoch und warten auf die Königin. Jede Bienenart bevorzugt eine andere Höhe, was gut ist, da es so nicht zu Vermischungen kommt. Die Anwesenheit von Tausenden von Drohnen aus verschiedenen Völkern führt zudem zu einer hohen genetischen Vielfalt und minimiert das Risiko von Inzucht. Gleichzeitig sorgt die Paarung mit mehreren Männchen – meist zwischen zehn und 20 – dafür, dass die Nachkommen besonders widerstandsfähig gegen Krankheiten sind und sich gut an ihre Umgebung anpassen können.

Die Königin steuert also mitten in den Drohnenschwarm hinein und lockt die Männchen mit Pheromonen an. Leider überleben die Drohnen die Paarung nicht, da die Männchen ihre gesamte Körperflüssigkeit in den Penis verlagern und beim Geschlechtsakt das Geschlechtsteil samt Flüssigkeit explosionsartig aus dem Körper gerissen wird, was zum sofortigen Tod führt. Zurück im Bienenstock werden die Spermien im Körper der Bienenkönigin dauerhaft einem speziellen Organ, der *Spermathek*, gespeichert. Von diesem Vorratslager wird die Königin ihr ganzes Leben lang zehren. Nur etwa fünf Prozent der Spermien schaffen es ins Lager, der Rest geht verloren. Aber keine Sorge, die gespeicherten Spermien reichen aus, damit die Königin über Jahre hinweg Eier legen kann.

Rammeln bis zum S(Exitus)

In diesem Buch darf ein Tier auf gar keinen Fall fehlen: die Stuart-Breitfußbeutelmaus (*Antechinus stuartii*), die einen recht extremen Lebensstil führt. Es handelt sich hier jedoch, anders als der Name verlauten lässt, nicht um eine Maus, sondern um ein Beuteltier – auch wenn es optisch gesehen eine gewisse Ähnlichkeit gibt. Während Mäuse sich quasi die ganze Zeit fortpflanzen können, sieht es bei diesen Breitfußbeutelmäusen anders aus, die nur einmal im Jahr fruchtbar sind. Und das ganze Leben dieser Tierchen führt zielstrebig auf dieses eine große Happening im August hin.

Die kleinen Beuteltiere leben im östlichen Australien, sind nachtaktiv und ernähren sich von Insekten und kleineren Wirbeltieren. Die Lebenserwartung ist nicht sehr hoch, und du wirst gleich erfahren, wieso.

Kommt man als Stuart-Breitfußbeutelmaus-Männchen auf die Welt, hat man nur ein Ziel im Leben: bei so vielen Weibchen wie möglich landen und knattern, was das Zeug hält. Die Herren werden mit ungefähr elf Monaten geschlechtsreif, und während der Paarungszeit investieren die Männchen deshalb all ihre Energie in die Fortpflanzung. Sie paaren sich dann intensiv mit möglichst vielen Weibchen und unterliegen dabei einem *extrem* hohen Stressniveau. Sie denken an nichts anderes mehr

als Sex, sie hören auf zu essen, zu schlafen, haben keinen anderen Lebensinhalt mehr. Das Immunsystem kollabiert, und die Männchen sterben an den Folgen von inneren Blutungen, massiven Infektionen und einfach an Erschöpfung – sie rammeln wirklich, bis sie halb tot vom nächstbesten Weibchen rutschen und das Zeitliche segnen. Dieser dramatische Fortpflanzungsmodus stellt sicher, dass die Männchen ihre gesamte Energie in die Produktion von Nachkommen investieren, ohne Ressourcen für das Überleben danach zu verschwenden.

Die Stuart-Breitfußbeutelmaus ist nicht allein mit ihrer extremen Fortpflanzungsstrategie, bei der die Männchen nach der Paarung sterben. Auch andere Beuteltiere in Australien, Südamerika und Papua-Neuguinea gehen diesen Weg. Aber warum?

Nun, ein Grund dafür ist die starke Konkurrenz unter den Männchen. Wenn sich Weibchen mit mehreren Männchen paaren, kämpfen deren Spermien darum, wer die Eier befruchten darf. Männchen mit großen Hoden und viel Sperma haben dabei die besten Chancen, und wenn die Spermien stark sind, umso mehr. Und tatsächlich: Die Hoden der Stuart-Breitfußbeutelmaus-Männchen sind im Verhältnis zu ihrer Körpergröße wirklich enorm groß, was auf eine heftige Spermienkonkurrenz hindeutet. Die Paarungszeit vieler Beuteltiere ist zudem kurz und intensiv, was die Konkurrenz noch verstärkt. Für die Weibchen ist das super, denn sie können so die besten Gene für ihre Nachkommen auswählen – Konkurrenz belebt das Ge(n)schäft! Für die Männchen bedeutet das allerdings, dass sie alles auf eine Karte setzen müssen: Sie investieren ihre komplette Energie in die Fortpflanzung und zahlen dafür mit dem Preis ihres Lebens.

Im Herzen der Dattel

Es ist warm. In einer sonnendurchfluteten Oase, in der sich die Dattelpalmen sanft in warmen Wüstenwinden wiegen, verwirklicht ein winziges Wesen seinen Plan, endlich die eigene Dynastie aufzubauen. Es fliegt zwischen den Palmen umher, bis es sich für eine entschieden hat. Dann krabbelt es zu einer der süßen Früchte, arbeitet sich bis zum Kern durch und setzt den Bohrer an, während die Palmwedel rechts und links von ihm rascheln. Wer hier so emsig am Werk ist, ist ein Weibchen des Dattel-Borkenkäfers *Coccotrypes dactyliperda* kurz vor der Eiablage. Kurz zuvor hat sich das Weibchen gepaart, und der Haken ist: mit hoher Wahrscheinlichkeit mit seinem Bruder.

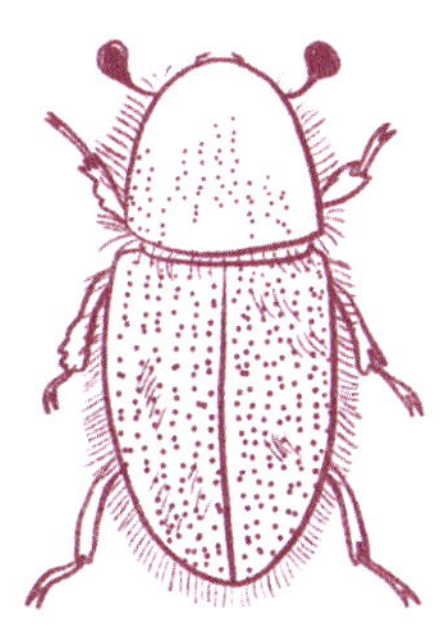

Der Lebenszyklus der Dattel-Borkenkäfer spielt sich in den meisten Fällen vollständig im Dattelkern ab – das zeigt ja schon, wie klein diese Insekten sein müssen. Sie sind in der Regel ein bis zwei Millimeter groß, sodass mehrere von ihnen in einen Dattelkern passen, der gewöhnlich ein bis vier Zentimeter lang ist. Es sind die Weibchen, die im Inneren des Dattelkerns nach Männchen suchen, meistens handelt es sich dabei um ihre Brüder. Es kann aber auch vorkommen, dass ein Männchen von außen in den Kern gelangt, weil der eigene, heimische Dattelkern vielleicht etwas überbevölkert war. Dieses neue Männchen hat bei den Weibchen bessere Chancen, denn die Damen paaren sich eigentlich lieber mit Außenstehenden als mit ihren eigenen Brüdern – nur haben sie eben oft keine Wahl.

Was aber, wenn der Dattelkern etwas überbevölkert war oder keine Brüder mehr da waren und ein jungfräuliches Weibchen sich trotzdem paaren will? In diesem Fall verlässt sie den Dattelkern und sucht sich woanders einen Partner. Findet sie keinen, nimmt sie die Sache selbst in die Hand und nutzt die

Alternative, die die Evolution für sie vorgesehen hat: Parthenogenese, also Jungfernzeugung; wir sind ihr bei den Bdelloid-Rädertierchen bereits begegnet. Sie legt also unbefruchtete Eier in einen Dattelkern und wartet, bis die Larven schlüpfen. Doch gibt es hier eine Besonderheit: Wenn sich ein Dattelkäferweibchen mit einem Männchen sexuell fortpflanzt, schlüpfen aus den resultierenden Eiern Männlein und Weiblein. Normalerweise schlüpfen bei einer Parthenogenese nur Töchter aus den unbefruchteten Eiern – doch nicht in diesem Fall. Es handelt sich hier nämlich um eine besondere Form der Jungfernzeugung: die *arrhenotoke Parthenogenese*. Ein kompliziertes Wort, aber es bedeutet einfach, dass aus den unbefruchteten Eiern keine Töchter, sondern Söhne schlüpfen.

Merkst du es? Eben, wow, wie praktisch! So viele Söhne und nur ein Weibchen! Ja. Ja, genau. Die Mutter wartet, bis die Söhne geschlüpft und paarungsreif geworden sind – um dann mit ihnen Sex zu haben. Aus den resultierenden Eiern schlüpfen dann Männchen und Weibchen, somit hat das Käferweibchen seinen Lebenstraum erfüllt und kann zufrieden sterben.

Lange Zeit ging man davon aus, dass diese Mischung aus Inzucht und Fortpflanzung mit nichtverwandten Tieren nur ein Zwischenzustand sei und sich die Fortpflanzungssysteme immer zu einem der beiden Pole hin stabilisieren würden – die Dattel-Borkenkäfer mit ihrer Fortpflanzungsstrategie also nur auf dem Weg zu reiner Inzucht oder eben strikter Nichtinzucht seien. Inzwischen weiß man aber, dass solche Systeme evolutionär stabil sein

können und auch viele Vorteile haben, die die Fortpflanzungssicherheit gewährleisten. Schon allein die Wahl zu haben ist eine sehr gute Option, falls einem eben wirklich nur Brüder zur Verfügung stehen. Auch dass die Weibchen sich nicht sofort mit den männlichen Geschwistern paaren, sondern noch kurz warten, ob vielleicht ein externer Junggeselle den Weg in den Kern findet, zeigt, dass das Paarungssystem zumindest Platz dafür lassen will, die eigenen Gene lieber mit nichtverwandten Genen zu mischen, was für den Nachwuchs viele Vorteile haben kann, über die wir schon gesprochen haben. Auch die Option, dass Käferweibchen ihre eigenen Sexualpartner »herstellen« können, ist einfach der ideale Back-up-Plan.

Insgesamt ist dieses Fortpflanzungssystem sehr flexibel und ermöglicht es, eine Population auch unter ungünstigen Bedingungen zu erhalten, zum Beispiel wenn sie isoliert ist oder ein Weibchen gleich ganz allein irgendwo eine Population gründen muss. Der Gedanke an Sex zwischen Müttern und Söhnen ist uns Menschen unangenehm, und das ist auch gut so. Denn anders als bei Insekten kann Inzucht bei uns zu schwerwiegenden Folgen für die Gesundheit unserer Nachkommen führen, weshalb wir normalerweise eine angeborene Abneigung dagegen haben, uns mit Verwandten fortzupflanzen – vor allem, wenn sie uns genetisch sehr nahestehen. Warum das so ist und warum Insekten genetisch besser dafür geeignet sind, wird Lorenz später erklären, wenn er über Chromosomen und Vererbung schreibt.

Obst mit Fleischbeilage … oder?

Im Frühsommer haben wir einen Feigenbaum in unserem Garten gepflanzt. Dem Klimawandel »sei Dank« schlagen sich Feigenbäume mittlerweile selbst in Deutschland sehr gut. Bei meinen Großeltern im Garten wächst eine *Ficus carica*, Sorte

»Pfälzer Fruchtfeige«, die mittlerweile schon den ganzen Garten eingenommen hätte, würden wir sie nicht regelmäßig radikal zurückschneiden. Es gibt sehr viele Feigensorten, und die, die wir in unseren Breitengraden anbauen, haben meistens eins gemeinsam: Sie befruchten sich selbst, brauchen also keine Insekten, die die Pollen von Blüte zu Blüte tragen. Bei Feigen würde das auch schwierig werden, da ihre Blüten in der Frucht, die eigentlich ein *Fruchtverband* ist, liegen.

Feigenbäume gehören zu den ältesten Kulturpflanzen und haben ihre Wurzeln im Nahen Osten und im Mittelmeerraum. Archäologische Funde belegen, dass sie seit mehr als 10.000 Jahren kultiviert werden. In einer Studie aus dem Jahr 2006 wird beschrieben, wie bei Ausgrabungen in einem neolithischen Dorf in der Nähe von Jericho versteinerte Hausfeigen gefunden wurden, die auf ein Alter von etwa 11.400 Jahren datiert werden konnten. Dieser Fund stützt die Hypothese, dass Feigen zu den ersten Pflanzen gehören, die von uns Menschen gezielt angebaut und gezüchtet wurden. Doch die Fortpflanzungsbiologie der Feige ist ziemlich anspruchsvoll – mit Fruchtertrag ist in Deutschland nicht ohne Weiteres zu rechnen – und beinhaltet ein sehr, sehr kleines Tier: eine Feigenwespe (Agaonidae). Verschiedene Feigenarten haben verschiedene Fortpflanzungsmethoden, die meisten davon haarsträubend kompliziert, sodass man das Gefühl hat, sich beim Nachvollziehen der verschiedenen Schritte das Hirn zu brechen. Deshalb erkläre ich jetzt die Fortpflanzungsbiologie der Echten Feige (*Ficus carica*) und der Feigengallwespe *Blastophaga psenes* auf eine vereinfachte Art.

Die Biologie der echten Feige ist komplex, da es zwei Varianten – oder nennen wir es: Konfigurationen – innerhalb der Art gibt: die Haus- oder Essfeige (*Ficus carica* var. *domestica*) und die Bocksfeige (*Ficus carica* var. *caprificus*). Die Essfeige hat nur weibliche Blüten, funktioniert also nur als weibliche Pflanze. Die Bocksfeige hingegen hat männliche und weibliche Blüten, aber ihre weiblichen Blütenteile sind unfruchtbar. Diese Konstellation nennt man *Gynodiözie*, was bedeutet, dass es in einer Population weibliche (Essfeigen) und zwittrige (Bocksfeigen) Pflanzen gibt. Jetzt kommt das Aber: Funktionell sind Feigen *diözisch*, das heißt, die Pflanzen haben getrennte Geschlechter: Eine übernimmt die weibliche Rolle, die andere die männliche. In diesem Fall agiert die Bocksfeige als »Männchen«, da die weiblichen Anteile sowieso unfruchtbar sind.

Vielleicht denkst du jetzt: Komisch, wieso ist die Bocksfeige die weiblichen Blüten nicht ganz losgeworden, so wie die Essfeige die männlichen Blüten? Wenn sie doch eh unfruchtbar sind? Das ist eine sehr gute Frage! Und die Antwort liegt in der Biologie eines kleinen Tieres, der Feigengallwespe. Dieses Insekt kann beide Feigenkonfigurationen bestäuben. Ganz allgemein gesagt läuft die Bestäubung so ab: Die Feigengallwespe wird vom leckeren Blütenduft angelockt und krabbelt in eine kleine Öffnung in der Feigenfrucht, das *Ostiolum*, das fast vollständig durch schuppenartige Hochblätter verschlossen ist, was den Zugang erschwert. Das Wespenweibchen drückt sich durch diese enge Öffnung, verliert dabei jedoch ihre Flügel und die Antennen. Das hat zur Folge, dass das Weibchen später nicht wieder wegfliegen kann. Im Inneren der Feige kann das Weibchen die Blüten bestäuben, da es noch Pollen von der Feige an sich hat, aus der es geschlüpft ist.

Das Weibchen selbst ist am Anfang seines Lebens aus einer Bocksfeige geschlüpft – und zwar hat ihre Mutter damals die Eier in die unfruchtbaren, weiblichen Blüten abgelegt. Diese weiblichen Blüten sind also alles andere als nutzlos, sondern werden von der Feigengallwespe zur Fortpflanzung verwendet. Da die Feige die Wespe zur Bestäubung braucht, behält sie diese »Kinderzimmer« also bei, obwohl sie die Struktur selbst gar nicht mehr aktiv nutzt.

Unser Feigengallwespenweibchen wurde noch in der Feige von einem ihrer Brüder begattet – und zwar bevor das Weibchen geschlüpft ist. Ja, das hast du richtig gelesen: Die Weibchen kommen »schwanger« zur Welt, begattet von ihren Brüdern, die früher geschlüpft sind und schon eine Weile in der Feige leben. Ich weiß, das klingt ... gewöhnungsbedürftig. Die mögen das aber so, also bitte kein Kink-Shaming. Die Weibchen verlassen die Feige dann meist durch die Gänge, die die Brüder ins Fruchtfleisch geknabbert haben und von denen einige nach draußen führen. Ist unser schwangeres Feigengallwespenweibchen nach dem Auszug aus ihrem Elternhaus selbst in eine Bocksfeige gekrabbelt, kann sie dort ebenfalls ihre Eier in die weiblichen, unfruchtbaren Blüten ablegen. Ist das Weibchen jedoch in eine weibliche Essfeige geraten, bestäubt sie die dort vorhandenen weiblichen Blüten, sodass diese zu essbaren Früchten ausreifen können. Nur gibt es hier ein Problem: Während die weiblichen, unfruchtbaren Blüten der Bocksfeigen eine besondere Form haben, in die die Wespen ihre Eier ganz einfach mit dem Legestachel ablegen können, bieten die weiblichen Blüten der Essfeigen diesen Service nicht – die Wespe kann in diesen Früchten keine Eier ablegen. Dummerweise kommt sie aber auch nicht mehr raus. Das Weibchen bleibt in der Feige, stirbt und wird von den Enzymen in der Frucht zersetzt. Das sind dann manchmal die Feigen, die im Handel landen und von denen wir sagen, dass man mit jeder dieser durch Wespen bestäubten Feigen theoretisch eine Wespe mitisst. Bocksfeigen hingegen sind oft holzig und ungenießbar, weshalb wir diese nicht im Supermarkt bei Obst & Gemüse finden. Mittlerweile ist es aber so, dass wir viele Feigenarten im Handel haben, die sich selbst befruchten und keine Wespe brauchen, um Früchte zu bilden.

Das Fortpflanzungssystem ist bei vielen Feigenarten auch noch komplexer als das – es gibt dann beispielsweise drei Generationen Feigen pro Jahr, was auch noch einmal Auswirkungen auf die Biologie der Feigengallwespen hat. Beispielsweise überwintern die in der letzten Feigengeneration. Bei meinem Feigenbaum oder dem meiner Großeltern ist es so, dass keine Feigengallwespen nötig sind, um eine Ernte einzufahren. Aber es gibt noch zwei andere interessante Tatsachen: Erstens sind die leckeren Früchte, die wir gerne frisch essen oder getrocknet ins Müsli schnippeln, nicht die echten Früchte des Feigenbaums, sondern botanisch gesehen sogenannte *Scheinfrüchte*. Da sich die Blüten im Inneren dieser Scheinfrüchte befinden und sich die echten Früchte eben aus den Blüten entwickeln, sind die kleinen gelben »Kerne« im Inneren der Feige die eigentlichen echten Früchte.

Der zweite interessante Fakt ist der Umstand, dass wir seit 2021 auch Feigenwespenpopulationen in Deutschland haben – nachgewiesen in Radolfzell, Sasbach, Saarbrücken und Bochum an den dortigen Standorten der Echten Feige. In der *Deutschen Entomologischen Zeitschrift* aus dem Mai 2024 findet sich ein Artikel darüber, der auch klarmacht, dass die Beobachtungen und gesammelten Exemplare von Citizen Scientists (= Bürgerwissenschaftler:innen) stammen, also von Laien, die sich für *Entomologie* – die Erforschung der Insekten – interessieren und ihre Beobachtungen und Funde mit der Wissenschaft teilen.

Der Begriff »Laie« in diesem Zusammenhang bedeutet erst einmal nur, dass jemand keinen Hochschulabschluss in diesem Fach hat, jedoch nicht, dass diese Personen automatisch über weniger Wissen oder Erfahrung verfügen. Viele Amateurentomolog:innen verfügen über ein enormes Fachwissen und sind gar nicht selten sogar besser informiert als manche Expert:innen mit Uni-Abschluss. Vor allem, wenn sie das schon seit 50 oder 60 Jahren machen, Artikel in Fachzeitschriften veröffentlichen und auch mit Forschungsinstituten zusammenarbeiten. Die Insektenforschung ist auf diese Enthusiast:innen angewiesen, denn sie leisten einen wichtigen Beitrag zur Erforschung und Dokumentation unserer Insektenwelt. Ohne ihre Beobachtungen, Funde und Sammlungen wäre die Entomologie nicht das, was sie heute ist. Und gerade bei Insektengruppen, die sehr nischig sind, sind solche »Laien« oft die Einzigen, die sich mit einer Art oder einer Familie auskennen.

Ein gutes Beispiel für die Relevanz von Hobbyentomolog:innen ist die entomologische Sammlung an meinem Institut in Hamburg, dem Leibniz-Institut zur Analyse des Biodiversitätswandels. Diese Sammlung wurde 1943 bei der Bombardierung Hamburgs im Zweiten Weltkrieg fast vollständig zerstört, konnte aber dank der Schenkungen von Privatpersonen wieder zu einer der bedeutendsten Sammlungen Deutschlands aufgebaut werden. Auch heute noch sind solche Schenkungen und Ankäufe für die Entomologie von unschätzbarem Wert und sichern die Zukunft unserer Forschung.

Sex ist nicht gleich Sex

Fortpflanzung ist zwar nach wie vor der Hauptantrieb für Sex im Tierreich, aber die Wissenschaft entdeckt immer mehr Beispiele dafür, dass es nicht *nur* darum geht, Nachwuchs zu zeugen. Zahlreiche Tierarten zeigen Verhaltensweisen, die weit über den reinen Fortpflanzungsakt hinausgehen und sexuelle Kontakte auch dann herstellen, wenn eine Befruchtung nicht möglich ist. Es wurde beobachtet, dass Tiere sich sexuell betätigen, um soziale Beziehungen zu festigen, Zuneigung auszudrücken, sich gegenseitig zu helfen, Ressourcen zu teilen, Lust zu erleben oder ihren sozialen Status zu demonstrieren.

Zum Beispiel das *Aufreiten*, bei dem die Männchen das Geschlechtsteil in eine:n Partner:in einführen können, aber nicht müssen. Von Löwen ist beispielsweise bekannt, dass sie sich ohne Paarungsabsicht gegenseitig besteigen, gerne auch gleichgeschlechtlich. Oft wird das in und von den Medien als Homosexualität interpretiert, das ist aber wieder die menschliche Brille und nicht so einfach. Denn bei Tieren geht es bei Handlungen, die wir sexuell interpretieren, nicht immer wirklich um Sex oder Liebe.

Fun-aber-auch-not-so-fun-Fact hierbei: In Kenia ist Homosexualität zwischen Männern strafbar, Homosexuelle werden generell verfolgt, und es herrscht auch Zensur. Der ehemalige Leiter des Film Classification Board reagierte dementsprechend besonders empört auf ein im Internet kursierendes Video, das zwei männliche Löwen zeigt, bei dem ein Männchen das andere besteigt, also aufreitet. Zunächst vermutete der Leiter laut Medienberichten, dass es sich gar nicht um zwei männliche Löwen handeln könne. Anschließend behauptete er, die Löwen hätten sich dieses »schlechte Benehmen« womöglich von homosexuellen Parkbesuchern abgeschaut. So weit, so bizarr.

Was ich sagen will: Sexuell konnotierte Verhaltensweisen sind im Tierreich weitverbreitet, aber nicht unbedingt so gemeint, wie wir das Verhalten lesen würden, wenn Menschen es zeigen. In der Tierwelt ist alles etwas … fluider. Beispielsweise ist das gegenseitige Stimulieren der Genitalien im Tierreich sehr verbreitet. Dabei findet keine Penetration statt, trotzdem zählen wir Menschen diese Verhaltensweisen zum Sexualverhalten. Vermutlich, weil es bei uns eben durchaus ein Teil unseres sexuellen Spektrums ist. Delfine, Primaten, Katzen, Hunde, Eichhörnchen, unsere Spinnen von vorhin – alle fummeln, lecken oder reiben sich selbst oder bei anderen an den Genitalien, auch ohne dass diese Tuchfühlung sexuell motiviert sein muss. Männliche Affen stecken sich gegenseitig den Penis oder Finger in den Hintern, im Internet gibt es Videos, die Delfine zeigen, die es sich selbst mit enthaupteten Fischen oder anderen Hilfsmitteln besorgen, und weibliche Kurznasenflughunde lecken Männchen gern mal aus Freundschaft das Glied. Alles Sachen, die wir Menschen sofort klassifizieren würden als: Sex. Doch warum machen Tiere das, wenn es eben kein Fortpflanzungsverhalten ist?

Solche Verhaltensweisen können verschiedene Ziele haben, zum Beispiel können sie Bindungen stärken oder neue Freundschaften zwischen Tieren aufbauen, die keine Absicht haben, sich jemals miteinander zu paaren. Das scheint für uns Menschen vielleicht etwas seltsam zu sein, denn wenn wir jemanden kennenlernen, schütteln wir der Person in der Regel die Hand und nicht den Penis. Doch unsere menschliche Perspektive spielt uns da einen Streich. Wir mögen das gegenseitige soziale Besteigen der Bonobos als bizarr empfinden – doch umgekehrt würden meine Hunde es wahrscheinlich ebenso seltsam finden, dass ich jemanden in die Wohnung lasse, ohne vorher an seinem Schritt und Hintern geschnüffelt zu haben. Wenn unser jüngster (kastrierter) Rüde aufgeregt ist, kommt es ganz selten mal vor, dass er den anderen (ebenfalls kastrierten) Rüden kurz besteigt, um Stress abzubauen. Zwei-, dreimal gejuckelt, dann springt er wieder ab und dreht sich aufgeregt im Kreis. Mit Sex hat das nichts zu tun, sondern dient ihm als Kanalisierung für die ganzen aufgeregten Gefühle, wenn Herrchen oder Frauchen nach Hause kommen. Auch die männlichen Löwen aus unserem Beispiel von eben besteigen sich gegenseitig mutmaßlich nicht aus sexuellen Motiven, sondern um Koalitionen zu bilden und soziale Bindungen zu stärken. In einem kroatischen Zoo gab es zwei Bärenmännchen, bei dem eines dem anderen gern am Penis genuckelt hat, bis sein Kumpel ejakuliert hat. Weibliche Bonobos sind dafür bekannt, dass sie sexuelle Handlungen mit dominanten Gruppenmitgliedern vollziehen, um sich mit ihnen anzufreunden. Wenn zum Beispiel ein junges Weibchen neu in eine Gruppe kommt, hat es zunächst Sex mit einem älteren Weibchen, um eine Bindung aufzubauen und einen Platz in der Gruppe zu finden. Diese mentorähnliche Beziehung bringt dann Vorteile mit sich – soziale Unterstützung, gegenseitiges Aufpassen, gemeinsames Fressen. Bonobos sind auch dafür bekannt, Konflikte durch sexuelles Verhalten zu lösen, der klassische Versöhnungssex also. Bei keinem dieser Beispiele ging es darum, Nachwuchs zu zeugen.

Lange dachten wir außerdem – klassisch menschliche Arroganz –, dass nur wir Menschen Spaß an Sex haben. Mittlerweile wissen wir jedoch, dass auch viele Tierarten gern aus Freude schnackseln. Delfine können Orgasmen kriegen, und man weiß, dass es den Weibchen gefällt, wenn ihre Klitoris stimuliert wird. Männliche Delfine suchen diesen Kick teilweise auf enorm rücksichtslose Art und Weise; so sind sie bekannt für Gruppenvergewaltigungen von weiblichen Delfinen, aber auch von Individuen anderer Arten, beispielsweise von Menschen, wobei die Opfer dann meist ertrinken.

Viele Tiere können Schmerz, aber eben auch schöne Gefühle empfinden. 2014 hat ein Forschungsteam herausgefunden, dass

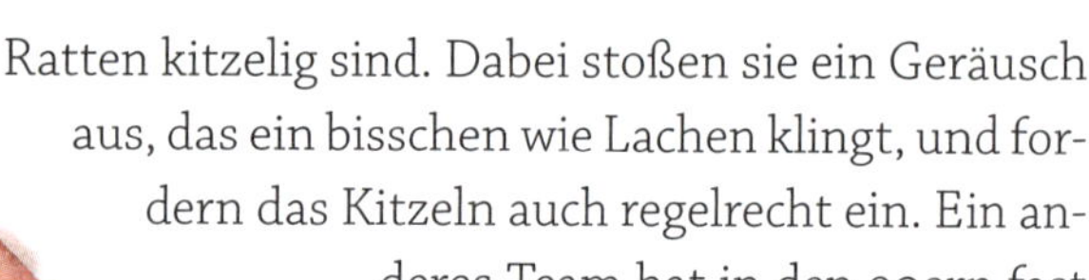

Ratten kitzelig sind. Dabei stoßen sie ein Geräusch aus, das ein bisschen wie Lachen klingt, und fordern das Kitzeln auch regelrecht ein. Ein anderes Team hat in den 90ern fast 250 Stunden damit verbracht, Makaken-Affen beim Sex zu beobachten, und dabei festgestellt, dass Weibchen Orgasmen haben können. Aber wie können wir solche Handlungen eigentlich ohne unsere menschliche Brille verstehen und bewerten? Nun, wir müssen uns anschauen, wie das Gezeigte evolutionär einzuordnen ist und welcher Mechanismus dahintersteckt, der das Verhalten nützlich macht. Spaß ist ein wichtiger, aber oft übersehener Aspekt im Leben von Tieren. Im wissenschaftlichen Diskurs über die Empfindungsfähigkeit von Tieren geht es meistens um Schmerz, Leid und Stress. Aber auch Freude ist ein wichtiger Bestandteil eines tierischen Gefühlsspektrums.

Aus evolutionärer Sicht ist das Lustgefühl eine Anpassungsreaktion. Es motiviert Tiere zu Verhaltensweisen, die dem Überleben und der Fortpflanzung dienen, wie zum Beispiel Nahrungssuche, soziale Bindungen und Paarung. Im Gegensatz zu Schmerz, der schädliche Verhaltensweisen verhindert, verstärkt Vergnügen diese nützlichen Verhaltensweisen – das Belohnungszentrum kickt rein. Lecker gegessen? Gut gemacht! Spaß beim Sex gehabt? Prima! Dieser Mechanismus sorgt dafür, dass Tiere gut durchs Leben kommen und ihre Ziele erreichen.

Tiere zeigen uns auf vielfältige Weise, dass sie Spaß haben können. Spielen ist dabei ein ganz wichtiger Punkt, denn es macht einfach Bock und hält Körper und Geist fit. Ob wildes Toben bei Hunden oder fröhliches gegenseitiges Jagen bei

Kühen – Spielen ist so tief in ihnen verwurzelt, dass es wahrscheinlich schon seit Urzeiten Freude bereitet und gleichzeitig überlebenswichtige Fähigkeiten schult. Auch Spaß beim Futtern ist bei allen Arten zu beobachten – unsere drei Hunde sind da ganz vorn dabei, aber auch meine Hausschnecken (ja, ich habe so etwas) stürzen sich begeistert auf Gürkchen. Tiere zeigen Vorlieben für bestimmte Nahrungsmittel, die mit Belohnungsgefühlen beim Essen verbunden sind, und stellen so sicher, dass sie ernährungsphysiologisch passende Nahrung suchen und verzehren. Sexuelle Aktivitäten bei Tieren, oft durch die evolutionäre Brille der Fortpflanzung betrachtet, sind ebenfalls mit Lust verbunden. Viele Tierarten üben ihr Sexualverhalten auch außerhalb der Fortpflanzung aus, was auf ein komplexes Zusammenspiel von Instinkt und Lust hindeutet. Soziale Tiere, insbesondere Primaten, haben Spaß an Fellpflege und anderen taktilen Interaktionen, und ja, dazu gehört eben auch mal der Finger im Po. Berührungen machen Tiere einfach glücklich, genauso wie Menschen auch, wobei das hier mit dem Finger nicht für jeden was ist, ich weiß, ich weiß, bitte keine E-Mails schreiben.

Das Belohnungsgefühl von Freude ist jedenfalls nicht nur wichtig für das Überleben und die Fortpflanzung, sondern hat auch großen Einfluss darauf, wie Menschen mit Tieren umgehen. Wenn wir anerkennen, dass Tiere Spaß haben, verändert das unsere Beziehung zu ihnen. Es stellt anthropozentrische Ansichten infrage, die menschliche Erfahrungen in den Vordergrund stellen. Wer einmal gesehen hat, was für tiefe Freundschaften Kühe führen und wie sie ausflippen, wenn sie nach Monaten in Einzel-

haft im Stall ihre Freund:innen wiedersehen, dem bleibt das nächste Steak vermutlich im Hals stecken. Wenn wir anerkennen, dass Tiere wie Menschen nach Vergnügen streben und auch ein schönes Leben verdienen, können wir vielleicht endlich mal Regeln und Gesetze aufstellen, die nicht nur dafür sorgen, dass Tiere nicht leiden, sondern auch dafür, dass es ihnen gut geht und sie zufrieden sind. Das wäre wirklich das Mindeste.

Sexy mit Hut

Aber mal weg von den Tieren und hin zu ganz anderen Lebewesen. Bei Sex denken wir meist an einen Akt, der relativ viel Bewegung involviert – doch es gibt auch eher ruhigere Gesellen, die ebenfalls Sex haben: die Pilze.

Pilze sind faszinierende Lebewesen, weder Pflanze noch Tier, die aber doch den Tieren näher stehen, da sie sich – wie wir – von anderen Organismen ernähren. Viele halten sie fälschlicherweise für Pflanzen, weil sie scheinbar unbeweglich an einem Ort stehen, doch in Wirklichkeit sind sie ständig in Bewegung. Außerdem speichern sie *Glykogen* statt Stärke und besitzen keine Chloroplasten, was die Photosynthese unmöglich macht, es fehlt ihnen die für Pflanzen typische *Zellulose* – du siehst also: nein, keine Pflanzen, auch wenn sie historisch gewachsen in der Botanik erforscht werden.

Pilze reagieren stark auf ihre Umwelt und passen sich unermüdlich an. Sie breiten sich aktiv in Richtung ihrer Nahrungsquellen aus und »wandern« so durch den Boden. Die bunten Hüte, die wir im Wald bewundern, sind nur der sichtbare Teil, der eigentliche Pilz ist ein riesiges Geflecht im Waldboden, das *Myzel*. Es besteht aus unzähligen fadenförmigen Zellen, den *Hyphen*, die ein großes Netzwerk bilden, das den ganzen Wald durchzieht. Über dieses Netzwerk tauschen die Pilze Nährstoffe und Informationen aus und verbinden alle Bäume und Pflanzen im Wald miteinander. Pilze dringen mechanisch und mithilfe von Enzymen in andere Organismen ein und zersetzen organisches Material. Sie können Symbiosen mit Pflanzen eingehen, oder sie bauen sogar Gestein ab, indem sie Säuren freisetzen.

Alles in allem sind sie beeindruckende Lebewesen, und ich bedaure nicht selten, dass ich nicht doch Mykologin geworden bin.

Jedenfalls sind Pilze Lebewesen, und Lebewesen pflanzen sich fort. Beginnen wir mit den Basics. Pilze vermehren sich hauptsächlich über *Sporen*, also winzige, oft mikroskopisch kleine Zellen, die ein wenig wie Samen bei Pflanzen fungieren. Diese Sporen entstehen in speziellen Strukturen, den sogenannten *Fruchtkörpern*, die wir oft als Pilze im Wald oder auf unseren Tellern sehen. Japp, genau, mein Mann hat mir letzte Woche Pilzpenis-Risotto gekocht, also sozusagen, danke schön.

Die Art und Weise, wie diese Sporen entstehen und verbreitet werden, ist bei Pilzen unglaublich vielfältig und faszinierend. Nehmen wir zum Beispiel den Schopftintling (*Coprinus comatus*), einen Speisepilz mit einer eher dramatischen Fortpflanzungsstrategie. Sobald seine Sporen reif sind, beginnt der Pilz, sich von unten nach oben aufzulösen, und verwandelt sich innerhalb weniger Stunden in eine schwarze, tintenartige Flüssigkeit – es ist nicht unwahrscheinlich, dass du das schon gesehen hast. Dieses Schauspiel der Selbstzerstörung ist nicht nur optisch beeindruckend, sondern auch äußerst effektiv. Die schwarze Flüssigkeit enthält Millionen von Sporen, die von Wind oder Regen verbreitet werden und so neue Lebensräume erobern können.

Hast du schon einmal vom Videospiel oder der Fernsehserie *The Last of Us* gehört? Dort hat eine Pilzinfektion einen großen Teil der Menschheit in willenlose und gewalttätige Zombies verwandelt. Inspiriert wurde das vom echten Cordyceps-Pilz *Ophiocordyceps unilateralis*. In der Natur befällt der Pilz Insekten wie beispielsweise Ameisen. Die Sporen des Pilzes dringen in den Körper des Insekts ein und beginnen, sich dort auszubreiten. Der Cordyceps übernimmt die Kontrolle über das Nervensystem seines Wirts und verwandelt ihn in eine willenlose Marionette. Infizierte Ameisen zeigen deshalb ein bizarres Verhalten, sie verlassen ihre Kolonie und klettern auf Pflanzen, wo sie sich mit ihren *Mandibeln,* ihren Mundwerkzeugen, festbeißen. Dort verharren sie, während der Pilz im Inneren weiterwächst. Schließlich durchbricht der Fruchtkörper des Cordyceps den Körper der Ameise und wächst aus ihrem Kopf heraus. Das sieht ungefähr so aus:

Von dieser erhöhten Position aus kann der Pilz seine Sporen weiträumig verteilen und so weitere Insekten infizieren, die unter ihm entlanglaufen – der Kreislauf beginnt von Neuem. Tatsächlich ist das auch einer der Gründe, wieso sich einige tropische Ameisenarten evolutionär dahin entwickelt haben, ihre Nester in Bäumen zu bauen. So können ihnen keine dieser Pilzsporen auf den Kopf fallen. Aber vielleicht auf uns, wenn wir nichts ahnend einen Waldspaziergang machen, fragst du dich gerade? Keine Sorge – der Pilz kann uns Menschen nicht infizieren.

Der Gemeine Spaltblättling (*Schizophyllum commune*) ist kein Zombie-Pilz, aber ein echtes Multitalent. Er besiedelt eine Vielzahl von Lebensräumen, von Wäldern über Gärten bis hin zu Holzlagerplätzen. Und er zeigt auch eine beeindruckende Anpassungsfähigkeit an unterschiedliche Substrate. Ob Laub- oder Nadelholz, Kräuter, verkohltes Holz, Knochen oder sogar Horn – der Spaltblättling ist nicht wählerisch. Sogar als Wundparasit bei immungeschwächten Menschen, die seine Sporen eingeatmet haben, wurde er bereits nachgewiesen. Die größte Besonderheit findet sich jedoch in seiner Biologie. Denken wir an Geschlechter, denken wir meist in binären Systemen – männlich, weiblich, fertig. Die meisten Lebewesen sind tatsächlich auch in solchen binären Systemen aufgestellt, aber eben nicht alle. Viele eukaryotische Einzeller, Algen und Pilze haben beispielsweise keine Geschlechter, auf so enge Definitionen geben sie nichts. Stattdessen haben sie *Paarungstypen*, und die kommen nicht unbedingt mit nur zwei Optionen daher. Der Gemeine Spaltblättling stellt jedoch wirklich alles in den Schatten und sichert sich einen Platz im *Guiness-Buch der Rekorde*. Im Gegensatz zu den meisten Lebewesen, die nur zwei Geschlechter haben (wir haben diese als männlich und weiblich definiert), besitzt der Spaltblättling zwei Genorte (gelesen wie Gen-Orte, just saying), die jeweils viele verschiedene Allele aufweisen können. Du erinnerst dich: Ein Allel ist eine Variante eines Gens. Die Kombination dieser Allele bestimmt den Paarungstyp des Pilzes. Der Genort A enthält etwa 300 verschiedene Allele, während der Genort B etwa 90 verschiedene Allele enthält. Durch die Kombination dieser Allele ergeben sich theoretisch *über 23.000 verschiedene Paarungstypen*. Diese Masse an Möglichkeiten erhöht die Wahrscheinlichkeit, dass ein Pilz einen passenden Partner findet, mit dem er sich fortpflanzen kann. Die Paarung erfolgt durch die Verschmelzung von zwei Hyphen, also den fadenförmigen Zellen, aus denen der Pilzkörper besteht. Damit zwei Hy-

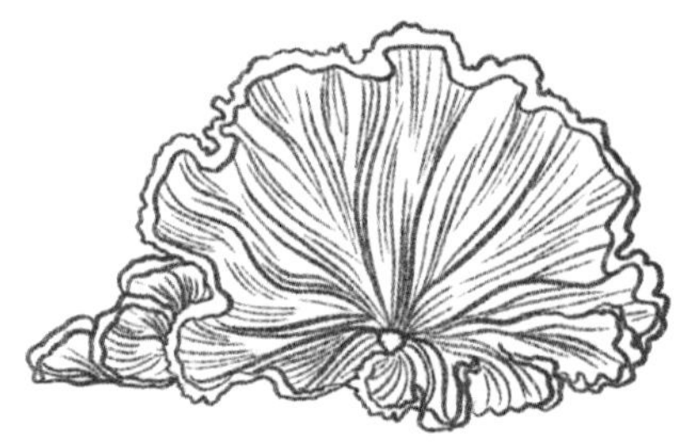

phen miteinander verschmelzen können, müssen sie unterschiedliche Paarungstypen aufweisen. Je unterschiedlicher die Paarungstypen sind, desto größer ist die genetische Vielfalt der Nachkommen – umso besser, denn diese hohe genetische Vielfalt ist ein entscheidender Vorteil für den Spaltblättling. Sie ermöglicht es ihm, sich schnell an veränderte Umweltbedingungen anzupassen und widerstandsfähiger gegen Krankheiten zu werden.

In der Natur begegnen uns Organismen, die sich auf unterschiedlichste Weise fortpflanzen. Einige Pilze haben Tausende von Paarungstypen, während die meisten Arten mit nur zwei auskommen. Doch warum ist das so? Diese Frage stellte sich auch ein Forschungsteam und entwickelte ein Modell, das die Anzahl der Paarungstypen in einer Art anhand von drei wesentlichen Faktoren voraussagen und auch erklären kann: der Mutationsrate, der Populationsgröße und der Häufigkeit der Fortpflanzung. Überraschenderweise spielt die Häufigkeit, mit der sich Organismen sexuell fortpflanzen, die entscheidende Rolle.

Mutationen führen zu neuen genetischen Varianten, und in großen Populationen bleibt diese genetische Vielfalt oft erhalten. Bei häufigem sexuellen Kontakt floriert die Vielfalt der Paarungstypen, da die Organismen regelmäßig ihre Gene austauschen und sich an veränderte Umweltbedingungen anpassen können. Wenn es jedoch seltener zur sexuellen Fortpflanzung kommt, verringert sich die Anzahl der Paarungstypen. In so einem System können geringe Unterschiede in der Fitness zwischen den Paarungstypen dazu führen, dass die weniger verbreiteten Typen häufiger aussterben. Dadurch wird die Vielfalt weiter verringert. Eine Vermutung ist, dass diese Mechanismen nicht nur die aktuelle Vielfalt der Paarungstypen erklären, sondern auch, wie sich die heute bekannten Geschlechter entwickelt haben. Arten, die sich selten sexuell fortpflanzen, könnten mit nur zwei Paarungstypen besser an Umweltveränderungen angepasst und dadurch stabiler sein.

Ich kann mir vorstellen, dass es einigen jetzt schon in den Fingern juckt, sich an eine Tastatur zu setzen und zu schreiben: *Ha, es macht also Sinn, dass Menschen nur zwei Geschlechter haben! Es gibt nur zwei Geschlechter!*

Dazu sei Folgendes gesagt: Ja, Menschen haben auf der biologischen Ebene meistens zwei Paarungstypen, die wir als *Geschlecht* definiert haben. Das Konzept Geschlecht ist etwas, das wir uns ausgedacht haben, um die Fortpflanzungsbiologie von Lebewesen zu beschreiben, weil Kategorisierungen das Sprechen über Phänomene, aber auch die Vergleichbarkeit erleichtern. Die basiert auf einer evolutionär herausgebildeten Kombination von Körperteilen, Genen und Hormonen, die bei jedem Mensch unterschiedlich ausfallen, aber es zeichnen sich eben zwei Hauptmuster ab, so weit ist es ja klar. Die meisten Menschen fallen in eine dieser beiden Kategorien: XX-Chromosom plus Gebärmutter plus Eierstöcke plus mehr Brustgewebe und Milchdrüsen plus mehr Östrogene als Androgene. Oder in: XY-Chromosom, Hoden, Penis, keine funktionierenden Milchdrüsen, mehr Gesichtsbehaarung, mehr Androgene als Östrogene. Innerhalb dieser beiden Fortpflanzungskonfigurationen existiert aber eine enorme Variationsbreite, und auch zwischen diesen beiden Polen kommt es zu Überschneidungen und Abweichungen. So gibt es zum Beispiel Menschen mit XY-Chromosomen, aber mit Gebärmutter und Hoden. Es gibt Menschen mit der genetischen Konfiguration YXX oder solche mit der genetischen Kombination XY, die aber kein Testosteron verarbeiten können, und so weiter. Diese Zustände werden als *Intersexualität* bezeichnet.

Was sagt uns das über Männer und Frauen? Kurz gesagt: nicht viel. Das Problem ist, dass wir die lästige Angewohnheit haben, uns auch sozial und gesellschaftlich über Fortpflanzungskonfigurationen zu definieren, die für uns eigentlich nur auf der genetischen und reproduktiven Ebene relevant sein sollten. Wenn sich eine trans Frau (also eine Person, die eine Transition vom bei der Geburt zugewiesenen männlichen Geschlecht zum weiblichen Geschlecht vollzogen hat) hinstellt und sagt: *Ich bin eine Frau*, dann flippen manche Leute aus. *Das ist nicht wahr, das ist falsch!* Nur, warum sollte das falsch sein? Abgesehen davon, dass uns die Genetik dieser Person und auch ihre Fortpflanzungskonfiguration nichts, aber auch *gar nichts* angeht, ist das keine falsche Aussage. Mann und Frau sind menschengemachte Kategorien, die uns in bestimmte Formen pressen. Wenn ich sage, *ich bin eine Frau*, geht es in der Regel nicht um meine Chromosomen, meine Hormone, meine Vagina oder meinen Uterus. Es geht um mein Selbstverständnis als Mensch, um meine ganz persönliche Beziehung zu meinem Körper und um meine Rolle in unserer Gesellschaft. Noch nie habe ich gedacht, wenn ich den Namen Jörg Müller in einer E-Mail von einer mir unbekannten Person lese: *aha, Pimmel!* Wirklich noch nie. Und den Menschen, die einer trans Frau, einem trans Mann oder einer nichtbinären Person das Geschlecht absprechen wollen, geht es auch nicht um genetische oder hormonelle Fragen. Diesen Leuten geht es darum, Macht und Druck auf Menschen auszuüben, die sich nicht in die engen Förmchen pressen lassen, in die der Michael und die Biggy sie jetzt aber gerne hätten. Es geht um Kontrolle.

Deshalb: Eine trans Frau ist eine Frau, und ein trans Mann ist ein Mann, und wenn eine nonbinäre Person sich keinem dieser Geschlechtspole zugehörig fühlt, dann ist das so. Das steht wirklich in keinem Widerspruch zur Biologie, da diese Begriffe nichts über den Hormonstatus, die genetische Konfiguration oder den Hoseninhalt einer Person aussagen – was uns übrigens ebenfalls nix angeht. Da wir Menschen diese Definitionen erfunden haben, können wir diese Begriffe auch verwenden, wie wir es möchten. Sie wurden uns nicht von Mutter Natur auf Steintafeln diktiert, es gibt keine höhere Macht, die uns zwingt, wütende Beschimpfungen ins Internet zu kübeln, wenn wir eine trans Frau sehen. Es gibt nur eine einzige Sache, die jemanden zwingt, anderen das Geschlecht abzusprechen und gegen Menschen, die einem nichts getan haben, anzukämpfen: Wenn man ein Arschloch ist.

Schön, dass wir das geklärt haben. Reden wir jetzt wieder lieber weniger über Arschlöcher und mehr über Pflanzen.

Bienchen und Blümchen

Wir haben nun sehr viel über Sex bei Mikroorganismen, bei Pilzen und bei Tieren geschrieben, aber es gibt natürlich noch ein Reich, in dem es ziemlich wild zugeht: bei den Pflanzen. Als wir uns die Feigengallwespe angeschaut haben, haben wir ja schon gesehen, dass die Fortpflanzungsbiologie bei unseren grünen Freund:innen recht komplexe Auswüchse haben kann. Vor allem im Frühjahr geht es dabei richtig rund.

Wenn sich beispielsweise eine Birke vermehren will, setzt sie vor allem auf einen Mechanismus: Auf die Windbestäubung (*Anemophilie*), und genau das spüren vor allem Leute mit Pollenallergie.

Birken sind vielleicht meine Lieblingsbäume, sie sind robust und anpassungsfähig und waren maßgeblich an der Wiederbewaldung Mitteleuropas nach dem Ende der letzten Eiszeit beteiligt. Durch ihre Vermehrungsfreude können sie kahle Flächen schnell besiedeln und gehören deshalb zu den Pioniergehölzen.

Birken tragen sowohl männliche als auch weibliche Blüten an einem Baum, ein Phänomen, das in der Botanik als einhäusig oder *monözisch* bezeichnet wird. Vorhin hatten wir ja schon über die funktionell diözischen, also zweihäusigen, Feigen gesprochen. Die männlichen

Birkenblüten, auch Kätzchen genannt, sind schon im Herbst an den Zweigen zu sehen. Sie hängen dort als lange, gelbe Stränge und dienen Vögeln im Winter als willkommene Nahrungsquelle. Sobald der Frühling Einzug hält, erwacht in ihnen neues Leben: Sie produzieren unzählige Pollenkörner. Gleichzeitig werden die weiblichen Kätzchen aktiv, die unscheinbarer sind und meist nur drei kleine Blüten enthalten. Wenn die Blätter austreiben, schlüpfen auch sie aus den Knospen und sind bereit für die Fortpflanzung. Der Wind übernimmt nun die Rolle des Liebesboten und trägt die Pollenkörner der männlichen Blüten über weite Strecken, in der Hoffnung, dass einige auf den weiblichen Blüten eines anderen Baumes landen.

Wenn ein Pollenkorn auf einer weiblichen Blüte landet, bildet sich ein Pollenschlauch, der wie ein winziger Strohhalm durch den Griffel der Blüte bis hinunter zum Fruchtknoten wächst. Dort wartet bereits die Eizelle, die durch den Pollenschlauch befruchtet wird. So sieht das aus:

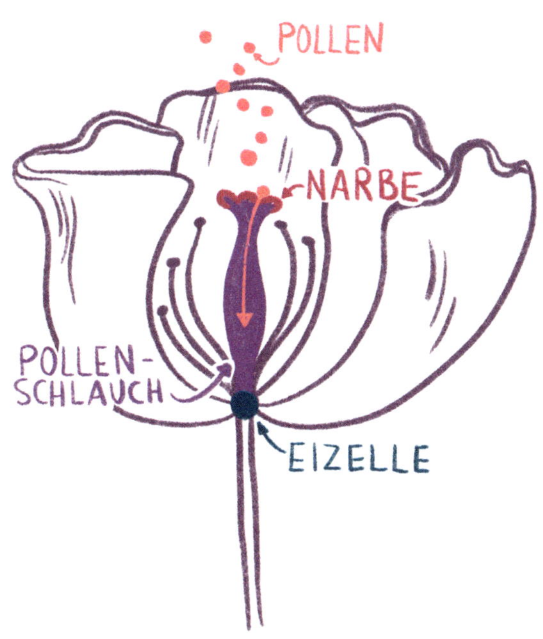

Durch diesen neu gewachsenen Samenschlauch, der an der Eizelle angedockt ist, wandert nun eine Samenzelle hinab und verschmilzt mit der Eizelle – Scotty, wir haben einen Embryo, wir haben einen Embryo! Ja, richtig gelesen. Die leckeren Baumfrüchte, die wir uns beispielsweise als Apfel, Nuss und Co. gern ins Müsli schnibbeln, sind technisch gesehen Embryos. Guten Appetit!

Aber zurück zu den Birken. Der Pollen, also die Samenzelle des männlichen Baumes, trägt die Hälfte des genetischen Codes, also der Chromosomen, die bestimmen, wie der Baum später aussieht – von der Form seiner Blätter über die Farbe seiner Blüten bis hin zu seiner Widerstandsfähigkeit gegen Krankheiten. Die Eizelle der weiblichen Blüte bringt die andere Hälfte dieser Baupläne mit. Wenn die Samenzelle durch den Pollenschlauch zur Eizelle gelangt und mit ihr verschmilzt, entsteht ein neuer, einzigartiger genetischer Bauplan – und Samen. Im Herbst, wenn die Samen in den Birkenzapfen reif sind, öffnen sich die Schuppen und entlassen sie in die Freiheit. Der Wind, der bereits als Kuppler fungierte, trägt die leichten Körnchen über große Entfernungen. Findet ein Samenkorn eine passende Stelle mit fruchtbarem Boden, kann es dort keimen, Wurzeln schlagen und zu einem neuen Baum heranwachsen.

Diese Art der Fortpflanzung, die *Windbestäubung*, ist eine der ältesten und erfolgreichsten Strategien im Pflanzenreich, die schon in den ersten Urwäldern angewandt wurde, lange bevor es Blütenpflanzen gab. Die damaligen Pflanzen, wie Farne und Bärlappgewächse, setzten auf leichte Sporen, die vom Wind über weite Strecken getragen wurden. Diese Pioniere der Pflanzenwelt bildeten dichte Wälder, in denen die Windbestäubung eine effektive Methode war, ihr Erbgut zu verbreiten und neue Gebiete zu erobern, ohne auf tierische Helferlein angewiesen zu sein. Sie legten damit den Grundstein für die Vielfalt der Ökosysteme, die wir heute kennen, und ebneten den Weg für die

Evolution komplexerer Fortpflanzungsstrategien bei späteren Pflanzenarten.

Windbestäubung ist jedoch auch ein Glücksspiel, denn der Wind kann die männlichen Pollen ja in alle Richtungen tragen, und nur ein Bruchteil davon wird jemals eine weibliche Blüte erreichen. Deswegen produzieren windbestäubende Bäume auch so unfassbar viel davon – *Haben ist besser als Brauchen, nech?*

Das Spektrum an Reproduktionsmöglichkeiten unter Pflanzen ist sehr breit. Es gibt Samenpflanzen, die nie wirklich aus der Pubertät rauskommen und sich die ganze Zeit selbst befummeln, das bedeutet: sich selbst bestäuben. *Yes, I am looking at you*, Kartoffeln und Erbsen, es ist uns allen schon unangenehm. Blätter über die Erde, da, wo ich sie sehen kann!

Unternehmen wir einen kleinen Streifzug durch die kunterbunte Fortpflanzungsbiologie unserer grünen Freundinnen. Es gibt beispielsweise Pflanzen, die durch Betrug zu ihrem Ziel kommen, und zwar mithilfe von *Mimikry*. Mimikry bezeichnet in der Biologie die Nachahmung von Merkmalen einer Art durch eine andere, oft in Form, Farbe oder Geruch. Ziel dieser Mimikry ist es, einen Vorteil zu erlangen, zum Beispiel Schutz vor Fressfeinden oder, wie bei vielen Orchideen, eine effizientere Bestäubung. Bei Orchideen ist die Mimikry besonders ausgeprägt bei der Nachahmung weiblicher Insekten, um männliche Bestäuber anzulocken.

Ein bekanntes Beispiel für eine solche Orchidee ist die Bienen-Ragwurz (*Ophrys apifera*). Diese Orchidee imitiert in ihrer Blütenform und -farbe das Aussehen weiblicher Bienen, und ja, irgendwie erinnert sie an ein gutgelauntes *Pokémon*. Außerdem produziert sie Pheromone, die denen der Bienenweibchen sehr ähnlich sind. Männliche Bienen werden von diesen Signalen angezogen und glauben, eine Partnerin gefunden zu haben. Bei dem Versuch, sich mit der Blüte zu paaren (ja, hier ist diese Bienchen-und-Blümchen-Sache ganz real), übertragen sie dann

Pollen und bestäuben so die Pflanze. Ein anderes Beispiel ist die Fliegen-Ragwurz (*Ophrys insectifera*), die wiederum das Aussehen bestimmter Fliegenarten imitiert. Auch hier werden die Männchen durch die optische und chemische Täuschung angelockt, was zur Bestäubung der Orchidee führt.

Catasetum-Orchideen verlassen sich bei der Fortpflanzung auf männliche Prachtbienen (Euglossini). Sie haben an ihren männlichen Blüten einen sehr empfindlichen Auslöser entwickelt, der, sobald er die von einer Biene verursachten Vibrationen wahrnimmt, seine Pollensäcke buchstäblich auf das Insekt schießt, wo sie kleben bleiben. Die dadurch etwas schockierten Prachtbienen meiden männliche Blüten, nachdem sie mit ihnen in Berührung gekommen sind, besuchen aber weiterhin die anders aussehenden weiblichen Blüten. Dieser raffinierte Mechanismus sorgt dafür, dass der Pollen mit hoher Präzision und einer gewissen Dramatik von Blüte zu Blüte gelangt.

Die Riesenbromelie *Puya raimondii*, beheimatet in den extremen Höhenlagen der Anden (3.000 bis 5.000 Meter), ist eine botanische Rarität. Nach einer enorm langen Wachstumsphase von bis zu 100 Jahren erreicht sie den Höhepunkt ihres Lebenszyklus: die Blüte. Das nenne ich mal Anlauf nehmen. Aus ihrer Blattrosette erhebt sich dann ein imposanter, aus 1.000 Einzelblüten bestehender Blütenstand, der bis zu zwölf Meter hoch werden kann und dessen Entwicklung ein ganzes Jahr in Anspruch nimmt. Eine Vielzahl von Bestäubern wird vom süßen Nektar unwiderstehlich angezogen. Natürlich trifft man Insekten, aber auch Kolibris schwirren emsig von Blüte zu Blüte und tragen so zur Verbreitung der Pollen bei. Fledermäuse, die in der Dämmerung aktiv werden, finden in den Blüten der Riesenbromelie eine reiche Nahrungsquelle und spielen ebenfalls eine wichtige Rolle bei der Bestäubung. Nach der Blüte und der Samenbildung stirbt die Pflanze dann ab, hinterlässt jedoch zahlreiche Samen, die dann irgendwann das Erbe der Mutterpflanze antreten werden. Übrigens: Diese Pflanze ist auch das Wahrzeichen Perus.

Hydnora africana, eine Pflanze aus den Halbwüsten Afrikas, hat eine faszinierende Fortpflanzungsstrategie entwickelt. Sie verbringt den größten Teil ihres Lebenszyklus als Parasit unter der Erde und ernährt sich von den Wurzeln anderer Pflanzen. Ihr bizarres Äußeres und ihr außergewöhnlicher Bestäubungsmechanismus haben ihr den Ruf als die »seltsamste Pflanze der Welt« eingebracht. Da sie weder Blätter noch Chlorophyll bildet, ist sie vollständig von ihrer Wirtspflanze abhängig. Die Blüte ragt wie ein fleischiger Pilz aus dem Boden (hat für mich tatsächlich auf manchen Bildern etwas von einer bezahnten Vulva), doch statt süßlich zu duften, um Bienen oder Schmetterlinge anzulocken, verströmt *Hydnora africana* den Geruch von verwesendem Fleisch, der aasfressende Insekten wie Fliegen und Käfer anlockt. Diese Insekten, die auf der Suche nach einem hübschen Plätzchen für die Eiablage sind, werden durch den Duft getäuscht. Sie krabbeln in die Blüte und hoffen, dort eine herrlich angegammelte Kadaverkinderstube und damit Nahrung für ihre Jungen zu finden, doch die Pflanze hat andere Pläne: Das Innere der Blüte ist mit klebrigen Pollen bedeckt, die an den Insekten haften bleiben. Nachdem diese entkommen sind und zur nächsten Blüte fliegen, bestäuben sie die Pflanze.

Die Spritzgurke (*Ecballium elaterium*) ist eine Pflanzenart, die für ihre ungewöhnliche und effektive Methode der Samenverbreitung bekannt ist, den sogenannten *Saftdruckstreuer* – ein im Pflanzenreich eher, nun, seltener Ausbreitungsmechanismus. Die Pflanze selbst bildet kleine gurkenähnliche Früchte aus, die bei Reife unter hohem Innendruck stehen. Dieser Druck wird durch die Ansammlung von Wasser und Schleim im Inneren der Frucht erzeugt. Sobald die Frucht reif ist, löst sich der Stiel, und die Fruchtwand platzt explosionsartig auf – ein bisschen so, als hätte man den Stift an einer Granate gezogen. Dabei wird das Gemisch aus Samen und Schleim mit hoher Geschwindigkeit und unter lautem Knallen herausgeschleudert, sodass die Spritzgurke ihrem Namen alle Ehre machen und ihre Samen einige Meter weit verbreiten kann. Die explosive Samenverbreitung bietet mehrere Vorteile. Zum einen wird verhindert, dass die Samen in unmittelbarer Nähe der Mutterpflanze keimen und so um Ressourcen konkurrieren. Zum anderen können die Samen durch die weite Verbreitung neue Standorte erreichen und so das Überleben der Art sichern. Perfekt!

Unser kleiner Spaziergang durch die Pflanzenwelt zeigt uns, dass es nicht immer die offensichtlichsten Methoden sind, die zum Erfolg führen. Ob durch Täuschung, Explosion oder einfach nur durch die Kraft des Windes – Pflanzen haben bewiesen, dass sie kreativ und erfinderisch sind, wenn es darum geht, ihre Gene weiterzugeben. Erforscht wird das Liebesleben der Pflanzen unter anderem von Botaniker:innen, genau wie es bei den Tieren die Zoolog:innen tun. Doch wie sieht das eigentlich bei den Menschen aus?

Befriedigend: Eine kurze Geschichte der Sexualforschung

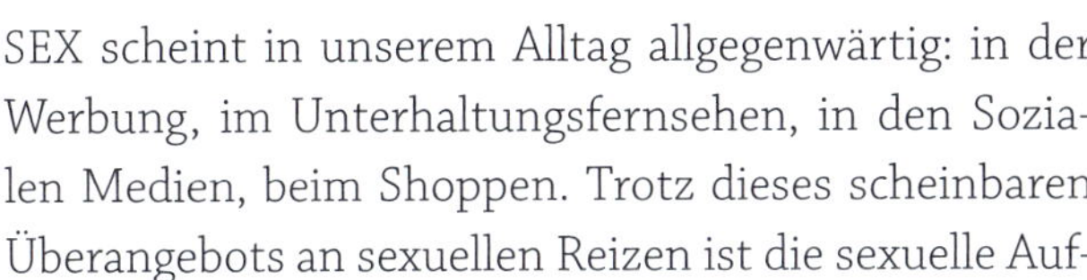

SEX scheint in unserem Alltag allgegenwärtig: in der Werbung, im Unterhaltungsfernsehen, in den Sozialen Medien, beim Shoppen. Trotz dieses scheinbaren Überangebots an sexuellen Reizen ist die sexuelle Aufklärung in Deutschland gar nicht so gut, wie viele denken. Im Dezember 2020 hat die *Bundeszentrale für gesundheitliche Aufklärung* die Ergebnisse ihrer Studie zur Jugendsexualität veröffentlicht. Demzufolge ist der Anteil an 14- bis 17-jährigen Mädchen, die beim ersten Geschlechtsverkehr verhüten, zwischen 2014 und 2019 um 14 Prozent zurückgegangen. Das sind alarmierende Zahlen. Dabei sollten wir es eigentlich besser wissen, es ist doch sicherlich genau erforscht und auch bekannt, wie Sex bei Menschen funktioniert ... *oder*?

Auf diese Frage gibt es leider nur eine etwas unbefriedigende Antwort, denn Sex war als Forschungsobjekt in der Wissenschaft lange nicht so präsent und akzeptiert wie in unserer heutigen Gesellschaft. Tatsächlich wird menschlicher (!) Sex noch gar nicht so lange als wissenschaftliche Disziplin beforscht. Gerade in den Anfängen der Sexualforschung mussten Wissenschaftler und (gelegentlich) Wissenschaftlerinnen selbst die Testpersonen sein, die – natürlich nur im Dienste der Wissenschaft – miteinander Sex hatten. Not macht eben erfinderisch. Werfen wir doch mal einen Blick in das Kuriositätenkabinett der jüngeren Geschichte der menschlichen Sexualforschung.

Anfangs wurde vor allem über Sex geforscht, um Nachkommen adliger Blutlinien möglichst »rein« zu halten beziehungsweise diese »Reinheit« überhaupt erst zu ermöglichen. So zitiert

Theodoor Hendrik van de Velde (1873–1937) in seinem Eheratgeber aus dem Jahr 1926 einen kaiserlichen Arzt, der im 18. Jahrhundert der Habsburgerin Maria Theresia den Ratschlag gab, vor dem Sex die Vulva zu kitzeln, damit das mit den Nachkommen klappe. Dabei ging es ihm nicht um das Lustempfinden der Kaiserin, sondern darum, dass sie bis dahin nicht schwanger geworden war und er das als Methode sah, dieses Problem zu lösen. Wie der kaiserliche Arzt auf den Tipp kam, ist nicht überliefert, aber der Ratschlag schien auf fruchtbaren Boden zu fallen, denn Kaiserin Maria Theresia gebar 16 Kinder.

1851 wurde der Gynäkologe James Platt White (1811–1881) aus der American Medical Association geworfen, dem größten Zusammenschluss von Ärzt:innen sowie Medizinstudierenden in den USA. Sein Vergehen? Er hatte es seinen Medizinstudenten gestattet, eine Frau, die im Vorhinein ihre Zustimmung gab, bei der Geburt (nicht etwa bei der Zeugung) zu beobachten. Ein Skandal in der damaligen Zeit! Wie konnte es ein (männlicher) Gynäkologe wagen, seine Blicke auf weibliche Geschlechtsorgane zu richten? In der viktorianischen Zeit war es so verpönt, als Gynäkologe auf die Vagina zu schauen, dass selbst Katheter vaginal eingeführt wurden, *ohne hinzusehen*. Die Hände des Arztes befanden sich während der Prozedur unter einem Laken, das die Blicke abschirmte. Glücklicherweise konnten die angehenden Gynäkologen diese Praxis vorher zumindest an weiblichen Leichen üben, da *deren* Genitalien betrachtet werden durften. Die Erforschung der menschlichen Sexualität an Leichen war damals durchaus üblich. Im Jahr 1874 schrieb der amerikanische Arzt Joseph Reinmund Beck (1843–1880) einen wissenschaftlichen Aufsatz darüber, wie Spermien in den Uterus beim Menschen gelangen. Beck zufolge mussten Mediziner im 19. Jahrhundert auf Autopsien von Menschen zurückgreifen, die während des Sexes plötzlich gestorben waren, direkt nach dem Samenerguss. 1875 wurde ein Gynäkologe ausgebuht, weil er einen Vortrag über sexuell übertragbare Krankheiten hielt – vor der Amerikanischen Gynäkologischen Gesellschaft. Doch dann begann sich das Bild allmählich zu ändern. Robert Latou Dickinson (1861–1950) begann 1890 in seiner gynäkologischen Praxis in New York damit, bei der Erstuntersuchung die persönliche Sexhistorie seiner Patientinnen aufzuschreiben. Dabei ging es nicht selten um Masturbationserfahrungen, über die die Frauen überraschend auskunftsfreudig berichteten. Manche erlaub-

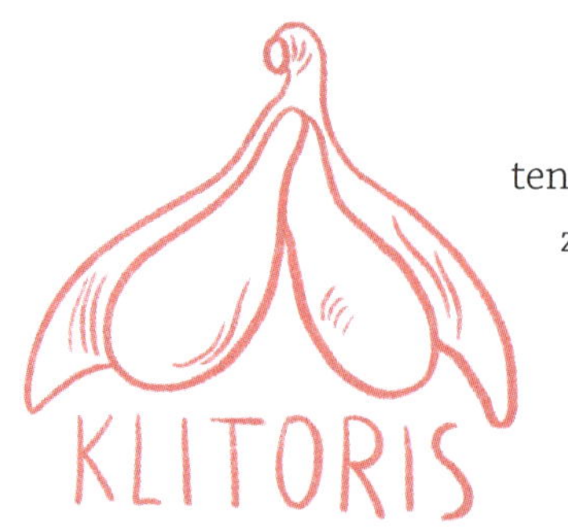

ten Dickinson sogar, sie beim Masturbieren zu beobachten; allerdings nur, wenn zeitgleich eine Krankenschwester im Raum war. Die neuen Gepflogenheiten im Dienste der Wissenschaft sollte man ja nicht gleich übertreiben! Mit einer Reihe von Messungen und Befragungen warf Dickinson erstmals ein Schlaglicht auf die Rolle der Klitoris beim Geschlechtsakt. Ihm gelang es damit beispielsweise, den Irrglauben zu widerlegen, dass eine größere Klitoris auch empfindsamer sei. Außerdem war Dickinson einer der ersten Experten, die Masturbation als normale sexuelle Erfahrung bezeichneten – eine rühmliche Ausnahme in dieser ansonsten ziemlich prüden und steifen Epoche.

Knapp 100 Jahre später, in den 1970ern, gab es jedoch noch einmal einen Rückfall in die Prüderie. Damals schaffte es ein Sexualforscher auf eine interne Liste gefährlicher amerikanischer Staatsbürger aufgrund seiner »subversiven Aktivitäten«. Was die Aufmerksamkeit der zentralen Sicherheitsbehörde, des FBI, erregte? Er hatte wissenschaftliche Arbeiten zu Prostitution veröffentlicht und sich in der Amerikanischen Bürgerrechtsunion unter anderem für die Entkriminalisierung von Oralsex eingesetzt und dafür, dass Männer auch Frauenkleider tragen dürfen. Natürlich musste da ein Amt tätig werden, in dem Inlandsgeheimdienst und Strafverfolgungsbehörde miteinander verheiratet sind.

Noch in den 1960er-Jahren zirkulierten Medizinlehrbücher über die Physiologie des Menschen, in denen man Einträge zu Penis, Vagina, Koitus, Erektion oder Ejakulation vergebens suchte. Zu dieser Zeit gab es jedoch schon mindestens drei Popstars der Sexualforschung.

Doktor Sex

Einer ihrer Pioniere war der Zoologe Alfred Kinsey. Von ihm erfuhr ich erstmalig, als ich mit 18 Jahren *The Inner Circle* las (das Buch erschien auf Deutsch unter dem Titel *Dr. Sex*). Dieser Roman von T.C. Boyle dreht sich um einen fiktiven Assistenten von Kinsey und Kinseys Frau Clara McMillen. Kinsey hatte eine Eigenschaft, die für einen Wissenschaftler typisch und auch enorm wichtig ist: Er war neugierig.

Er wollte wissen, wie Menschen Sex haben, denn dazu gab es bis dahin relativ wenige Daten. So befragte er mit seinem Team in den 1940ern und Anfang der 1950er mehr als 18.000 Amerikaner:innen über ihr Sexleben. Doch die trockene Theorie genügte Kinsey nicht, er wollte auch die Praxis studieren. Ein Labor für kontrollierte Experimente zum Sex gab es nicht, also begann Kinsey im Geheimen: Er ließ klassischen Geschlechtsverkehr und Masturbationssitzungen auf seinem Dachboden filmen. Ein professioneller Fotograf, den er über das Institut bezahlen ließ – offiziell für »Studien des Säugetierverhaltens« – dokumentierte das Ganze. Natürlich konnte Kinsey offiziell keine Leute für seine Sex-Experimente rekrutieren, also arbeitete er mit Freiwilligen und Kollegen (die männliche Form ist hier explizit) aus dem Institut, die vor der Kamera masturbierten oder mit ihren Ehefrauen oder anderen Ehefrauen Sex hatten – für die Wissenschaft, versteht sich. Kinsey scheute auch selbst nicht die Aktion. Und kam er persönlich nicht zum Einsatz, war er als Beobachter so nah wie möglich am Ort des Geschehens, mitunter nur Zentimeter von den Genitalien der Paare entfernt. War Kinsey ein Voyeur? Vielleicht. Andererseits zeigt die Beschreibung Kinseys das Verhalten eines neugierigen Zoologen. Er notierte beispielsweise, dass die Ohrläppchen sexuell erregter Personen anschwellen und deren Nasen mehr Schleim produzieren. Kinsey war auch der Ansicht, dass die Gebärmutter wenig empfindlich sei. Ihm zufolge hätten 95 Prozent der

von ihm untersuchten Frauen nicht gemerkt, wenn er die Gebärmutter mit einem Wattestäbchen piekste. Heutzutage werden Gewebeproben der Gebärmutter oft ohne Betäubung entnommen – viele Menschen mit Uterus würden ihm wohl vehement widersprechen bei der Frage, ob man dabei etwas spürt.

Kinsey interessierte sich auch für die Ejakulation. Er berichtete, dass bei 75 Prozent der von ihm untersuchten Männer das Sperma bei der Ejakulation lediglich aus dem Penis tropfe und nicht schieße. Demgegenüber könne das verbleibende Viertel der Männer den Samen weit spritzen lassen. Kinseys Berichte nennen Distanzen zwischen zwei und 60 Zentimetern, wobei der dokumentierte Rekord fast zweieinhalb Meter betrug!

Auch die Sexualpraktiken homosexueller Männer interessierten ihn, weswegen er männliche Prostituierte aufsuchte und sie ebenfalls beobachtete. Außerdem untersuchte Kinsey den Sex von Menschen, die stotterten, von Querschnittsgelähmten, Menschen mit Amputationen oder zerebraler Kinderlähmung. Seine Beobachtungen waren wichtig, denn sie belegten die wichtige Rolle des zentralen Nervensystems beim Sex: Menschen, die sonst stotterten, legten während des Geschlechtsakts zeitweilig ihre Sprachfehler ab. Menschen mit amputierten Gliedmaßen waren von ihren Phantomschmerzen befreit.

Die von Kinsey veröffentlichten Berichte führten zu heftigen gesellschaftlichen Debatten, die schließlich in der sexuellen Revolution der 1960er-Jahre mündeten, die Kinsey allerdings nicht mehr erleben sollte. 1956 starb er im Alter von 62 Jahren an einer Lungenentzündung.

Schauen wir uns doch mal einen Querschnitt der Themen an, die in der Sexualforschung nach Kinsey bearbeitet wurden.

Im Jahr 1954 begann William Masters (1915–2001) damit, die *Sexualphysiologie* zu erforschen. Physiologie meint dabei die Gesamtheit aller Körperprozesse in einem gesunden Körper (im Gegensatz zur Pathologie, die sich mit den Prozessen beim Krankwerden beziehungsweise in einem kranken oder toten Körper befasst). Gemeinsam mit Virginia Johnson (1925–2013) betrieb William Masters Grundlagenforschung zur menschlichen Sexualität, was das Duo Masters & Johnson zu zwei der eben erwähnten drei Koryphäen der Sexualforschung macht. Am bekanntesten ist ihr Buch *Human sexual response*, das 1966 erschien. Bemerkenswert: Virginia Johnson war zunächst Masters Assistentin, dann seine gleichberechtigte Kollegin, seine Partnerin (zeitliche Reihenfolge hier nicht ganz klar), seine Ehefrau, seine Exfrau und eine Country-Sängerin. Das nenne ich mal ein bewegtes Leben! Über die Forschungsarbeit von Masters & Johnson gibt es eine US-Fernsehserie des Senders Showtime aus den Jahren 2013 bis 2016. *Masters of Sex* war in Deutschland bei ZDFneo zu sehen und ist immer mal wieder bei Streamingdienstleistern im Angebot. Ich würde ihr das Prädikat »interessant« verleihen.

Masters & Johnson gelang das, was für Kinsey noch nicht möglich war. Sie rekrutierten ganz offiziell Paare als Proband:innen für ihre Forschung. 276 verheiratete heterosexuelle Paare kamen schlussendlich ins Labor und ließen sich ganz offiziell beim Sex filmen, was davor nur im Verborgenen auf Kinseys Dachboden möglich war. Die Veröffentlichung der Untersuchungsergebnisse schlug anderthalb Jahre lang hohe Wellen, weil damals Sex im prüden Amerika als strikte Privatsache galt. Darüber ganze Bücher zu veröffentlichen galt als unerhört. Masters & Johnson bekamen unglaublich viele Hassbriefe (damals gab es noch keine E-Mails oder Online-Kommentarspalten). Insgesamt ist der Beitrag von Kinsey, Masters & Johnson zur Sexualforschung und ihrer Akzeptanz als ernst zu nehmende wissenschaftliche Disziplin nicht hoch genug einzuschätzen. Seither gibt es eine belastbare wissenschaftliche Datengrundlage, mit der wir viel über menschliches Sexualverhalten lernen können.

Eines der zentralen Vorbilder für Kinsey war übrigens Robert Latou Dickinson, der mit seiner Arbeit Klitoris-Mythen entlarvt hatte und dazu beitrug, Masturbation aus der Tabuzone zu holen. Während Dickinson jedoch eher anekdotische Evidenz und qualitative Forschung zur Masturbation bei Frauen aufzeigte, gelang es Kinsey, Statistiken aus seiner Stichprobe von 8.000 Frauen vorzulegen. 20 Prozent von ihnen gaben an, bei der Masturbation manchmal auch etwas in die Vagina einzuführen. Kinsey schlussfolgerte daraus, dass Frauen sich selbst penetrierten, weil es ihren Ehemännern gefiel, sie dabei zu beobachten. Dass Frauen es einfach für sich selbst taten oder weil sie damit volle Kontrolle über Stoßfrequenz und -stärke hatten, ist für mich plausibler.

Männer hingegen lassen sich in ihren sexuellen Reaktionen scheinbar leichter konditionieren. Im Jahr 1968 wurde ein Experiment durchgeführt, bei dem fünf Männern wieder und wieder Bilder (halb-)nackter Frauen gezeigt wurden und danach direkt Bilder von kniehohen Pelzstiefeln. Dabei wurde die Schwellung der Penisse der Probanden gemessen. Bei drei der fünf Männer kam es zu einer *Konditionierung*. Bei ihnen genügte im Anschluss ein Bild der Stiefel allein, um ihre Penisse so stark schwellen zu lassen, wie es vorher nur die Fotos der (halb-)nackten Frauen vermochten. Seither wurden solche und ähnliche Experimente immer wieder durchgeführt. Um zu überprüfen, inwieweit wissenschaftliche Erkenntnisse allgemeingültig sind, ist es wichtig, standardisierte Verfahren zu etablieren, um Ergebnisse verschiedener Experimente mit unterschiedlichen Personen vergleichen zu können. Es konnten sich aber leider keine Standardstiefel durchsetzen, weswegen es schwer ist, abschließend zu beurteilen, bis zu welchem Grad sich sexuelle Erregung beim Menschen wirklich konditionieren lässt.

Warum manche Frauen beim Geschlechtsverkehr direkt zum Orgasmus kommen und andere nicht, erforschte übrigens niemand Geringeres als Marie Bonaparte (1882–1962), die Urgroßnichte von Napoleon (1769–1821). Sie suchte nach einem wissenschaftlichen Beweis für ihre Theorie, dass sich *Frigidität*, also eine veraltete und mittlerweile als Krankheitsbild widerlegte mangelnde sexuelle Erregbarkeit der Frau, mit der *Anatomie*, also dem Körperbau, erklären lasse. Für die Erforschung dieser These legte Bonaparte in den 1920er-Jahren ein Lineal an. Sie fand heraus, dass Frauen beim Sex weniger Lust empfinden und seltener zum Orgasmus kommen, wenn der Abstand zwischen Klitoris und Vagina mehr als etwa zweieinhalb Zentimeter (die typische Breite eines Daumens) betrage. Ihre Ergebnisse veröffentlichte Bonaparte unter dem Pseudonym A. E. Narjani im Journal *Bruxelles-Médical*. Und diese »Daumenregel« besitzt nach wie vor Gültigkeit. Je weiter die Klitoris von der Stelle der vaginalen Reibung entfernt ist, desto schwieriger ist es mit dem durch Penetration angestrebten Orgasmus. Legt man selbst Hand an (oder lässt andere anlegen), stellt sich dieses Problem nicht. Bonaparte leistete mit ihrer Forschung einen wichtigen Beitrag zu einem Thema, das heute noch relevant(er) ist: der *Gender Orgasm Gap*. Dazu erzählt Jasmin später mehr. Auch 2024 braucht es noch mehr Forschung über Sex. Weil *guter* Sex positive Auswirkungen auf Körper, Geist und auch die Gesellschaft haben kann, sollte Forschung und Aufklärung darüber weiter vorangetrieben werden.

Standfeste Forschung

Wenden wir uns noch kurz der Wissenschaftsgeschichte der männlichen Erektion zu. Einen wesentlichen Durchbruch lieferte auf diesem Feld der Universalgelehrte Leonardo da Vinci (1452–1519). Im Mittelalter dachte man noch, dass eine Peniserektion durch Druckluft zustande kam – das Glied also regelrecht »aufgepumpt« werden würde. In der Renaissance studierte da Vinci die Anatomie an Leichen, zumeist gehängte Mörder. Er notierte, dass die toten Kriminellen eine Erektion hatten, die *voll war von großen Mengen an Blut*. Mittlerweile weiß man, dass das Blut in zylindrischen Kammern, den *corpora cavernosa*, lagert. Diese Kammern sind gefüllt mit Muskelgewebe, das aus vielen kleinen Hohlräumen besteht – ähnlich einem Schwamm. Wenn sich das Muskelgewebe entspannt (ein Prozess, den man nicht willentlich kontrollieren kann, der auch nicht immer nur bei Erregung stattfindet), füllen sich die Hohlräume mit Blut, und der Schwellkörper dehnt sich aus und erigiert. Viagra bewirkt eine Erektion, indem es die Entspannung des Muskelgewebes fördert. Bei Impotenz (*Erektionsstörungen*) kann sich das Gewebe im Schwellkörper meist nicht mehr voll ausdehnen, weil die Blutgefäße nicht mehr richtig schließen und Blut in die Venen zurückschwappt.

1491 war die gängige Meinung (so zu lesen im Buch *Malleus maleficarum*, auch bekannt als *Der Hexenhammer*), dass Erektionsstörungen und Unfruchtbarkeit bei Männern durch Flüche von vermeintlichen Hexen hervorgerufen wurden. Im späten 18. Jahrhundert war man dann der Überzeugung, den wahren Grund für Impotenz entdeckt zu haben: Masturbation. Noch ein Jahrhundert später war in ärztlichen Dossiers zu lesen, Masturbation verursache nicht nur Impotenz, sondern auch Blindheit, Herzprobleme und »Dummheit«. 1858 folgerte der Gynäkologe Isaac Baker Brown (1811–1873) in einem seiner Bücher, dass Masturbation bei Frauen »Hysterie«, Epilepsie und »Idiotie« hervorrufen könne. Zumindest war mit dieser »Diagnose« die Lösung des Problems naheliegend: Masturbation stoppen. Bei Männern griff man dabei auf verschiedene Geräte zurück: Metallringe zum Beispiel, bei denen sich Spitzen ins Fleisch bohrten, wenn der Penis anschwoll. Oder diverse Sperren und Schlösser, die es unmöglich machten, sich selbst zu befriedigen. Diese Gerätschaften wurden meist von besorgten Eltern verwendet, um ihre Kinder vom Masturbieren abzuhalten. In einem seiner Bücher wandte sich der amerikanische Sexualwissenschaftler William Josephus Robinson (1867–1936) im Jahr 1916 an Eltern und empfahl, deren heranwachsende Söhne von sinnlichen musikalischen Komödien fernzuhalten, damit der Sexualtrieb nicht frühzeitig erweckt werde. Dabei ist regelmäßiges Masturbieren bei Männern gewissermaßen gesundheitsförderlich. Denn Spermien, die mehr als eine Woche im Hoden verbleiben, beginnen, Abnormalitäten zu entwickeln. Ihre Köpfchen fehlen, sie können nicht mehr schwimmen, sind verformt oder überzählig. Nach der Ejakulation werden viele frische Spermien gebildet, die dann wieder bereit zur Befruchtung sind. Gemäß der Biologie empfiehlt sich deshalb eine Ejakulation alle fünf Tage, um optimale Spermienqualität zu erzeugen – sofern ein Kinderwunsch besteht. Zudem senkt häufigeres Masturbieren das Prostatakrebsrisiko. Eine mögliche Erklärung für diesen gut dokumentierten Zusammenhang: Die Prostata wird »gereinigt« und entzündet sich seltener.

Zurück zu den Erektionsstörungen. Wir kennen heute einen möglichen Grund dafür: den Alterungsprozess. Denn im Alter verlieren viele Gewebe an Elastizität. So werden die Fasern der glatten Muskulatur durch Bindegewebe ersetzt, das nicht ausreichend elastisch ist, um für eine nachhaltige Erektion zu sorgen. Erst im Jahr 1980 fanden diese biologischen Prozesse Eingang in die wissenschaftliche Fachliteratur zu Impotenz. Bis dahin war die vorherrschende Meinung, Erektionsprobleme seien ausschließlich Ausdruck psychologischer Erkrankungen, wie Angststörungen oder Obsessionen. Ja, es gibt auch Erektionsstörungen, die psychischer Natur sind. Um das herauszufinden, wird mitunter überprüft, ob es während des Nachtschlafes zu einer Erektion kommt. Heutzutage kann man das mit einem Penisring erledigen, der die Ausdehnung misst. Früher wurden dafür gelegentlich Papierstreifen verwendet, auf denen sonst Briefmarken klebten: Vor dem Schlafengehen wurde der schlaffe Penis gewissermaßen frankiert. War das Papierband am nächsten Morgen durchgerissen, lieferte das Hinweise auf eine nächtliche Erektion. In der Serie *Sex and the City* kommt es zu einer ähnlichen Szene. Da heben sich Trey und Charlotte ihr erstes Mal bis nach der Hochzeit auf, doch als es so weit ist, hat Trey Erektionsprobleme. Charlotte möchte diesem Problem auf den Grund gehen und legt Trey des Nachts, als dieser schon schläft, besagtes Papierband um den schlaffen Penis. Am nächsten Morgen wird klar: Körperlich ist bei Trey alles in Ordnung, nur die Aufregung hatte ihrer ersten Liebesnacht einen Strich durch die Rechnung gemacht.

Aus dem New York zu Beginn des 21. Jahrhunderts ins Frankreich des späten 16. und 17. Jahrhunderts. Dort war Impotenz bei Männern nicht nur Quelle sexueller Frustration, sondern ein strafbares Verbrechen, da Theologen der heterosexuellen Ehe den Rang eines Sakraments verliehen. Ehefrauen konnten ihre impotenten Männer verklagen und im Gerichtsprozess nicht nur die Scheidung erwirken: Dem als impotent verurteilten Mann konnte als Teil der Strafe auch verboten werden, jemals wieder zu heiraten. Um den Prozess zu gewinnen und die eigene Unschuld (beziehungsweise Potenz) zu beweisen, musste der Angeklagte eine Erektion kriegen und aufrechterhalten – und das Ganze während eines Hausbesuchs von bis zu 15 »Experten« – Ärzten, Chirurgen, Gerichtsvertretern und so weiter. Schockierend, oder? Aber es geht noch extremer.

Aus dem Jahr 1550 ist ein Fall belegt, in dem ein Angeklagter nachweisen musste, dass er tatsächlich *in* seiner Ehefrau zur Ejakulation gelangen konnte, was wiederum von einem Kontrollgremium überprüft wurde. Das waren noch Zeiten! Apropos Überprüfung: Lügendetektoren basieren auf Messungen von Puls und Blutdruck. Allerdings zeigen Puls und Blutdruck verlässlicher an, ob eine Person gerade einen Orgasmus hat, und weniger, ob sie die Wahrheit sagt. Menschen sollten an Lügendetektoren also eher zu Orgasmen verhört werden.

Wusstest du übrigens, dass man nicht nur mit einem Penis, sondern auch mit einer Vagina eine Erektion kriegen kann? So wurde mittels *Magnetresonanztomografie* herausgefunden, dass die Klitoris doppelt so viel Blut enthielt, wenn die Testpersonen einen Porno schauten (und dabei sexuell erregt wurden), als wenn sie das Video eines Space Shuttles ansahen und dabei sexuell nicht erregt waren (Surprise!). Bei Menschen mit Vagina existieren gleichwohl Erektionsprobleme unter dem Namen *Female Sexual Arousal Disorder*. In einer Ausprägungsform dieser Krankheit sind Betroffene weniger erregt beim Sex. Eine Behandlungsoption scheint regelmäßige Masturbation zu sein, weil sich dabei das Blutvolumen in der Klitoris erhöht und damit auch der Erregungszustand. So war es US-Sanitätsinspekteurin Joycelyn Elders, die beim Welt-AIDS-Tag 1994 eine Rede hielt, in der sie bemerkte, dass Masturbation vielleicht etwas sei, das gelehrt werden solle. Daraufhin wurde Elders von US-Präsident Bill Clinton nach nur 15 Monaten aus dem höchsten medizinischen Amt des Landes entlassen. Mehr als 20 Jahre später fand man eine klare wissenschaftliche Antwort auf Elders Frage: ja. Egal ob mit sich selbst oder anderen Personen, Sex habe stets eine therapeutische Wirkung, heißt es in der Forschungsliteratur. Eine Übersichtsarbeit im Journal *BMC Women's Health* aus dem Jahr 2018 kommt immerhin zu dem Schluss, dass Masturbation nicht zu sexuellen Störungen beitrage.

Im Buch *The Science of Orgasm* der »Sexolog:innen« Beverly Whipple, Barry Komisaruk und Carlos Beyer-Flores ist zu lesen, dass Menschen, die regelmäßig einen Orgasmus erleben, weniger Stress haben, seltener an Herz-Kreislauf-Erkrankungen leiden, weniger Brust- beziehungsweise Prostatakrebs bekommen und seltener an Endometriose erkranken. Was genau ein Orgasmus ist, darüber ist die Wissenschaft jedoch uneins. Einer Übersichtsarbeit zufolge existieren mehr als 20 Definitionen. Dabei wird unterschieden zwischen der biologischen und der psychologischen Perspektive sowie einer Vielfalt zwischen den Geschlechtern. Übereinstimmung besteht darin, dass ein Orgasmus eine Art körperlicher Ertüchtigung ist, regelmäßige sexuelle Aktivität ist also gut für unsere körperliche – und emotionale! – Gesundheit. Das Ganze gilt aber auch umgekehrt. Im Jahr 2013 war im *Bundesgesundheitsblatt* zu lesen, dass *sexuelle Gesundheit, körperliche Gesundheit, mentale Gesundheit und allgemeines Wohlbefinden positiv mit sexueller Befriedigung, sexuellem Selbstwertgefühl und sexueller Lust assoziiert sind*. Einfach gesagt: Wer regelmäßig guten Sex hat (mit wem auch immer, auch mit sich selbst), dem oder der geht es gut. Und wem es gut geht, der oder die hat auch besseren Sex. Vielleicht gilt also nicht notwendigerweise *Sex sells*, aber zumindest *Sex helps health*.

Sex bei Menschen

Lorenz hat ja schon eine gute Einführung dazu gegeben, wie Sex bei uns Menschen erforscht worden ist. Ich erzähle jetzt mal ein bisschen über die Sache an sich. Let's talk about sex!

Menschensex klingt auf den ersten Blick ziemlich langweilig, nachdem wir über Tiere, Pflanzen und Pilze gesprochen haben, oder? Früher dachten wir, dass wir in unseren Fortpflanzungsgewohnheiten zwar unspektakulär, aber zumindest *einzigartig* wären. Wir glaubten zum Beispiel, dass nur wir Menschen aus Spaß Sex haben, also ohne Fortpflanzungsabsicht; aber wir haben ja schon über Delfine gesprochen, die auch just for fun Sex haben. Dann dachten wir: *na gut, aber das Vorspiel! Das ist uns wirklich ganz eigen!* Pustekuchen. Das Vorspiel bei Bonobos kann Stunden dauern, überhaupt sind diese Affen sexuell ziemlich … ja. Nun. Ich weiß nicht, wie ich es sonst sagen soll, also zitiere ich einen meiner Professoren (den ich ihm zuliebe hier nicht namentlich nenne), der einmal formuliert hat: *Bonobos sind die versautesten kleinen Ficker, die es je auf diesem Planeten gegeben hat, anders kann man es wirklich nicht sagen.* Ja, so haben wir auch geguckt. Ja, das ist ein wörtliches Zitat und ja, ich habe das F-Wort in einem einigermaßen seriösen Buch benutzt. Bei Bonobos geht alles, jeder menschliche Kink, also jede sexuelle Vorliebe ist da. Oralsex, Fingern, Sex aus Spaß, Analsex, gleichgeschlechtlicher Sex, Gruppensex, Gangbangs, Nippelkneifen und andere spicy Praktiken, es gibt da wirklich nichts, was es nicht gibt. Ich kenne kein anderes Lebewesen, das so viel Lust auf Sex hat und so schnell erregbar ist wie ein Bonobo-Teenager.

Eine Sache unterscheidet uns Menschen aber zumindest

etwas von vielen anderen Tieren: Wir haben *gleichberechtigten* Sex in dem Sinne, dass sich (theoretisch) alle fortpflanzen *können*. Es ist also nicht so, dass wir Rudelführer haben, die alle Frauen schwängern, während die anderen Männer zuschauen, oder ein dominantes Paar, das sich fortpflanzt, während alle anderen keusch leben. Ich bin auch nicht eine von 20.000 sterilen Töchtern einer Königin in einem unterirdischen Bau. Natürlich gibt es hier auch kulturell Einschränkungen, man denke nur an Harems oder eben an alle Kulturen, in denen die Sexualität von Frauen stark reglementiert ist. Ich spreche hier jedoch von biologischen Faktoren.

Was uns aber *wirklich* von *allen* Tieren unterscheidet, ist Folgendes: Sex ist bei uns Privatsache. Das ist einzigartig in der Natur, denn so etwas wie Schamgefühl kennen wir von keinem anderen Lebewesen. Ein Bonobo würde sich nie verstecken, um Sex zu haben. Warum auch, vielleicht will ja jemand dazustoßen, wenn er oder sie das sieht? Wenngleich es auch bei uns Menschen Swingerclubs und Sexpartys gibt, so gilt für die Mehrheit der Bevölkerung jedoch: Geknattert wird da, wo keiner zusieht.

Scham ist ein recht eigenes, menschliches Gefühl. Hundebesitzer:innen, die ihre Tiere vermenschlichen, reden sich oft ein, der Hund, der gerade das Sofa zerfetzt hat, würde sich »schämen« aufgrund der Reaktion, die er zeigt, nachdem Herrchen oder Frauchen die »Schandtat« entdeckt haben. Dabei ist das kein Schamgefühl, wieso auch, Hunde haben kein Konzept von Schuld und Peinlichkeit; in der Regel ist das Wegducken und Weggucken nur eine Antizipation der Reaktion ihres Menschen, die jetzt folgen wird. Kurz gesagt: Angst vor Strafe, obwohl Hunde gar nicht verstehen, dass sie etwas »falsch« gemacht haben. Eigentlich ein bisschen traurig, oder?

Aber wir Menschen orientieren uns an von uns definierten Moralvorstellungen, die je nach Gesellschaft, religiöser Gruppe etc. relativ locker oder extrem streng bis fanatisch sein können – Beispiele dafür finden sich in Afghanistan, wo Mädchen seit dem Abzug der Truppen und der Machtübernahme der Taliban nicht einmal mehr richtige Bildung genießen dürfen, oder in den extrem christlich-fundamentalistischen Gegenden der USA, wo beispielsweise Kinderehen immer noch durchgewunken werden. So oder so, ein gutes Werkzeug totalitärer und faschistischer Regime, besonders solcher, die auf religiösen Grundlagen aufbauen, ist es, die Leute dazu zu bringen, sich darauf basierend zu schämen. Ziel dieser Scham sind sehr oft Frauen und ihre Körper und Körperfunktionen, aber auch Männer sind nicht frei davon, von nichtbinären und anderen queeren Menschen fange ich erst gar nicht an.

Schön wäre es, wenn wir etwas mehr wie Bonobos wären. Das heißt nicht, dass wir in der Bahn ununterbrochen unsere Geschlechtsteile reiben oder im Park auf der Liegewiese riesige Orgien feiern. Da sag ich sogar eher: *bidde nich*. Was ich meine, ist, dass es schön wäre, wenn wir es individuell, aber vor allem als Gesellschaften ablegen könnten, uns für unsere Sexualität und Körper zu schämen. Dass es normalisiert wird, dass man über Sex spricht. Nicht immer, nicht mit allen, aber durchaus im geschützten Rahmen. Das betrifft auch unsere Kinder.

Sexueller Kindesmissbrauch gedeiht vor allem in einem Umfeld gut, in dem es verpönt ist, über Körper, Geschlechtsteile und Ähnliches zu sprechen; in dem Kinder nicht oder viel zu spät aufgeklärt werden, in dem sie nicht lernen, körperlich Grenzen zu setzen; in dem sie gezwungen werden, der Omi oder auch dem Onkel einen Kuss zur Begrüßung zu geben, obwohl sie das in dem Moment eigentlich gar nicht wollen; in dem es peinlich ist, wenn man über die Scheide oder den Penis redet. Es ist wichtig, dass ein Kind Sachen einordnen kann, die mit seinem Körper gemacht werden; es ist wichtig, dass es diese Körperteile auch benennen kann. Immer wieder gibt es Bestrebungen, Kinder immer später aufzuklären, man spricht dabei von einer angeblichen »Frühsexualisierung« und was weiß ich nicht alles. In meinen Augen ist das Täter:innenschutz.

Generell gilt für mich: Aufgeklärte Menschen, egal in welchem Bereich und Kontext, sind Menschen, die für sich einstehen, die erkennen können, wenn etwas nicht stimmt; die sich wehren können, weil sie merken: oh, hier ist was komisch. Deshalb: lieber mehr Aufklärung und weniger Scham über Dinge, für die man sich nicht schämen muss.

Sex findet im Hirn statt

Aber zurück zu gleichberechtigen und kreativem Sex, denn der ist an und für sich eine feine Sache. Wenn wir mit unseren Partner:innen schlafen, dient das meist nicht der Fortpflanzung, sondern ist ein schöner Zeitvertreib, der zahlreiche positive Aspekte mit sich bringt. Auf emotionaler Ebene stärkt Sex auch die Bindung zwischen Partner:innen – und daran sind die Hormone beteiligt, über die Lorenz vorhin schon gesprochen hat, in erster Linie sind das Oxytocin, Dopamin und Vasopressin.

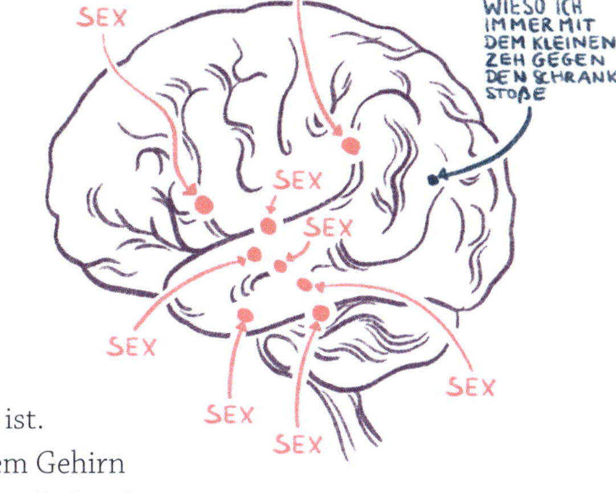

Bestimmt hast du schon einmal vom *Limbischen System* gehört, oder? Hierbei handelt sich um eine komplexe Hirnregion, die für Emotionen, Verhalten, Motivation und das Gedächtnis verantwortlich ist. Dieser Bereich in unserem Gehirn spielt also eine zentrale Rolle bei der Verarbeitung und Regulierung unserer emotionalen Reaktionen, und ist er verletzt, kann beispielsweise das *Klüver-Bucy-Syndrom* auftreten, das sich unter anderem durch enthemmte Hypersexualität auszeichnet, durch Gedächtnisprobleme und eben durch fehlende emotionale Empathie.

Die Hirnbereiche, die besonders interessant für uns sind, hängen jetzt etwas vom Geschlecht ab. Wir werden gleich noch zum Thema sexuelle Identität kommen, aber hier schreibe ich ganz binär von *Männern* und *Frauen*, weil die Forschung zu diesem Thema eben in diesen binären Maßstäben gemacht wurde. Langsam rücken auch nichtbinäre und trans Menschen in den Fokus, aber bis sich die Datenlage hier bessert, arbeiten wir eben erst noch mit dem, was wir haben.

Also ab ins Hirn. Bei weiblichen Tieren ist der *Ventromediale Hypothalamuskern* interessant, da er den sogenannten *Lordosis-Reflex* auslöst. Ein entsprechendes In-Stimmung-Bringen durch das Männchen führt beim Weibchen dazu, dass es sich in die ideale Position zur Paarung bringt – oft bedeutet das, dass es den Rücken durchdrückt und den Hintern leicht nach oben neigt, sodass das Becken in Paarungsposition steht. Bei uns menschlichen Frauen ist diese Hirnregion ebenfalls wichtig für die Regulierung unserer sexuellen Verhaltensweisen und Re-

aktionen, beispielsweise die Steuerung der Libido und der sexuellen Motivation. Auch andere Hirnareale steuern das Sexualverhalten von Frauen, beispielsweise der *präfrontale Kortex*, der Mandelkern (*Amygdala*) und der *Nucleus accumbens*.

Bei Männern sind teilweise die gleichen Hirnareale wichtig zur Steuerung des Sexualverhaltens, teilweise sind es andere. Besonders interessant ist hier die Amygdala. Dieses Hirnareal empfängt Informationen aus den Sinnesorganen und bewertet, ob diese als sexuell anregend wahrgenommen werden. Diese Informationen werden dann an andere Teile des Gehirns weitergeleitet, die die körperlichen Reaktionen steuern. Das Spannende hier ist, dass die Amygdala auch der Bereich ist, der Aggressionsverhalten steuert. In einer Stanford-Vorlesung über menschliches Sexualverhalten vom Mai 2010, die man auf YouTube online streamen kann, stellt der renommierte Neuroendokrinologe Robert M. Sapolsky die Vermutung auf, dass das ein Grund dafür sein könnte, wieso bei uns Menschen deutlich, also wirklich *deutlich* mehr Männer als Frauen Sexualität mit Aggression verwechseln. Interessanter und auch etwas gruseliger Gedanke.

Orgasmen sind für alle da

Sex macht Spaß, und Sachen, die Spaß machen, macht man häufiger. Das gehört zu adaptiven Verhaltensmustern, die ja schon in vorherigen Kapiteln angeklungen sind. Früher glaubte man, dass nur Menschen Orgasmen bekommen können, also dieses ekstatische Hochgefühl am Höhepunkt des Sexualaktes. Doch auch hier sind wir nicht einzigartig, denn Delfine können Orgasmen haben, Schweine und eben Primaten. Bei

Männern hat man genug Gründe gefunden, wieso sie *kommen* können – beispielsweise ist die Ejakulation dann stärker und voluminöser, was besser sicherstellt, dass die Befruchtung funktioniert. Außerdem bietet es Männern einen Anreiz, möglichst oft Sex zu haben, was evolutionär natürlich wieder von Vorteil für das Individuum ist. Nur gibt es eine Frage, die etwas delikat aus der Menschenperspektive ist, und zwar: Wieso haben wir Frauen Orgasmen? Bitte nicht falsch verstehen, *thank God*, dass wir das auch können. Aber evolutionär ist das ein kniffliger Fall, denn es gibt keine richtigen Hinweise darauf, dass der weibliche Orgasmus in direkter Verbindung mit der Fruchtbarkeit einer Frau steht. Frauen brauchen keinen Orgasmus, um schwanger zu werden.

Es gibt dennoch ein paar Erklärungsversuche. Einige Forschende gehen davon aus, dass der Höhepunkt bis zu einem gewissen Grad die Empfängnis begünstigen kann, zum Beispiel dadurch, dass die durch den Orgasmus erhöhte Menge an Vaginalsekret die Spermien beweglicher macht, sodass sie besser zur Eizelle schwimmen können, oder dadurch, dass die Frauen nach dem Orgasmus etwas länger liegen bleiben, sodass die Spermien sich nicht »bergauf« kämpfen müssen. Insgesamt sind diese Thesen und Theorien eher dünn, und es drängt sich eine andere Vermutung auf, und zwar, dass der weibliche Orgasmus ein *Spandrel* ist. Hierbei handelt sich um einen Begriff aus der Evolutionstheorie, der verwendet wird, um Merkmale zu beschreiben, die nicht direkt durch natürliche Selektion entstanden sind, sondern als Nebenprodukte anderer evolutionärer Prozesse. Der Begriff wurde 1979 von den Evolutionsbiologen Stephen J. Gould (den haben wir schon am Anfang kennengelernt) und Richard Lewontin (1929–2021) in ihrem einflussreichen Aufsatz *The Spandrels of San Marco and the Panglossian Paradigm* geprägt. In der Architektur bezeichnet ein *Spandrel* den Raum zwischen den Bögen einer Brücke oder zwischen der Oberseite eines Bo-

gens und einem rechteckigen Rahmen. Diese Strukturen ergeben sich notwendigerweise aus der Konstruktion und werden nicht bewusst geplant, sondern sind unvermeidliche Nebenprodukte des Entwurfs, die aber natürlich auch sehr schön sind. Gould und Lewontin argumentieren, dass in der Biologie viele Merkmale, die wir bei Organismen sehen, ebenfalls solche »Nebenprodukte« sind, die nicht direkt durch natürliche Selektion entstanden sind. Sie kritisieren die Tendenz vieler Evolutionsbiolog:innen, jedes Merkmal eines Organismus als adaptiv und durch Selektion entstanden zu interpretieren. Ein bisschen wie das Sprichwort: *Wer als Werkzeug nur einen Hammer hat, sieht in jedem Problem einen Nagel.*

Lorenz wird in einem späteren Kapitel noch über die embryonale Entwicklung schreiben, aber jetzt schon einmal so viel: Viele körperliche Merkmale werden in der Embryonalentwicklung angelegt, bevor das Geschlecht final festgelegt wird. Deshalb haben Männer beispielsweise auch noch Brustwarzen und inaktive Milchdrüsen. Es kann sehr gut sein, dass die Anlagen, die bei Männern wichtig für Ejakulation und Orgasmus sind, eben vor der Geschlechtsfestlegung festgesetzt werden. Es wäre evolutionär vielleicht zu aufwendig, da wirklich was zu ändern, es ist ja auch kein Nachteil, und deshalb tragen Männer eben im Sommer ihre Nippel zur Schau, während wir Frauen das nicht können, weil unsere ja *perverse* Nippel sind, eh klar. Was ich sagen will, ist: Eventuell ist der weibliche Orgasmus ein Spandrel, was viele nicht gerne hören, was ich auch verstehen kann. Ich persönlich fände das aber nicht schlimm, ich bin einfach nur froh, *dass* es ihn gibt. Das *Wieso* ist mir ehrlich gesagt wumpe, und ich fühle mich auch nicht angegriffen, wenn es nur ein evolutionärer »Rest« sein sollte. Dennoch könnte so eine Argumentation natürlich solchen Männern Tür und Tor öffnen, die denken, der weibliche Orgasmus sei sowieso unwichtiger beim Sex. Womit wir direkt beim nächsten Thema wären.

Der Gender Orgasm Gap

Der Begriff Gender Orgasm Gap, den Lorenz vorhin bei Marie Bonaparte schon einmal erwähnte, bezeichnet den Unterschied in der Häufigkeit des Erlebens von Orgasmen zwischen Männern und Frauen, wobei diese Unterschiede nicht nur ein individuelles, sondern auch ein gesellschaftliches Problem sind, das tief in unseren jeweiligen kulturellen Normen und sexuellen Praktiken verwurzelt ist.

Untersuchungen zeigen, dass heterosexuelle Männer häufiger Orgasmen erleben als heterosexuelle Frauen. Laut einer Studie aus dem Jahr 2017 gaben 95 Prozent der heterosexuellen Männer an, bei ihrem letzten sexuellen Erlebnis einen Orgasmus gehabt zu haben, im Vergleich zu nur 65 Prozent der heterosexuellen Frauen. Diese Diskrepanz ist jedoch nicht auf heterosexuelle Paare beschränkt. Die gleiche Studie fand heraus, dass lesbische Frauen bei 86 Prozent ihrer sexuellen Erlebnisse mit anderen Frauen einen Orgasmus hatten, während bisexuelle Frauen bei 66 und bisexuelle Männer bei 88 Prozent lagen. Viele andere Studien bestätigen diese Zahlen; eine aus 2014 zeigt beispielsweise auf, dass es bei One-Night-Stands und kurzfristigen sexuellen Begegnungen ebenfalls eine signifikante Diskrepanz gibt. Nur 40 Prozent der Frauen hatten bei solchen Begegnungen einen Orgasmus, verglichen mit 80 Prozent der Männer.

Die Gründe für diesen Unterschied sind vielfältig und komplex. Eine Hauptursache ist die unterschiedliche Gewichtung der sexuellen Befriedigung in der Gesellschaft. Männer werden oft ermutigt, ihre sexuellen Wünsche zu äußern und zu verfolgen, während Frauen lernen, ihre eigenen Bedürfnisse zurückzustellen. Ich weiß nicht, wie es bei dir war, meine sexuelle Aufklärung in der Schule hatte einen deutlichen Bias. Als das Thema Sexualkunde dran kam, das dürfte so in der 7., 8. oder 9. Klasse gewesen sein, gingen wir mit unserer Biolehrerin und unserem Chemielehrer zu einer Beratungsstelle für sexuelle Aufklärung, die entsprechende Kurse für Schulen gab. Wir wurden nach Geschlecht aufgeteilt, und unsere Biolehrerin ging mit einer Mitarbeiterin und uns in den einen Raum, die Jungs mit dem Chemielehrer und einem Mitarbeiter in einen anderen. Als wir nach ein paar Stunden wieder gemeinsam zur Schule fuhren, stellten wir fest, dass die Jungs zwar kurz über Sexkrankheiten und Verhütung gesprochen, aber vor allem Sachen über Sexstellungen und Spaß am Sex erfahren haben, während wir Mädchen neben Geschlechtskrankheiten ausschließlich darüber belehrt wurden, wie wir *um Gottes willen* bloß nicht schwanger werden. Darüber, wie Konsens aussieht, wie Masturbation funktionieren und wie Sex schön sein kann? Ha ha, nein. Sexualkundeunterricht beschränkt sich beim weiblichen Teil der Bevölkerung oft vor allem auf Verhütung und sowieso am besten *gar keinen* Sex haben, dann kann auch nix passieren – das war's.

Diese unzureichende sexuelle Bildung, die oft den Fokus auf männliche Sexualität legt und weibliche Sexualität vernachlässigt, ist später auch ein entscheidender Grund, wieso es mit dem weiblichen Orgasmus nicht klappt. Studien zeigen, dass viele Frauen sogar unzureichende Kenntnisse über ihre eigene Anatomie und darüber haben, was ihnen sexuelle Befriedigung bringt. Auch in Bezug auf Stellungen beim Sex gibt es Untersuchungen, nach denen Männer häufig Penetration bevorzugen, die für Frauen meistens nicht mit einem Orgasmus endet. Frauen berichten oft, dass klitorale Stimulation wesentlich für das Erreichen eines Orgasmus ist, was in heterosexuellen Begegnungen jedoch nicht immer ausreichend berücksichtigt wird. Und dass man in Pornos sieht, dass dreimal den Lörres reinhämmern zum absolut ekstatischsten Orgasmus in der Geschichte der Menschheit führen soll, hilft jetzt auch nicht unbedingt.

Also, was tun?

Als Erstes wäre da: Ladys, macht es euch selbst. Wir müssen mit unseren eigenen Körpern experimentieren, um herauszufinden, was uns überhaupt gefällt und was uns zum Höhepunkt bringt. Ich glaube, ich habe erst mit 30 so richtig begriffen, was mir gefällt, und habe auch erst dann aufgehört, mich ausschließlich nach den Wünschen meines Partners zu richten und nicht meine eigenen Vorlieben zu erforschen und gemeinsam auszuprobieren. Wenn man dann irgendwann raushat, was einem Spaß macht, kommt die nächste Hürde: darüber sprechen.

Wir hatten es ja eben schon mit der Scham, und das Blöde ist, dass bereits jungen Mädchen so viel Scham und Angst im sexuellen Bereich eingetrichtert wird, dass selbst mit einem Partner darüber zu reden eine unüberwindbare Hürde werden kann. Dennoch ist eine offene Kommunikation der Schlüssel zu einem erfüllten Sexualleben, anders geht's halt nicht.

Ich bin keine Psychologin und keine Sextherapeutin, deshalb kann ich hier keine psychologisch fundierten Tipps geben, sondern nur aus eigener Erfahrung sprechen. Wichtig ist, den richtigen Zeitpunkt für ein solches Gespräch zu wählen. Sich entspannt bei einem Spaziergang zu unterhalten oder das Anliegen auch schriftlich per Nachricht zu formulieren kann den Einstieg erleichtern und dafür sorgen, dass sich beide Partner:innen wohlfühlen. Dabei sollte man offen und ehrlich sein und das Gespräch mit »Ich-Botschaften« beginnen. Sätze wie *Ich würde gerne … ausprobieren* oder *Letztens habe ich was in einem Porno gesehen, und zwar …* können helfen, das Thema persönlicher und weniger konfrontativ zu gestalten. So kommt beim anderen nicht die Message rüber: *Du bringst es nicht*, sondern es öffnen sich eher neue Möglichkeiten, gemeinsam neugierig zu sein und etwas auszuprobieren. Feedback geben und nehmen sollte ein kontinuierlicher Prozess sein, nicht nur ein einmaliger Talk, ein bisschen so, als würde man einen Muskel trainieren. Humor und Leichtigkeit können ebenfalls dazu beitragen, die anfangs sicher ein wenig hakelige Kommunikation zu erleichtern und Spannungen abzubauen, denn Sex soll vor allem Spaß machen!

Homo-, Bi- und Asexualität

Ich sitze gerade im ICE nach Köln, während ich das hier schreibe, und auf einem der Bildschirme wird eine Werbung eingeblendet, in der ein Mann seine Frau liebevoll anschaut, während drum herum die Kinder mit Buntstiften malen. Ich weiß nicht, wie es dir mit dem Thema geht, aber falls du dich da schnell »gestört« fühlst, falls du beim Anblick eines schwulen Paars denkst, dass du ja »nichts gegen Schwule hast«, dich aber fragst, wieso *»die ES* einem immer so aufdrängen müssen«: Ich muss dir sagen, dass die Kinder des eben erwähnten Elternpaares nicht vom Storch gebracht worden sind, auch hat sich keiner der Eltern wie ein Pantoffeltierchen geteilt. Im Gegenteil: Der Vati hat, sofern keine künstliche Befruchtung im Spiel war, die Mutti höchstwahrscheinlich bestiegen, Jürgen. Ja, schockierend, oder? Vielleicht war sie dabei oben und hat ihm dabei ins Gesicht geschlagen, weil er Spaß daran hat, dominiert zu werden, und weil sie es toll findet, im Bett dominant zu sein. Vielleicht hat er sie vorher auch richtig schön oral befriedigt und ihr die Augen verbunden, eventuell lief im Hintergrund ein Porno, während er auf dem Boden gekniet und sich hat auspeitschen lassen, weil er's halt geil findet. Ja, ich weiß, klapp den Mund wieder zu. Wieso ich das so drastisch schreibe? Erstens: Auch Heterosexuelle haben nicht nur Blümchensex, Sex ist natürlich und gut und nichts, was man generell anstößig finden sollte. Die Vorstellung, dass zwei Menschen miteinander schlafen, auf welche Weise auch immer, sollte dich also nicht schockieren. Zweitens: Weil ich bei vielen Menschen ein sehr seltsames Phänomen beobachte. Es gibt Menschen, die assoziieren Homosexualität sofort mit Sex und haben dabei bestimmte Bilder im Kopf. Bei Heterosexualität hingegen geschieht das nicht, obwohl die Existenz von Kindern ja sogar eindeutig beweist, dass das elterliche Bett nicht nur zum Schlafen genutzt wird. Warum ist das so?

Leider gibt es auch heutzutage nicht wenige Leute, die glauben, dass es bei gleichgeschlechtlicher Liebe in erster Linie um das geht, was zwischen den Laken geschieht – als wäre es lediglich eine sexuelle Vorliebe oder ein »Lifestyle«, sich als Mann von Männern oder als Frau von anderen Frauen angezogen zu fühlen. Während bei heterosexuellen Paaren allgemein anerkannt ist, dass Liebe, Nähe, gegenseitige Bindung und die Gestaltung einer gemeinsamen Zukunft im Vordergrund stehen und niemand an Sex denkt, wenn ein Mann und eine Frau händchenhaltend vorbeilaufen, wird gleichgeschlechtlichen Paaren oft, bewusst oder unbewusst, unterstellt, dass ihre Beziehungen hauptsächlich auf Triebbefriedigung beruhen. Als sei es auf einer Stufe mit *Heute habe ich mal Lust auf Oralsex*. Dabei weiß man jetzt wirklich nicht erst seit gestern, dass die sexuelle Orientierung eben keine *Lifestyle Choice* ist.

Im August 1991 kam eine Studie im Fachmagazin *Science* raus, die es in sich hatte und es auf die erste Seite der *New York Times* schaffte. Die Studie trägt den Titel *A Difference in Hypothalamic Structure Between Heterosexual and Homosexual Men*, übersetzt in etwa: Ein Unterschied in der Hypothalamusstruktur zwischen heterosexuellen und homosexuellen Männern. Es gab vorher schon Studien, die Unterschiede zwischen den Gehirnen von homo- zu heterosexuellen Menschen aufzeigen wollten, doch wurden die von den Schwulen- und Lesbencommunitys sehr negativ aufgefasst. Das lag daran, dass diese Studien einerseits von Forschungsgruppen durchgeführt worden waren, die

ausschließlich aus heterosexuellen Personen bestand. Andererseits hatten die Ergebnisse einen etwas schwer zu greifenden, komischen Touch, der als *Irgendwas stimmt mit den Hirnen von Homosexuellen nicht* aufgefasst werden konnte. Bei dieser Studie war es jedoch anders. Wieso?

Nun, zum einen lebte der Forscher Simon LeVay, der diese Studie mit seinem Team durchführte, schon damals selbst offen homosexuell – seinen Motiven wurde also mehr Vertrauen entgegengebracht. Das ist durchaus verständlich, denn diese Forschungen fanden in einer Zeit statt, in der die verheerende AIDS-Epidemie, die vor allem eine ganze Generation schwuler Männer nahezu ausgelöscht hatte, Homosexuelle unter Generalverdacht stellte, das damals noch absolut tödliche Virus zu verbreiten. Homosexuelle Gemeinschaften waren daher in hohem Maße von *Othering* bedroht – also einem Prozess, durch den bestimmte Gruppen oder Individuen als »anders« und damit außerhalb der »normalen« (dicke Anführungszeichen hier!) Bevölkerung wahrgenommen und behandelt werden, was häufig zu Marginalisierung und Diskriminierung führt und ein *Wir gegen die*-Denken entstehen lässt, das natürlich sehr gefährlich werden kann. Man wollte demnach vermeiden, dass homosexuelle Mitmenschen durch ideologisch motivierte Forschung noch weiter an den Rand der Gesellschaft gedrängt werden.

Die Rezeption von LeVays Studie war jedoch nicht nur deshalb anders, also positiver, weil der Forscher selbst homosexuell ist, sondern auch, weil die Ergebnisse in gewisser Weise Sinn machten. LeVays Ergebnisse besagten, dass ein Bereich des Hypothalamus, der bei Frauen im Allgemeinen kleiner ist als bei Männern, in postmortal sezierten Gehirnen homosexueller Männer ebenfalls kleiner war als bei heterosexuellen Männern und näher an der Größe des Areals von Frauen lag. Da der Hypothalamus durchaus mit sexuellem Verhalten in Verbindung gebracht wird, konnten die Ergebnisse in der Öffentlichkeit viel besser im Zusammenhang verstanden werden als das *Hier, in den Gehirnen von Homosexuellen ist der Bereich, der etwas mit den Nieren zu tun hat, größer, keine Ahnung warum, die sind halt komisch* aus anderen Studien. Zumindest war das oft die Lesart dieser anderen Studien.

Ist das Gehirn von Homosexuellen also anders als das von Heterosexuellen? Nun, jein. Die Ergebnisse von LeVay wurden repliziert, also erfolgreich wiederholt, aber teilweise auch eben nicht. Die Streubreite ist hier recht groß, und wenn man zum Beispiel herausrechnet, dass das Gehirn von Frauen generell kleiner ist als das von Männern, dann sind die geschlechtsspezifischen Unterschiede in diesem Bereich gar nicht mehr so groß, als dass man das dann noch sinnvoll mit dem Gehirn von Homosexuellen in Verbindung bringen könnte. Es wird immer noch heftig debattiert, ob das Gehirn generell einen *Sexualdimorphismus* aufweist, also je nach Geschlecht unterschiedlich aufgebaut ist. *Aber!* Diese Ergebnisse haben eine ganze Lawine von Forschungen ausgelöst, und inzwischen geht die Mehrheit der Forscher:innen tatsächlich davon aus, dass die sexuelle Orientierung etwas Biologisches ist und nichts Psychisches oder Anerzogenes. Also: Nein, es wird dein Kind nicht »schwul« machen, wenn in einem Kinderbuch die Hauptfigur zwei Väter hat, und auch die schulische Thematisierung von Regenbogenfamilien – also Familien abseits von Vater, Mutter, Kind – wird nicht dazu führen, dass die kleine Maja später eine Frau statt eines Mannes heiratet. Wenn sie das tut, war das schon immer in ihr, und es ist absolut in Ordnung. Es gibt Studien, die Hinweise geben, dass die Hirnstruktur wohl etwas mit unserer sexuellen Orientierung zu tun haben kann, ebenso Hormone während der Entwicklung des Fötus, zudem genetische und andere Faktoren. Die sexuelle Orientierung ist also keine Wahl, sondern eine biologische Realität, die ganz normal zum menschlichen Spektrum gehört. Das gehört nicht »umerzogen« und auch nicht »wegtherapiert«. Da wurde im letzten Jahrhundert so viel Humbug getrieben mit teils katastrophalen Auswirkungen, man denke nur an sogenannte »Konversionstherapien«, bei denen homosexuelle Menschen zur Heterosexualität »umtherapiert« werden sollen. Auch heute noch geschieht das im Verborgenen bei uns (diese »Therapien« sind seit 2020 nämlich in Deutschland verboten) oder auch ganz offen in anderen Ländern; wir reden hier von der Gabe fragwürdiger Medikamente, vom Erlernen von Selbsthass, von »Korrekturvergewaltigungen«, von einer Suizidrate so hoch wie der Mount Everest, von Hass, Gewalt, Angst, Folter. Wenn wir da jetzt einsteigen, nimmt das hier epische Ausmaße an, und meine Faust ballt sich schon vor Wut, und mit geballter Faust tippt es sich so schlecht.

Aber lass uns noch schnell über Asexualität sprechen. Nicht viele wissen es oder haben es bemerkt, aber der Protagonist Helmut in meinem Debütroman *Marianengraben* ist asexuell.

Er interessiert sich nicht für Sex, hat er nie, war aber mit einer Partnerin zusammen, die sich ein Sexleben wünschte. Also schlief er mit ihr, auch, wenn er zwar nichts Sexuelles aus diesen Momenten zog, aber viel Emotionales. Denn es ist nicht so, dass alle asexuellen Menschen prinzipiell kein Sexleben haben.

Die Asexualität ist ein Spektrum ganz unterschiedlicher Erfahrungen und Identitäten, das sich nicht so gut in die ausgelutschten ollen Schubladen zu Partnerschaft und Sexualität einordnen lässt und auch nicht nach Schablone X oder Y funktioniert. Wie Sexualität generell. Asexuelle Menschen können Single sein und sich bewusst gegen sexuelle oder sogar generell gegen romantische Beziehungen entscheiden, andere wiederum führen glückliche Partnerschaften, die sich in ihrer Ausgestaltung von traditionellen Beziehungsmodellen unterscheiden können, wie wir es ja schon einige Kapitel zuvor hatten, oder eben auch ganz klassisch strukturiert sind. So gibt es komplett asexuelle Paare, die eben keine sexuelle Ebene haben und sich auf emotionale Nähe konzentrieren. Es gibt gemischte Beziehungen, in denen ein:e Partner:in asexuell und die oder der andere sexuell aktiv ist. Diese Beziehungen können monogam oder offen sein, und auch die asexuelle Person in so einer Beziehung kann, wie Helmut, Sex haben. Die kunterbunte Vielfalt (asexueller) Lebensentwürfe zeigt, dass Sexualität und Partnerschaft nicht zwangsläufig miteinander verbunden sein *müssen* und dass es viele Wege gibt, Liebe, Intimität und Erfüllung zu finden. Und das ist ganz schön schön.

Sexuelle Identität

Bleiben wir doch noch ein bisschen beim Thema Diese-Person-ist-anders-als-ich-und-das-ist-komisch. Etwas, das aktuell sehr stark gesellschaftlich debattiert wird, ist das Thema *Transsexualität*. Das bedeutet grob gesagt, dass sich eine Person mit dem Geschlecht, das ihr bei der Geburt zugewiesen wurde (*Frau Müller, es ist ein Mädchen!*), nicht identifizieren kann. Das kann beispielsweise eine Person sein, die alle körperlichen Merkmale einer *cis-Frau* hat, aber davon überzeugt ist, ein Mann zu sein. *Cis* bedeutet, dass die Person sich mit dem bei der Geburt zugewiesenen Geschlecht identifiziert. Ich bin beispielsweise eine cis-Frau, weil man meiner Mutter damals beim Ultraschall eröffnet hat, dass sie ein Mädchen bekommt, ich entsprechend biologisch ausgestattet auf die Welt kam und selbst im Laufe meines Lebens immer wieder gemerkt habe: *Japp, stimmt, bin 'ne Frau*. Ein *trans* Freund von mir hingegen, der die ersten 20 Jahre seines Lebens als Frau bestreiten musste, hatte schon immer gemerkt, dass es nicht stimmt, dass er weiblich ist. Er wusste seit jeher: *Ich bin ein Junge*. Deshalb hat er zwei Jahre nach der Volljährigkeit seine *Transition* vollzogen und sich dank seiner tollen Therapeutin getraut, die notwendigen hormonellen und chirurgischen Korrekturen durchführen zu lassen, sodass sein Körper jetzt zu seinem *wirklichen* Geschlecht passt.

Trans Menschen stehen in der Gesellschaft immer wieder unter Beschuss, weil viele Dieters und Anneroses auch hier einfach nicht akzeptieren können, dass es nichts Eingebildetes, sondern eine biologische Realität ist, die sich beispielsweise auch in der Struktur des Gehirns abbildet. Der Hirnaufbau von trans Männern, also Menschen, denen bei der Geburt fälschlicherweise das weibliche Geschlecht zugewiesen wurde, ähnelt eher dem von cis-Männern als dem von Frauen, und andersherum. Es ist also *real*.

Dasselbe gilt für Menschen, die sich keinem der beiden Geschlechter zugehörig fühlen, also *nichtbinär* sind. Diese Menschen sind, genauso wie trans Personen sowie homo- und bisexuelle Menschen, keine Gefahr für andere. Tatsächlich ist es umgekehrt: In vielen Ländern werden queere Menschen verfolgt, und jedes Jahr verlieren Hunderte davon ihr Leben, weil sie einfach nur sie selbst sein wollen; sei es durch Gewalt oder durch Suizid, verursacht durch den großen Schmerz und die Zerrissenheit, die entsteht, wenn ihre innere Identität (»Ich bin eine Frau und kein Mann«, »Ich bin lesbisch und nicht hetero«) nicht mit ihrem äußeren Leben übereinstimmen darf.

Ich wiederhole also: Die sexuelle Identität und die sexuelle Orientierung sind keine Mode, keine psychische Störung, kein Fetisch. Trans Männer sind Männer, genau wie trans Frauen eben Frauen sind, und nichtbinäre Menschen sind nichtbinär. Deshalb: Wenn du jemand bist, der Homosexualität, trans Menschen oder nichtbinäre Personen »kritisch sieht« und hier jetzt eine biologische Grundlage sucht, um gegen diese Menschen zu argumentieren: Dies ist kein Buch für dich.

Körperformen

Für dieses Kapitel brauchen wir kurz mal zwei Definitionen – und zwar für das, was sich bei uns Menschen, bei Insekten, Katzen, Hunden und vielen anderen Tieren zwischen den Beinen befindet: für die Geschlechtsteile. Kurz gesagt: Der Penis ist das Organ, mit dem die Spermien bei der Kopulation übertragen werden. Er kann in Form und Größe stark variieren, von einfachen röhrenförmigen Strukturen bis hin zu komplexen Gebilden mit speziellen Funktionen. Die Vagina wird oft als das Organ beschrieben, das den Penis während der Kopulation aufnimmt und als Geburtskanal dient. Sie ist in der Regel ein komplex funktionierender muskulöser Schlauch, der sich zum Uterus hin öffnet.

Penis und Vagina gehören zu den primären Geschlechtsmerkmalen, die im Allgemeinen die inneren und äußeren Geschlechtsorgane umfassen, die direkt an der Fortpflanzung beteiligt sind – also auch die Hoden oder eben die Gebärmutter und die Eierstöcke. Neben diesen primären gibt es auch sekundäre Geschlechtsmerkmale, die sich während der Pubertät entwickeln und nicht direkt der Fortpflanzung dienen – die Schambehaarung beginnt zu wachsen, manche von uns kommen in den Stimmbruch oder entwickeln Brüste, mit denen sie später Babys stillen können (wenn sie wollen).

Ich nehme an, dass du schon das ein oder andere menschliche Geschlechtsmerkmal gesehen hast. Falls nicht, hier gerne eine Auswahl:

So, da wir das geklärt haben, schauen wir doch wieder mal bei den Tieren vorbei. Hier tummelt sich nämlich so einiges an Geschlechtsteilen, das recht weit von unserer menschlichen Erlebniswelt entfernt ist.

Wenn die Weibchen den Ding-Dong baumeln lassen

Wusstest du, dass es Tiere gibt, deren Weibchen einen Penis haben? Normalerweise denken wir bei dem Wort *Penis* an ein »männliches« Geschlechtsorgan, das zur Übertragung von Spermien dient. Bei den Staubläusen der Unterordnung Prionoglarididae läuft es jedoch anders. Statt dass das Weibchen beim Sex unten ist und das Sperma passiv empfängt, besteigt es das Männchen und holt sich die Spermien mit einer penisähnlichen Struktur, dem sogenannte *Gynosom*, raus. Ja, genau. Staublausgirl wird nicht gebumst, Staublausgirl bumst. Mit diesem Gynosom kann es nicht nur am Männchen andocken, sondern auch ein nahrhaftes Samenpäckchen, die *Spermatophore*, aufnehmen. Dieses enthält neben den für die Fortpflanzung notwendigen Spermien auch überlebenswichtige Nährstoffe.

Dieses Phänomen wurde bei zwei Staublausgattungen, *Neotrogla* und *Afrotrogla*, entdeckt. Diese leben in kargen Höhlen, in denen Nahrung extrem knapp ist. Da ist es natürlich überlebenswichtig, jede verfügbare Nahrungsquelle zu nutzen. Und wenn mit den Spermien auch noch ein Nährstoffpaket des Weges kommt, umso besser! 2018 wurde herausgefunden, dass sich dieser »weibliche Penis« bei *Neotrogla* und *Afrotrogla* unabhängig voneinander entwickelt hat. Das bedeutet, dass auch der evolutionäre Druck, der zur Entstehung dieser einzigartigen Struktur führte, nicht in Bezug zueinander steht. Bei Neotrogla ist das Gynosom hart und mit einer Art Ballon ausgestattet, der sich während der Paarung aufbläst und als Anker dient. Bei Afrotrogla hingegen ist es weicher und besitzt einen anderen

Verankerungsmechanismus. Besonders gut erforscht ist das Gynosom der Art *Neotrogla curvata*. Es besteht aus einem Schaft, einem aufblasbaren Ballon und harten Stacheln – ja, da denkt man sofort an diese mittelalterliche Waffe, oder? Die Paarung kann bei dieser winzig kleinen Art – sie werden gerade mal einen Millimeter groß! – bis zu 70 anstrengende Stunden dauern. Während dieser Zeit führt das Weibchen sein Gynosom in die Genitalöffnung des Männchens ein und verankert sich mithilfe der Stacheln. Auf diese Weise kann es eine große Menge an Sperma aufnehmen.

Die Entwicklung des Gynosoms bei diesen Staubläusen ist ein Paradebeispiel für das, was wir als sexuell antagonistische Koevolution bezeichnen; das Thema hatten wir ja schon. Dieses evolutionäre Tauziehen bedeutet, dass Männchen und Weibchen in einem ständigen Wettbewerb um den eigenen Fortpflanzungserfolg stehen. Normalerweise bilden die Männchen Merkmale aus, die ihnen dabei helfen, und nicht selten geschieht das auf Kosten der Weibchen. Bei Neotrogla und Afrotrogla haben die Weibchen jedoch die Oberhand gewonnen und Strukturen entwickelt, um die Männchen zu kontrollieren – good for them!

Ahoi!

Bei den Papierbooten (Argonauta) – ja, die heißen wirklich so –, einer Krakengattung, hat die Evolution eine weitere sehr ungewöhnliche Paarungsstrategie hervorgebracht. Diese für Kopffüßer typisch getrenntgeschlechtlichen Tiere zeigen einen extremen Geschlechtsdimorphismus: Die Weibchen überragen die Männchen um ein Vielfaches, wir haben hier also wieder Zwergmännchen.

Wie bei vielen Kraken findet die Befruchtung mithilfe eines

speziellen Arms statt, dem sogenannten *Hectocotylus*. Während der Paarung löst er sich vom Männchen und schwimmt selbstständig zum Weibchen, um es zu befruchten. Dieses Opfer ist für das Männchen jedoch ultimativ: Es stirbt kurz nach dem Verlust seines Paarungsarmes. Das Weibchen hingegen lebt deutlich länger und kann sich mit vielen weiteren Männchen paaren.

Interessanterweise war der abgetrennte Arm des Männchens der Wissenschaft lange vor dem Rest seines Körpers bekannt. Im frühen 19. Jahrhundert hielt man ihn sogar für einen Fadenwurm, von dem man dachte, dass er als Parasit das Weibchen befällt und in ihrem Körper lebt. Daher stammt auch die lateinische Bezeichnung *Hectocotylus*, was ursprünglich der Gattungsname dieses vermeintlichen Parasiten war.

Der Penisimitator

Die Tüpfelhyäne (*Crocuta crocuta*) ist ein faszinierendes Tier, das in den Savannen Afrikas beheimatet ist. Das erste Mal habe ich etwas von der Existenz dieser Räuber mitbekommen, als ich 1994 den *König der Löwen* im Kino gesehen habe – ich war sofort Fan. Besonders interessant sind hier die Weibchen, die eine einzigartige anatomische Besonderheit aufweisen: eine verlängerte Klitoris, die einem Penis ähnelt und daher oft als Pseudo-Penis bezeichnet wird. Die Weibchen urinieren, kopulieren und gebären mithilfe dieser Struktur. Ja, richtig gelesen: gebären.

Männliche und weibliche Tüpfelhyänen sind auf den ersten Blick kaum zu unterscheiden. Erst bei genauerer Betrachtung der Genitalien wird der Unterschied deutlich. Die Paarung ist ein ziemlich komplizierter Vorgang, bei dem das Männchen seinen Penis in die Klitoris des Weibchens einführt, um nicht zu sagen: einfädelt. Das erfordert natürlich Geduld und Geschick, da das Weibchen eine bestimmte Haltung einnehmen muss, damit das Männchen die ungewöhnlich platzierte Öffnung finden kann.

Die Entwicklung dieses Organs im Mutterleib geht vermutlich auf eine erhöhte Konzentration von *Androgenen*, den männlichen Geschlechtshormonen, zurück. Diese erhöhten Androgenspiegel könnten auch die Aggressivität und Durchsetzungsfähigkeit der Weibchen steigern, die in der komplexen Sozialstruktur der Tüpfelhyänen das Sagen haben. Durch ihre Dominanz behaupten die Weibchen ihren Platz in der Hierarchie, sichern sich den Zugang zu Nahrung und Paarungspartnern und erhöhen so ihren Fortpflanzungserfolg.

Tüpfelhyänengeburten sind riskant. Die Jungen werden durch die enge Klitoris entbunden, was oft zu Komplikationen führt. Die enge Öffnung erschwert die Geburt der relativ großen Jungtiere, die ein bis zwei Kilogramm wiegen können. Oft entstehen Risse. Besonders gefährdet sind Erstgebärende: Die Geburt dauert oft ziemlich lang, weshalb rund 60 Prozent der Jungtiere an Sauerstoffmangel (*Hypoxie*) sterben – sie ersticken noch im Geburtskanal und kommen dann tot zur Welt. Auch die Mutter kann an den schweren Geburtsverletzungen verbluten – insgesamt also eine gefährliche Angelegenheit.

Trotz dieser Schwierigkeiten kommen die Jungtiere erstaunlich weit entwickelt zur Welt. Sie haben bereits geöffnete Augen, ein vollständiges Gebiss und beginnen schon kurz nach der Geburt miteinander zu kämpfen. Diese Kämpfe dienen dazu, eine Rangordnung zwischen den Geschwistern zu etablieren, die manchmal sogar zum Tod des unterlegenen Jungtieres führen kann, besonders wenn die Nahrung knapp ist.

Wenn die Geburt so gefährlich ist und die Klitoris so viele Nachteile hat, warum hat sie sich dann durchgesetzt? Dieses große, penisähnliche Geschlechtsorgan könnte jungen Weibchen helfen, sich vor Angriffen anderer Weibchen zu schützen. Hyänenweibchen wehren sich gegen aufstrebende Konkurrentinnen, die ihren Platz in der Hierarchie gefährden könnten. Für weibliche Jungtiere ist es daher von Vorteil, optisch nicht als Weibchen erkannt zu werden. Außerdem kann die enge Geschlechtsöffnung unerwünschte Paarungen verhindern, was ebenfalls im Interesse der Hyänendamen sein sollte.

Die Karawane zieht weiter, aber der Sultan kann nicht mehr

Ein leises Rascheln dringt durch das Unterholz, gefolgt von einem eigentümlichen Schnaufen. Plötzlich biegt eine bizarre Karawane um die Ecke: Ein stacheliges Tier, das an eine Mischung aus Igel und Ameisenbär erinnert, führt den Zug an. Dahinter trotten mehrere ähnlich aussehende Gestalten, die dem Anführer dicht auf den Fersen bleiben. Willkommen in der Paarungszeit der Ameisenigel (Tachyglossidae), die in den weiten Landschaften Australiens und Neuguineas beheimatet sind.

Normalerweise leben diese eierlegenden (!) Säugetiere als Einzelgänger, doch während der Paarungszeit im Juli und August geben sie ihre Zurückgezogenheit auf. Die Weibchen verströmen einen unwiderstehlichen Pheromonduft, der Männchen aus der Umgebung anlockt, und schon bald bildet sich eine regelrechte Karawane: Das Weibchen an der Spitze des Zuges, gefolgt von bis zu zehn Männchen, die um ihre Gunst buhlen und 24/7 hinter ihr her dackeln. Diese »Verfolgungsjagd« kann Tage oder sogar Wochen dauern und zehrt an den Kräften der Männchen, die ständig auf der Lauer liegen und kaum essen oder schlafen, um den Aufbruch nicht zu verpassen. Sie verlieren dabei bis zu einem Viertel ihres Körpergewichts – eine enorme Belastung! Während sich die Weibchen nur einmal pro Saison paaren, können die Männchen mehrere Ameisenigeldamen nacheinander beglücken. Nach einer erfolgreichen Paarung schließen sie sich deshalb oft einer neuen Karawane an,

um ihr Glück erneut zu versuchen. Schräge Paarungsbiologie, oder? Aber der Grund, wieso ich sie hier erwähne, liegt woanders: Diese kleinen Racker haben recht ungewöhnliche Geschlechtsorgane. Der Penis des Männchens ist vierköpfig! Bei der Paarung werden aber immer nur zwei Köpfe benutzt, während die anderen beiden ein Päuschen machen. Diese Struktur ermöglicht eine effiziente Spermienübertragung und verlängert gleichzeitig die Fortpflanzungsfähigkeit des Männchens während der gesamten Paarungszeit.

Reach for the … penis

Sesshafte Meeresbewohner wie die Seepocke (*Balanus glandula*), die in dichten Kolonien an felsigen Küsten und anderen Oberflächen leben – wie zum Beispiel auf Walen –, haben ein kniffliges Fortpflanzungsproblem: Sie können nicht einfach losziehen, einen Partner finden und dann zwischen den Felsen schnackseln. Sie verbringen ihr ganzes Leben an Ort und Stelle. Die Evolution hat jedoch eine Lösung gefunden, ganz nach dem Motto *Wenn der Prophet nicht zum Berg kommt, muss der Berg zum Propheten kommen*: Seepocken haben im Laufe der Zeit einen extrem langen Penis entwickelt, der im Verhältnis zu ihrer

Körpergröße der längste im gesamten Tierreich ist. Dieses Organ kann bis zu zehnmal so lang sein wie die Seepocke selbst und ermöglicht es ihr, sich zu weit entfernten Partnern zu strecken und diese zu befruchten. Seepocken sind *Hermaphroditen* (= Zwitter), das heißt, jedes Individuum besitzt sowohl männliche als auch weibliche Geschlechtsorgane. Obwohl sie sich selbst befruchten könnten, bevorzugen sie die sexuelle Fortpflanzung, um die genetische Vielfalt ihrer Nachkommen zu erhöhen. Ihr langer Penis ist daher ein wichtiges Werkzeug, um potenzielle Partner:innen in ihrer Umgebung zu erreichen und genetisches Material auszutauschen.

Die Länge des Penis ist aber nicht die einzige wichtige Anpassung. Untersuchungen haben gezeigt, dass sowohl die Länge als auch die Form des Penis je nach Lebensraum der Seepocke variieren können. In geschützten Buchten, wo das Wasser ruhig ist, haben Seepocken eher längere und dünnere Penisse, während in rauer Umgebung mit starkem Wellengang kürzere und dickere Penisse von Vorteil sind. Macht ja auch Sinn, denn wer will schon, dass einem im starken Wellengang der Lörres abbricht? Eben.

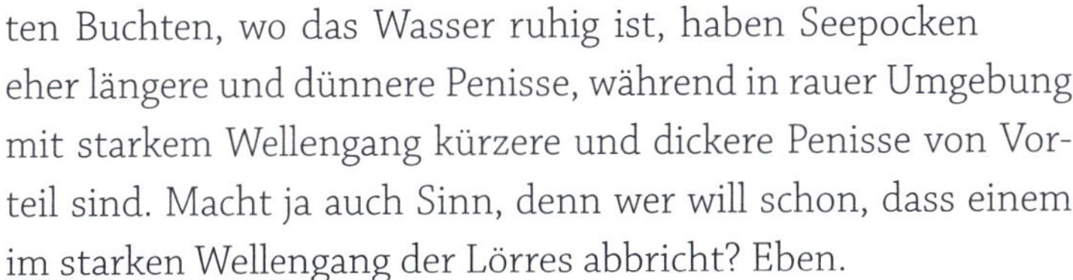

Die Vielfalt der Körperformen in der Natur, ob Mensch, Pilz, Pflanze oder Tier, ist schier unendlich. Während einige uns vertraut und ästhetisch ansprechend erscheinen, mögen andere bizarr oder gar abstoßend auf uns wirken – ja, ein Penis mit vier Köpfen ist nicht für jeden was. Doch jeder Körper, ob groß oder klein, rund oder kantig, behaart oder glatt, erfüllt seine Funktion: Er ist das Zuhause für ein einzigartiges Lebewesen. Diese Vielfalt ist nicht nur natürlich, sondern auch wunderwunderschön.

Viraler Sex: Übertragbare Krankheiten

Nachdem Jasmin richtigerweise für die Akzeptanz verschiedener Körperformen plädiert hat, kommen wir zu einem Thema, bei dem auch einige Stigmata aus dem Weg geräumt werden müssen. Es geht um sexuell übertragbare Krankheiten (*sexually transmitted diseases, STD*). Mit diesen stecken sich weltweit mehr als eine Million Menschen an, pro Tag. Die Zahlen der Weltgesundheitsorganisation sind alarmierend, zumal bei vielen Ansteckungen zunächst keine Symptome auftreten. Die vier häufigsten STD sind *Chlamydien*, *Gonorrhö*, *Syphilis* und *Trichomoniasis*; sie machen ein Viertel aller STD-Diagnosen aus und sind allesamt heilbar. Da die Ansteckung dennoch zur Gefahr für das eigene Leben – und bei Schwangerschaft auch für ungeborenes Leben – werden kann, empfiehlt sich, es gar nicht erst so weit kommen zu lassen. Vorsorge ist immer besser als Heilen. Unbehandelte STD können zu Unfruchtbarkeit, chronischen Schmerzen und größeren Ansteckungsrisiken für andere Infektionskrankheiten führen. Warum geht das uns alle etwas an, selbst die, die keinen Sex haben (die Bdelloid-Rädertierchen unter uns)? Zum einen sind die Zahlen der STD-Ansteckungen so hoch, dass du, wenn du es nicht selbst bist, wahrscheinlich in deinem persönlichen Umfeld mindestens eine Person hast, die betroffen ist, was aufgrund der fehlenden Symptome nicht immer offensichtlich ist und zu einer unbemerkten Ausbreitung führen kann. Bei auftretenden Symptomen werden Personen mit

STD häufig stigmatisiert, was zur sozialen Ausgrenzung führt. Bei aller Dringlichkeit der Aufklärung über STD in der heutigen Zeit sei dir aber auch gesagt, dass wir als Menschen uns schon deutlich verbessert haben, was den Umgang mit STD betrifft. Im London des 19. Jahrhunderts war etwa die Syphilis so verbreitet, dass sogar Klubs für Nasenlose gegründet wurden, in denen Betroffene unter sich sein konnten. Denn ein Symptom der Syphilis ist ein Knorpelschaden, der dazu führt, dass der Nasenrücken einsinkt. Solchermaßen gezeichnet gründete ein gewisser Mr. Crampton eine Bruderschaft, bei der einmal im Monat alle Nasenlosen im Wirtshaus verköstigt wurden, ohne dass sie dabei ausgelacht oder sonst wie komisch begafft wurden. Das Problem: Der edle Mr. Crampton verstarb innerhalb eines Jahres an seinem Leiden. Damals kam nämlich noch erschwerend hinzu, dass die Syphilis zumeist mit Quecksilber behandelt wurde. Die Kranken wurden dadurch noch zusätzlich vergiftet, ihnen fielen die Zähne aus, es bildeten sich Geschwüre und Nervenschäden. Viele Leute starben an einer Quecksilbervergiftung, bevor die Syphilis sie dahinraffen konnte.

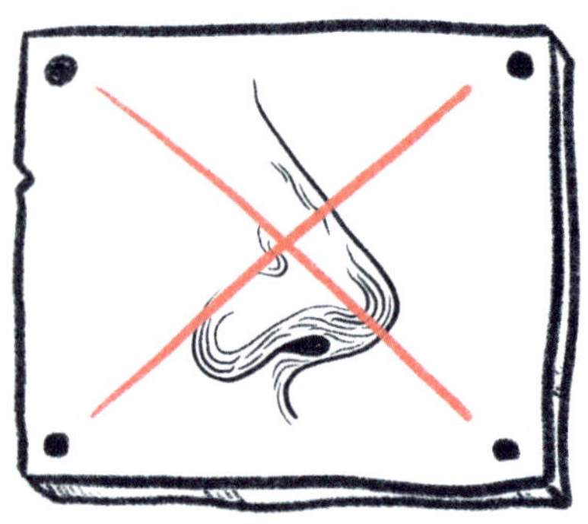

Heute ist die Situation besser, jedoch hält die fortdauernde Stigmatisierung sexuell übertragbarer Krankheiten Betroffene trotzdem noch oft davon ab, sich schnell professionelle Hilfe zu holen. Dadurch wird wiederum die zeitige Diagnose verzögert, was einer schleichenden Verbreitung Vorschub leistet. Außerdem können STD in Summe ganze Gesellschaften belasten, die Kosten für das Gesundheitssystem sind enorm. Hohe Zahlen kursierender Erkrankungen und deren Behandlung begünstigen zusätzlich das Auftreten von multiresistenten Keimen.

Resistenzen sind so ziemlich der Super-GAU in der Infektiologie, denn durch die vielen Behandlungen wirken Medikamente gegen Mikroben nicht mehr. Dann kann man die Krankheitserreger nicht mehr behandeln und deren Verbreitung nur noch bedingt einschränken.

Das juckt dich!

Um adäquat über sexuell übertragbare Krankheiten aufklären zu können, solltest du wissen, welche Gruppen sich überhaupt unterscheiden lassen. Mir scheint eine Unterteilung nach Erreger sinnvoll, weil sich daraus Behandlungsoptionen ableiten lassen. Die Erreger wären Bakterien, Viren, Parasiten und Pilze. Bakterieninfektionen sind für Chlamydien-Befall, Gonorrhö und Syphilis verantwortlich. Chlamydien-Infektionen sind für Menschen problematisch, weil sie besonders bei Frauen unbehandelt zu chronischen Schmerzen und Unfruchtbarkeit führen können. Chlamydien infizieren nicht nur Menschen. Auch unter Koalas, die daran erblinden oder sterben können, breitet sich diese Geschlechtskrankheit gerade aus. Ein weiteres großes Problem ist dabei, dass die Tiere unfruchtbar werden und der Bestand dadurch immer weiter zusammenbricht. Da die Tiere aufgrund der Zerstörung ihres natürlichen Lebensraumes (durch den Menschen) immer stärker zusammengepfercht sind, wodurch sich Krankheiten schneller von Tier zu Tier verbreiten können. Verschlimmert wird die Situation aufgrund des Klimawandels (durch den Menschen), weil Hitzewellen, Trockenheit und Waldbrände die Tiere stressen und ihr Immunsystem schwächen. Einen Hoffnungsschimmer gibt es jedoch: Mittlerweile werden Koalas vielerorts geimpft, um sie vor einer Chlamydien-Infektion zu schützen.

Infektionen mit dem Bakterium *Neisseria gonorrhoeae* verursachen die Gonorrhö, die du vielleicht unter dem Namen *Tripper* kennst. Bei Männern führt die Infektion meist zu einem brennenden Gefühl beim Wasserlassen und schmerzenden Schwellungen der Hoden. Frauen mit Gonorrhö leiden bisweilen zunächst nicht unter Symptomen, ehe sich Schmerzen in der Vagina und Zwischenblutungen einstellen. Unbehandelt kann die Gonorrhö zu schlimmen Entzündungsreaktionen und Unfruchtbarkeit führen. Aber das Bakterium hat nicht nur Auswirkungen auf den Menschen, sondern auch umgekehrt. Im Laufe der Zeit fand nämlich eine Koevolution statt, bei der sich das Bakterium immer wieder an das Immunsystem der Menschen anpasste und beispielsweise seine Oberflächenstruktur veränderte, um weiterhin unentdeckt zu bleiben.

Viren sind für sexuell übertragbare Infektionen mit HIV und HPV sowie Hepatitis B und C verantwortlich. HIV steht für *Humaner Immundefizienz-Virus* und HPV für *Humaner Papilloma-Virus*. HIV-Infektionen sind behandelbar, was vor Ausbruch von *AIDS* (*acquired immunodeficiency syndrome*) schützen kann. AIDS ist eine Immunschwäche, die tödlich enden kann. HIV-Infektionen sind nicht heilbar, Menschen mit HIV müssen lebenslang behandelt werden. Vor allem im globalen Süden steht nicht allen Betroffenen die geeignete Therapie zur Verfügung. Und HIV ist noch nicht vollends verstanden. Ich bin an einem Forschungsprojekt beteiligt, mit dessen Hilfe wir versuchen zu verstehen, warum manche Menschen mit HIV-Infektionen besser auf eine Behandlung reagieren als andere. Es braucht noch viel Forschung über HIV, um in Zukunft allen Betroffenen helfen zu können. Zu HPV kann ich dir eine schöne Erfolgsgeschichte erzählen.

Eine Impfung gegen Krebs

Stell dir vor, es gäbe eine Impfung, die dich vor Krebs schützen kann. Klingt zu schön, um wahr zu sein? Falsch. Dank bahnbrechender wissenschaftlicher Entdeckungen ist genau das für Millionen von Menschen weltweit bereits Realität. Die Infektion mit HPV kann nämlich Gebärmutterhalskrebs auslösen. Eine Impfung, die uns vor der Infektion mit HPV schützt, schützt auch vor Gebärmutterhalskrebs, außerdem vor Warzen und Tumoren im Penis-, Anal- und Rachenbereich. Wie du siehst, ist die Impfung für alle Geschlechter wichtig, denn geimpfte Personen können den Erreger nicht mehr übertragen und schützen somit auch ihre Sexualpartner:innen.

Wie kam es eigentlich zur Entdeckung von HPV? Vor etwa 50 Jahren machte ein Wissenschaftler, Harald zur Hausen (1936–2023), einen sensationellen Fund. Er entdeckte Spuren von Viren in menschlichen Tumoren und brachte HPV mit Gebärmutterhalskrebs in Verbindung, was unser Verständnis und unseren Ansatz zur Krebsvorsorge revolutionierte. Ich persönlich kenne Harald zur Hausen noch aus der Zeit meiner Doktorarbeit am Deutschen Krebsforschungszentrum in Heidelberg. Er war mit seiner Beharrlichkeit und Empathie definitiv ein Vorbild für mich als Wissenschaftler. Harald zur Hausen erhielt 2008 den Nobelpreis für Physiologie oder Medizin. Seine Arbeit, die den Grundstein für den HPV-Impfstoff legte, hat unzählige Leben gerettet. So zeigen zwei große klinische Studien aus Schweden und Großbritannien, dass eine HPV-Impfung das Risiko einer Gebärmutterhalskrebserkrankung zwischen 50 und bis zu 97 Prozent reduzieren kann. Die Impfung ist übrigens umso wirkungskvoller, je früher sie verabreicht wird. Sprich dazu am besten vertrauensvoll mit Hausärzt:innen. Mit einem Pieks schützt du dich und andere vor Krebs.

Zu den STD, die von Parasiten oder Pilzen übertragen werden, zählen *Trichomoniasis* und *Candidose*. Erstere wird hervorgerufen durch den Protisten *Trichomonas vaginalis*, der nicht nur in der Vagina, sondern auch im Penis zu Juckreiz führen kann, wobei hier die Symptome oft weniger stark ausgeprägt sind. Die Infektion kann sich unbemerkt verbreiten und lässt sich mit Antibiotika im Normalfall gut behandeln. Die Candidose wird durch den Hefepilz *Candida albicans* hervorgerufen, auch hier kann es zu Juckreiz im Genitalbereich kommen. Candidose kann aber auch auf asexuellem Wege übertragen werden. Wenn wir etwa anderweitig Antibiotika nehmen, sind wir besonders anfällig für die übermäßige Besiedelung mit dem Hefepilz. Das wusste ich nicht, als ich in der Einführungswoche meines Biologiestudiums in Heidelberg zu einer *Meet the Prof*-Session ging, bei der sich die Mikrobiologie-Professorin vorstellte und direkt verkündete: *Mein Lieblingspilz ist Candida albicans, der überall verbreitet ist. Sie hatten ihn mit Sicherheit schon einmal in Ihrer Vagina, sofern Sie eine besitzen*. Im Nachhinein wünsche ich mir, ich hätte vor meinem Studium dieses Buch gelesen, dann wäre ich nicht so geschockt gewesen.

Gemeinheiten und Gemeinsamkeiten

Was haben alle STD gemein? Sie können sich auf sexuellem Wege übertragen, leider auch unbemerkt, und stellen deshalb ein Risiko dar, besonders für Menschen mit vielen sexuellen Kontakten, einer Immunschwäche oder für Schwangere. Deshalb sind Aufklärung und Prävention so wichtig. Klar können wir uns dank der wissenschaftlichen Forschung auf neue Technologien verlassen, die etwa eine zuverlässige Behandlung von HIV-Infektionen erlauben. Solche Therapien nehmen den Krankheiten den Schrecken, und es braucht im 21. Jahrhundert keine *Klubs der Nasenlosen* mehr. Dennoch oder gerade deshalb sei aber dringlich appelliert, geschützten Sex zu haben. Ein Kondom überzuziehen ist wahrlich keine Raketenwissenschaft. Und falls es doch mal juckt im Schritt: besser zeitnah testen lassen.

Kontrolle und Kontrollverlust

Wir haben ja jetzt schon häufiger beleuchtet, wie wichtig es für Lebewesen ist, die eigenen Gene weiterzugeben – und das möchte man natürlich möglichst mit dem perfekten Partner und nicht einfach mit »irgendjemandem«. Was machen Tiere also, um unerwünschte Schwangerschaften loszuwerden? Und wie verhindert man sie vielleicht sogar schon vorher?

Evolution und Gegenevolution spielen auch hier eine zentrale Rolle und prägen das Verhalten und die Biologie der Tiere. Der Alltag im Tierreich ist oft weit entfernt von der idyllischen Vorstellung von Bienchen und Blümchen. Sexuelles Verhalten bei Tieren ist nicht selten aggressiv und mit Zwang verbunden, der meist von den Männchen gegenüber den Weibchen ausgeübt wird. Weibliche Tiere haben daher verschiedene Strategien entwickelt, um sich gegen unerwünschte Paarungen zu wehren und die Kontrolle über ihre Fortpflanzungsbiologie zu behalten, sodass ihre Interessen gewahrt werden – einen Einstieg dazu hatten wir ja schon beim Kapitel über Evolution.

Verhalten, das wir Menschen als sexuelle Belästigung und Nötigung definieren würden, ist ein weitverbreitetes Phänomen im Tierreich. Männliche Tiere versuchen häufig, sich mit Weibchen zu paaren, selbst wenn diese nicht empfänglich oder interessiert sind. Diese Versuche können von ständiger Verfolgung bis hin zu gewaltsamen Übergriffen reichen. Zum Beispiel bedrängen männliche Enten Weibchen oft gnadenlos und zwingen sie zur Kopulation. Diese aggressive Verhaltensweise stellt für die Weibchen nicht nur eine physische Belastung dar, sondern kann auch tödlich enden – das hatten wir ja schon einige Kapitel vorher.

Sexuelle Gewalt im Tierreich

Sexueller Zwang trägt zwar dazu bei, die Fitness der Männchen zu erhöhen, ist aber für die Weibchen oft sehr kostspielig. Ein extremes Beispiel sind die Seeotter (*Enhydra lutris*). Eigentlich sehr süße Tiere, aber ihre Fortpflanzungsbiologie ist wirklich nichts für schwache Nerven, deshalb spreche ich hier eine Triggerwarnung aus. Es geht jetzt um sexuelle Gewalt – zwar nicht bei Menschen, ist aber dennoch ganz schön heftig.

Männliche Seeotter wurden schon häufig bei extrem gewaltsamen Kopulationen mit jungen weiblichen Seeottern beobachtet. Zu diesem Verhalten gehört, dass sie den Kopf des Opfers mit ihren Zähnen und Vorderpfoten packen, ihm das Gesicht blutig beißen und den Kopf des Weibchens so lange unter Wasser drücken, bis es ertrinkt. Teilweise paart sich das Männchen dann auch noch mit dem toten Körper. In einigen Fällen bewachen und begatten die Männchen die Leichen noch bis zu sieben Tage nach Eintritt des Todes. Es gibt auch Beobachtungen, nach denen männliche Otter mit Robbenjungtieren gewaltsam kopulieren und sie beim Akt ertränken. In einer Studie aus 2010 wurden die Verletzungen untersucht, die die Opfer dieser Paarungen davontragen. Zu den häufigsten gehören schwerste Kopfverletzungen, Verletzung oder Verlust der Augen, auch Genitaltraumata sind weitverbreitet und können zu Blutvergiftungen führen.

Die Frage ist nur: warum? Warum sind männliche Seeotter so unglaublich brutal, und warum paaren sie sich auch mit anderen Tieren? Die Forschenden vermuten, dass dies mit demografischen Veränderungen innerhalb der Seeotterpopulationen zusammenhängt. Ein zunehmendes Geschlechterungleichgewicht zwischen Männchen und Weibchen, das unter anderem durch eine hohe Sterblichkeitsrate der Weibchen verursacht wird, kann zu erhöhter Aggressivität und mehr erzwungenen Paarungsversuchen durch subdominante, nicht-territoriale Männchen führen. Diese Männchen, die innerhalb ihrer Art keine Partnerin finden, richten ihr Sexualverhalten auf junge Seehunde und andere verfügbare Tiere aus und lassen ihrer Frustration freien Lauf. So kann es zu Fehlpaarungen mit artfremden Tieren kommen.

Vorhin haben wir ja schon über See-Elefanten gesprochen, bestimmt erinnerst du dich an den Begriff Strandmeister, der seinen Harem verwaltet und beschützt. Diese Harems werden von den Bullen heftig umkämpft, das heißt, es kommen immer wieder andere männliche See-Elefanten und wollen dem Strandmeister die Weibchen streitig machen. Du musst dir vorstellen, dass so ein Strandmeister wirklich ein riesiges Tier ist. Ein Elefantenbulle kann fast sieben Meter lang und dreieinhalb Tonnen schwer werden. Zum Vergleich: Eine See-Elefantenkuh ist maximal dreieinhalb Meter lang und wiegt nur bis zu 900 Kilogramm. Der Größenunterschied zwischen den Geschlechtern ist also ziemlich ausgeprägt, was den Bullen einen unangenehmen Vorteil verschafft.

Will sich ein Bulle mit einer der Kühe paaren, legt er eine seiner mächtigen Vorderflossen auf sie und beißt ihr in den Hals. Das kennt man auch von Löwen, und da ist es oft zärtlich gemeint, aber bei den See-Elefanten kann das Vorspiel schon eine brutale Angelegenheit werden. Wenn die Kuh jetzt Interesse hat, rutscht er so ein bisschen auf sie drauf und vollzieht die Paarung, alles gut. Will die Kuh aber *nicht*, lässt sich der Bulle nicht abspeisen. Er nutzt dann den Vorteil seines um ein Vielfaches höheren Gewichts, wälzt sich so auf die Kuh, dass sie sich nicht mehr bewegen kann, und zwingt sie zur Paarung. Dabei kann es zu immensen Ver-

letzungen kommen, wenn die Kuh – vergleichsweise – klein und zierlich ist.

Die Größe der dominanten Bullen ist ohnehin ein Problem. An den Rändern der Kolonie versuchen die schwächeren Bullen ständig, sich mit den Kühen zu paaren, die eigentlich zum Strandmeister gehören. Das bedeutet, dass es fast fortlaufend zu Kämpfen kommt, bei denen sich die Bullen wild hin und her werfen. Das führt in Kombination mit den oft sehr heftigen Paarungen dazu, dass wirklich ein erheblicher Anteil der Jungtiere dabei, na ja, buchstäblich zerquetscht wird.

Man sieht also: Mit Romantik und Disney-Filmen hat die Partnerwahl und Fortpflanzung in der Natur nicht viel zu tun und könnte kaum weiter davon entfernt sein. Das alles hat eine andere Dimension, als wenn wir Menschen uns gegenseitig sexuelle Gewalt antun, die Motive sind häufig sehr anders gelagert. Ein Otter zwingt ein Weibchen nicht gewaltsam zum Akt, um es zu demütigen oder Machtfantasien auszuleben, Delfinmännchen zwingen sich den Weibchen nicht aus Hass auf, bei Menschen ist das bei solchen Taten jedoch oft der Fall. Die psychologischen Auswirkungen auf die Opfer lassen sich nicht seriös vergleichen. Die Lebensrealitäten, die Gefühle und die Psyche von Mensch und Tier sind manchmal ähnlich, meistens aber doch unterschiedlich gelagert. Dennoch, oder gerade deshalb, lesen wir solche Fakten mit enormer Beklemmung, weil wir das natürlich durch unsere Erfahrungs- und Gefühlswelt sehen. Wir lesen es mit unserer Definition von Sexualität, von Liebe, von sexueller Autonomie, von Machtmissbrauch, von Scham, während für Tiere die Problematik oft anders gelagert ist; beispielsweise liegt das Problem für eine Ente hier dann eher bei den möglichen körperlichen Verletzungen oder eben bei der Gefahr, sich nicht die idealen Gene für die dadurch entstehenden Nachkommen ausgesucht haben zu können. Da dies kein einfaches Thema ist und auch viele Menschen belastet, werde ich es bei diesen Beispielen belassen und schauen, welche Strategien die meist von sexuellem Zwang betroffenen Weibchen entwickelt haben, um die Kontrolle über die eigene Fortpflanzungsbiologie zu behalten.

Verhütung

Um sich vor unerwünschten Paarungen zu schützen und die Oberhand über die eigene Reproduktion zu behalten, haben weibliche Tiere verschiedene Strategien entwickelt. So sind einige von ihnen in der Lage, Spermien in speziellen Körperkammern zu speichern und sie erst dann zur Befruchtung freizusetzen, wenn die Bedingungen optimal sind – zum Beispiel einige Haie, Schildkröten, Fledermäuse oder Vögel wie der Haussperling (*Passer domesticus*). Diese Fähigkeit ermöglicht es den Weibchen, die Befruchtung zu verzögern und so die Kontrolle über den Zeitpunkt der Fortpflanzung zu behalten. Weibliche Libellen und einige Vogelarten können nach der Paarung das Sperma eines unerwünschten Partners ausscheiden. Libellenweibchen haben spezielle Strukturen an ihrem Genitaltrakt, mit denen sie unerwünschte Spermien herauskratzen.

Manchmal ist Flucht die beste Option, wenn zum Beispiel Delfinweibchen im flachen Wasser Schutz vor allzu aufdringlichen Männchen suchen. Manche Wasserschneckenweibchen können die chemische Zusammensetzung ihrer Schleimspur derart verändern, dass ihr Geschlecht verborgen wird. Bei einigen Libellenarten imitieren die Weibchen die Färbung der Männchen, um weniger attraktiv zu erscheinen. Ja, auch mir drängen sich die unangenehm offensichtlichen Parallelen zu uns Menschen auf.

Gelegentlich suchen Weibchen auch Schutz bei anderen Männchen. Elefantenkühe beispielsweise halten sich in der Nähe dominanter Bullen auf, um unerwünschten Paarungsversuchen zu entgehen. Weibchen verbünden sich auch untereinander, um gemeinsam gegen aggressive Männchen vorzugehen. Bei einigen Affenarten schließen sich Weibchen sogar zu regelrechten Gangs zusammen, um aufdringliche Männchen in Schach zu halten.

Elefantenkühe, die lange trächtig sind und sich nach der Geburt noch lange um ihre Jungen kümmern, können ihren Eisprung unterdrücken. Dieser Mechanismus wird aktiviert, wenn die Kühe unter Stress stehen, sei es durch Nahrungsmangel, Unruhen in der sozialen Gruppe oder Umweltveränderungen. Wenn also die Bedingungen für die Aufzucht eines Kalbes ungünstig sind, beispielsweise während einer Dürre, wird durch diese Strategie verhindert, dass es überhaupt zu einer Trächtigkeit kommt, womit die wertvollen Ressourcen des Muttertieres geschont werden.

Ein anderes Beispiel ist das Hausmeerschweinchen. Die kleinen Nager sind bekannt dafür, dass sie sehr anpassungsfähig sind und sich schnell vermehren. Aber auch sie haben einen Mechanismus entwickelt, um auf schwierige Umweltbedingungen zu reagieren. Verschlechtern sich die Bedingungen plötzlich, zum Beispiel durch Nahrungsmangel oder extreme Temperaturen, können trächtige Weibchen ihre Schwangerschaft abbrechen. Dieser Vorgang, auch *Embryoresorption* genannt, ermöglicht es den Weibchen, Energie zu sparen und auf bessere Zeiten zu warten, damit ihre Nachkommen höhere Überlebenschancen haben.

Pillen davor und danach: Über Verhütung und Abtreibungen beim Menschen

Nicht nur Tiere, auch wir Menschen verhüten natürlich. Der Zugang zu sicheren und wirksamen Verhütungsmitteln ist entscheidend für die Gesundheit und das Wohlergehen insbesondere von Frauen, da ungewollte Schwangerschaften und damit verbundene Komplikationen vermieden werden können. Selbstbestimmte Familienplanung eröffnet Frauen neue Bildungs- und Berufschancen und stärkt ihre wirtschaftliche Unabhängigkeit. Die Nutzung von Barrieren wie Kondomen oder Lecktüchern schützt zudem auch vor Infektionen, was sowohl für die individuelle als auch für die öffentliche Gesundheit wichtig ist. Die ganze Gesellschaft profitiert also von einem breiten Zugang zu Verhütungsmitteln. Welche Möglichkeiten zur Verhütung gibt es denn?

Verhütung 101

Fangen wir mit meinem Lieblingsverhütungsmittel an. Ich hatte bereits im Kapitel über sexuell übertragbare Krankheiten erwähnt, dass es an sich keine Raketenwissenschaft ist, ein Kondom überzuziehen. Und tatsächlich ist die Methode nicht neu. Schon in der Antike hat man Kondome als Verhütungsmittel genutzt, damals waren die Dinger noch Fischblasen oder Schafdärme. Heutzutage bestehen die meisten Kondome aus Latex, aber es gibt sie auch latexfrei und vegan. Es existieren verschiedene Geschmacksrichtungen, damit der Oralverkehr mundet. Hier eine Auswahl des Angebots: Apfel, Banane, Beeren, Minze, Pfirsich, Tutti-Frutti oder Vanille. Was mir an Kondomen besonders gut gefällt: Sie sind sicher. Also theoretisch. In der Wissenschaft gibt es ein standardisiertes Verfahren, um die *Effizienz* von Verhütungsmitteln vergleichen zu können. Dabei handelt es sich um den sogenannten *Pearl-Index*, der besagt, wie häufig es zu ungewollten Schwangerschaften kommt, wenn 100 Frauen ein Jahr lang ein bestimmtes Verhütungsmittel benutzen. Je niedriger der Wert, desto sicherer das Verhütungsmittel. Der Pearl-Index für Kondome liegt bei 2 – bei perfekter Anwendung. Anscheinend ist das Kondomüberziehen doch etwas Raketenwissenschaft, denn der tatsächliche Pearl-Index für Kondome liegt bei 15. Das bedeutet, dass 15 von 100 Frauen innerhalb eines Jahres ungewollt schwanger werden, obwohl sie (beziehungsweise ihre Sexualpartner) die ganze Zeit mit Kondomen verhüten, und der Grund hierfür ist eine unsachgemäße Verwendung.

Es gibt auch eine Art »Kondom« für die Vaginen, das *Diaphragma* heißt und ebenfalls als physische Barriere funktioniert. Bei Diaphragmen handelt es sich um flexible Scheiben, die vor dem Geschlechtsverkehr in die Vagina eingeführt werden, sodass der Gebärmutterhals abgedeckt wird. Das erfordert Übung, was der Pearl-Index zwischen 1 und 20 zeigt.

Dann gibt es natürlich noch die *Spirale*, die entweder über Hormone oder Metallionen dafür sorgt, dass eine ungewollte Schwangerschaft unwahrscheinlich wird. Spiralen müssen meist nach drei bis zehn Jahren gewechselt werden. Mit einem Pearl-Index unter 1 gelten sie allerdings als sicher, doch ist das Einsetzen und Entfernen oft nicht ganz trivial und, wenn es ohne Betäubung gemacht wird, was leider immer noch häufig der Fall ist, nicht selten schmerzhaft. Hier also am besten nach einer Behandlung mit Anästhesie fragen.

Noch sicherer ist natürlich die Sterilisation. Dabei werden entweder die Samenleiter (*Vasektomie*) oder auch die Eileiter durchtrennt beziehungsweise blockiert (*Tubenligatur*). Absolute Sicherheit gibt es im Falle der Vasektomie auch nicht, denn bei einer von 1.000 Operationen wachsen die durchtrennten Samenleiter wieder spontan zusammen, entsprechend liegt der Pearl-Index bei 0,1.

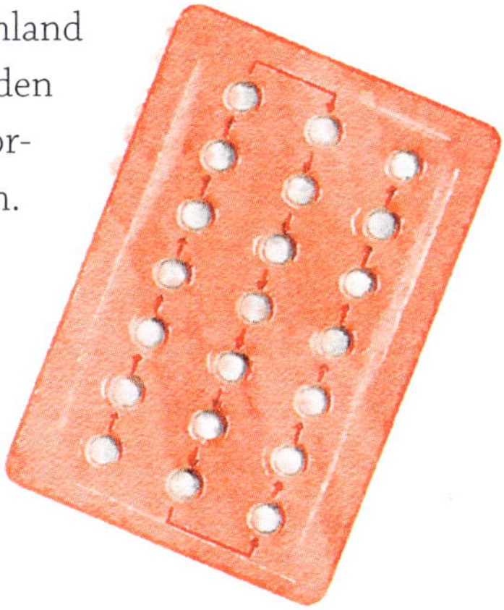

Am häufigsten werden in Deutschland jedoch hormonelle Verhütungsmethoden verwendet. Dazu zählen neben der Hormonspirale auch -pflaster oder -spritzen. Am populärsten ist die *Antibabypille*, wobei es hier auch Varianten gibt, wie beispielsweise die Minipille. Sie wird täglich eingenommen, enthält das Hormon *Gestagen* und beeinflusst damit den Zyklus. Der Pearl-Index bei perfekter Anwendung ist kleiner als 1, tatsächlich kann er aber auf 9 steigen, wenn etwa die tägliche Einnahme vergessen oder die Pille erbrochen wird. Die Pille kann Menstruationsbeschwerden lindern und das Risiko für Gebärmutterhalskrebs senken, andererseits gibt es eine lange Liste an Nebenwirkungen, wie Übelkeit, Gewichtszunahme, Depressionen, Libidoverlust, Brustschmerzen, Akne und, und, und. Außerdem steigt die Gefahr eines Blutgerinnsels an, und das besonders, wenn die einnehmende Person über 35 Jahre alt ist und raucht. Früher wurde die Pille häufig sehr schnell sehr jungen Frauen verschrieben, heute ist der Umgang damit aber differenzierter und die Aufklärung besser. Zudem gibt es modernere Präparate, wie die eingangs erwähnten Minipillen, die eine deutlich geringere Hormonkonzentration und dadurch auch weniger Nebenwirkungen haben können.

Die Entscheidung für oder gegen bestimmte Verhütungsmittel sei allen Leuten selbst überlassen. Wichtig ist aber die Verfügbarkeit von Verhütungsmöglichkeiten für alle und die Aufklärung darüber.

Eine ungewollte Schwangerschaft abbrechen

Was passiert, wenn die Bevölkerung eines Landes keinen weitreichenden Zugang zu (Informationen) der Reproduktionsgesundheit hat, zeigt sich vor allem im globalen Süden. Laut einer wissenschaftlichen Übersichtsarbeit wird beim Mangel an Bildung und Gesundheitsversorgung aus der Not heraus zu sehr rabiaten Methoden von Verhütung und Abtreibung gegriffen, beispielsweise zu Batteriesäure, Kleiderbügeln oder zerbrochenen Flaschen. Ein Abtreibungsverbot verhindert keine Abtreibungen, sondern nur sichere Abtreibungen.

In Deutschland sind Schwangerschaftsabbrüche über den Paragraf 218 des Strafgesetzbuches geregelt – und grundsätzlich strafbar. Ausnahmen bestätigen jedoch die Regel, und bis zu zwölf Wochen nach der Empfängnis gilt eine solche Ausnahme. Damit diese greift, muss vor dem Eingriff eine Schwangerschaftskonfliktberatung durchgeführt und dokumentiert worden sein, außer die Schwangerschaft resultiert aus einer Vergewaltigung. Wenn Leib und Leben der schwangeren Person gefährdet sind, darf ein Schwangerschaftsabbruch auch später als zwölf Wochen nach der Empfängnis noch legal durchgeführt werden. Die Kosten für den Eingriff übernimmt dann die Krankenkasse. Die Abtreibung kann bis zur neunten Schwangerschaftswoche medikamentös herbeigeführt werden, alternativ gibt es die Möglichkeit für einen chirurgischen Eingriff.

Laut Statistischem Bundesamt gab es im Jahr 2023 insgesamt 106.218 erfasste Schwangerschaftsabbrüche, und seit Jahren ist die Tendenz leicht steigend, wobei sich aus der Datenerhebung nicht auf die Gründe dafür schließen lässt. Dass Schwangerschaftsabbrüche theoretisch immer noch strafbar sein können, ist insofern ein Problem, weil es erstens zur weiteren Stigmatisierung beiträgt; aber das größere Problem liegt darin, dass es dann nur einen »Regimewechsel« braucht, in dem dann beispielsweise eine rechtskonservative Regierung festsetzt, dass das geltende Gesetz wieder durchgesetzt wird – und schon hat man ein echtes Problem. Daher ist es wichtig, diesen Paragrafen endlich abzuschaffen und den medizinischen Eingriff nicht nur straffrei, sondern wirklich legal zu gestalten. Um eine Schwangerschaft direkt nach der Empfängnis zu verhindern, gibt es noch die Pille danach. Diese Notfallverhütungspille kann – abhängig vom Einnahmezeitpunkt innerhalb des Menstruationszyklus – den nächsten Eisprung verzögern oder sogar ganz verhindern. Sie enthält eine hohe Dosis des Hormons Levonorgestrel oder den Wirkstoff Ulipristalacetat. Levonorgestrel unterdrückt den Eisprung, sodass keine Eizelle für eine Befruchtung zur Verfügung steht, wobei es auch die Befruchtung selbst verhindern oder die Einnistung der befruchteten Eizelle in die Gebärmutter erschweren kann. Die Substanz Ulipristalacetat wirkt ähnlich, und zwar, indem sie die Aktivität des Hormons Progesteron hemmt, das für die Vorbereitung der Gebärmutterschleimhaut auf die Einnistung der Eizelle notwendig ist. Die Pille danach ist am wirksamsten, wenn sie so schnell wie möglich nach dem ungeschützten Geschlechtsverkehr eingenommen wird – im Idealfall innerhalb von zwölf Stunden, sie kann aber auch noch bis zu 72 Stunden (Levonorgestrel) beziehungsweise 120 Stunden (Ulipristalacetat) danach eingenommen werden, wobei die aktuelle Phase des Menstruationszyklus entscheidend ist. Am wirksamsten ist sie in der ersten Zyklushälfte vor dem Eisprung. Hat der Eisprung bereits stattgefunden, ist die Wirkung der Pille danach deutlich eingeschränkt, da sie die Befruchtung oder Einnistung der bereits befruchteten Eizelle nicht zu 100 Prozent zuverlässig verhindern kann.

Bevor wir uns im nächsten Kapitel in das Leben stürzen, sei noch eine letzte Empfehlung zu Verhütung und Abtreibung gegeben. Laut einer wissenschaftlichen Übersichtsarbeit gibt es ein probates Mittel, um Stigmata abzubauen, die zu Verhütung (»Bist du verklemmt??«) und Abtreibung (»Willst du morden??«) existieren: Bildung! Insofern: prima, dass du dieses Buch liest.

ERBLICHKEIT

Eine Reise durch unsere Gene

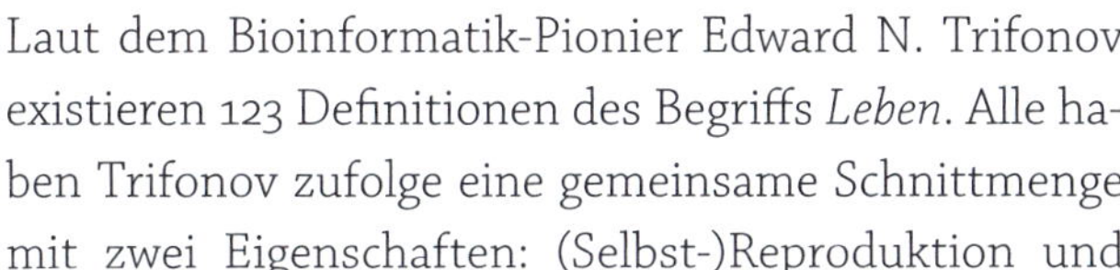

Laut dem Bioinformatik-Pionier Edward N. Trifonov existieren 123 Definitionen des Begriffs *Leben*. Alle haben Trifonov zufolge eine gemeinsame Schnittmenge mit zwei Eigenschaften: (Selbst-)Reproduktion und Evolution (Variation). Aber folgen wir hier mal der Biologie-Koryphäe Jasmin Schreiber, die Leben in ihrem Sachbuch *Abschied von Hermine* über die folgenden sieben Eigenschaften definiert:

1. **Fortpflanzung.** Lebewesen müssen sich selbstständig fortpflanzen können. Wie die Nachkommen erzeugt werden, variiert von geschlechtlicher Fortpflanzung etwa beim Menschen bis zur ungeschlechtlichen Fortpflanzung wie bei der Sprossung von Hefepilzen.
2. **Stoffwechsel.** Lebewesen nehmen Nährstoffe aus der Umwelt auf, erzeugen und verbrauchen Energie und scheiden Abfallprodukte aus.
3. **Selbstregulation.** Du denkst, du hast die Kontrolle über dein Leben verloren? Falsch! Als Lebewesen bist du in der Lage, bei kleinen Veränderungen wieder in einen Gleichgewichtszustand (*Homöostase*) zu gelangen. Beispiel: Es wird etwas wärmer, und dein Körper beginnt zu schwitzen, um die leicht angestiegene Körpertemperatur runterzukühlen.
4. **Vererbung.** In Deutschland wird ein Großteil des Reichtums vererbt. Sind reiche Leute deshalb bessere Lebewesen? Nein. Bei der Vererbung für die Definition von Leben geht es um Körpereigenschaften wie Haar- oder Augen-

farbe, die von Generation zu Generation weitergegeben werden. Dafür ist unser Erbgut (eine andere Art des Vermögens) zuständig.

5. **Reizbarkeit.** Klar, wir alle sind reizbar. Ich zum Beispiel, wenn ich gerade in Ruhe diesen Text hier schreiben will, wohingegen unsere Hündin Torvi eher der Meinung ist, sie müsse dringend gestreichelt werden, und mir deshalb mit einer Pfote ständig auf den Oberschenkel klopft. In Bezug auf die Definition von Leben ist eine andere Art der Reizbarkeit gemeint. Lebewesen können Umweltreize wahrnehmen – etwa ich das Klopfen von Torvis Pfote auf meiner Haut.
6. **Wachstum.** Hier könnte ich wieder zu einer Kapitalismuskritik ansetzen, aber Wachstum im biologischen Sinne meint, dass sich Lebewesen entwickeln können. Ein Baby wächst und entwickelt sich zum Kleinkind usw.
7. **Sterben**. Alles Leben ist vergänglich, damit müssen wir leben. Und sterben.

Diese sieben Eigenschaften des Lebens haben eine gemeinsame Grundlage: das Erbgut. Unser Erbgut ist sehr wichtig für Liebe, Sex und logischerweise auch Erblichkeit. Aber seit wann wurde das Erbgut wissenschaftlich erforscht, und wie sind unsere heutigen Vorstellungen von Fortpflanzung und Vererbung entstanden?

Der erste Genetiker war ein Erb(sen)zähler

Ein Name, der häufig fällt, wenn es um die Grundlagen der Vererbung geht, ist der des Priesters Gregor Mendel (1822–1884). *Moment mal*, denkst du jetzt vielleicht, *Mendel war Priester?* Ja, und als solcher züchtete er im Garten des Klosters von Brünn, im heutigen Tschechien, Erbsen. Die Priester unterrichteten an den Gymnasien in Brünn, aber Mendel bestand die Lehramtsprüfung nicht, obwohl er fleißig und schlau war. Eine mögliche Erklärung für sein Scheitern ist, dass er unter Prüfungsangst litt. Ich bin also nicht allein! Auch aus mir kann noch ein großer Erbsenzähler werden! Was die Statur betrifft, war Mendel nicht sonderlich imposant. Seine Körpergröße von 1,68 Meter und die Schuhgröße von 41 – darauf deuten aktuelle Analysen der sterblichen Überreste Mendels hin, die im Jahr 2021 exhumiert wurden – waren europäischer Durchschnitt zu der Zeit. Sein Hirnvolumen war wohl überdurchschnittlich groß, was nicht automatisch auf überdurchschnittliche Intelligenz schließen lässt, sondern sich eher ebenso faktisch interpretieren lässt wie die Schuhgröße. Jedenfalls wird es Mendel vom Abt des Klosters in Brünn gestattet, ein Studium an der Universität Wien zu beginnen. Dort hört Mendel Vorlesungen zu Botanik und Physik. In der Physik besuchte er Veranstaltungen von Christian Doppler (1803–1853), dem Entdecker des *Doppler-Effekts* – vermutlich hat Mendel hier gelernt, systematisch Experimente zu planen, genau zu beobachten und zu dokumentieren, um dann die Regeln der Statistik auf Messergebnisse anwenden zu können, so wie er es später bei seinen Erbsen tat. Davor scheiterte Mendel zum zweiten Mal an der Lehramtsprüfung, kehrte nach Brünn zurück und führte ab dem Jahr 1856 im Klostergarten genauestens geplante Experimente durch. Er ließ extra ein großes Gewächshaus bauen und begann damit, systematisch Erbsen zu kreuzen. Wie kreuzt man Erbsen? Man nimmt Blütenstaub einer Erbsenpflanze und gibt diesen auf die *Narbe* (den oberen Teil des Fruchtblattes) einer anderen Erbsenpflanze. Dann bilden sich Samen in den Schoten, die man im Frühling aussäen kann, damit diese innerhalb von drei bis vier Monaten prall gefüllte neue Schoten bilden. Bei den Erbsen gibt es natürliche Arten und innerhalb der Arten verschiedene Sorten, die das Ergebnis vorangegangener Züchtungen sind. Mendel kreuzte entweder verschiedene Arten miteinander oder verschiedene Sorten derselben Art und erfasste dann die Eigenschaften der nachfolgenden Erbsengenerationen. Für seine Kollegen wären diese Experimente vermutlich zu langweilig gewesen. Mendel analysierte in akribischer Kleinarbeit innerhalb von acht Jahren über 10.000 Erbsenpflanzen. Ehrgeiz statt Erbgeiz! Die große Zahl an Versuchen ermöglicht es ihm jedenfalls, Statistiken zu erstellen, wie häufig er bestimmte Kreuzungsergebnisse beobachten konnte. Mendel erkannte, dass bestimmte Zahlenverhältnisse bei gleichbleibenden Konstellationen der Kreuzungen immer wieder auftraten. Aus diesen Zahlenverhältnissen leitete der Priester allgemeingültige Gesetzmäßigkeiten (für Erbsen) ab, die wir heute aus Schulbüchern als die *Mendel'schen Regeln* kennen.

Nachdem er seine letzten Kreuzungsexperimente mit den Erbsen abgeschlossen hatte, brauchte Mendel noch fast zwei Jahre zur statistischen Auswertung der Versuchsergebnisse, um seine Regeln ableiten zu können. Dann war es so weit: Mendel stellte seine Ergebnisse der interessierten Öffentlichkeit außerhalb der Klostermauern vor. Es war ein klirrend kalter Abend im Februar des Jahres 1865. Die interessierte Öffentlichkeit bezifferte sich auf 45 Leute aus dem Naturforschenden Verein Brünn. Und mit dem Interesse war es bald dahin. Das Publikum war mindestens gelangweilt, wenn nicht gar abgeschreckt, von so vielen Zahlen und Wahrscheinlichkeitsrechnungen. Mendel erntete größtenteils gleichgültiges Schweigen und nur dünnen Applaus am Ende seines Vortrags. Immerhin wurde die Niederschrift seines Redemanuskripts ein Jahr später in den *Verhandlungen des Naturforschenden Vereines* in Brünn veröffentlicht. Es tut mir fast leid für Mendel, aber auch dieses Manuskript wurde von der interessierten Öffentlichkeit wie der Fachwelt gleichermaßen größtenteils ignoriert. Dabei wurden gedruckte Exemplare an über 100 wissenschaftliche Institutionen in ganz

Europa verschickt – ohne irgendeine Reaktion. Keine Likes, keine Kommentare, keine Abos. Mendel persönlich versendete einen Abdruck der Arbeit an den Botaniker Carl Wilhelm von Nägeli (1817–1891). Und der antwortete tatsächlich! Sollte sich jetzt alles zum Guten wenden und Mendel endlich die Anerkennung der Fachwelt erhalten, die ihm als eifrigster Erbsenzähler der Geschichte zustand? Nein, leider nicht. Und, Spoiler: Zu Lebzeiten sollte das nichts mehr werden mit dem Ruhm. Von Nägelis Antwortbrief war vermutlich auch nicht die Art von Zuspruch oder konstruktiver Kritik, die sich Mendel erhofft hatte. Nägeli meinte sinngemäß, dass Mendels Versuche mit den Erbsen doch sicherlich erst der Beginn seien. Nur zur Erinnerung: Zu diesem Zeitpunkt hatte der Mönch bereits mehr als 10.000 Erbsenpflanzen untersucht. Zehn-tau-send! Mendel ließ sich jedoch nicht entmutigen und führte weitere Kreuzungsexperimente mit anderen Pflanzenarten durch, darunter auch das Habichtskraut der Gattung *Hieracium*, was zu Jasmins Lieblingspflanzen gehört. Bei den Nachkommen der Habichtskraut-Kreuzungen beobachtete Mendel allerdings andere Zahlenverhältnisse. Was er nicht wissen konnte: Der Grund für diese unerwarteten Versuchsergebnisse war nicht, dass seine Regeln nicht stimmten. Der Grund war, dass sich Habichtskraut nicht nur durch Befruchtung fortpflanzen kann, sondern auch durch Jungfernzeugung, von der hatten wir es ja bereits mehrfach. Das ist frustrierend. Ich kann irgendwie verstehen, dass der Mönch im Jahr 1868 der Wissenschaft den Rücken kehrte, als er zum Abt des Klosters in Brünn gewählt wurde. Als Mendel 1884 an einem Nierenleiden starb, deutete nichts darauf hin, dass seine Kreuzungsexperimente mal in jedem Schulbuch erwähnt werden würden. Zumal nach seinem Tod, wie in dem Kloster üblich, alle seine Aufzeichnungen verbrannt wurden. Doch dann kam die Jahrhundertwende, und plötzlich griffen drei Botaniker unabhängig voneinander in ihren Kreuzungsexperimenten Mendels Arbeit wieder auf. Die Zeit schien reif wie die Erbsen zur Ernte, und mit einem Mal waren die Mendel'schen Regeln in aller Munde (zumindest wurde in der Fachwelt seither über Mendel gesprochen). Maßgeblich zur (Wieder-)Entdeckung der Mendel'schen Regeln trug der britische Biologe William Bateson (1861–1926) bei. Er übersetzte Mendels Arbeit ins Englische und bezog sich in mehreren Schriften auf dessen Erkenntnisse. Bateson war es auch, der den Begriff *Genetik* für die Vererbungslehre einführte.

Mendel wird von manchen als »Vater der Genetik« bezeichnet. Sicherlich war er seiner Zeit voraus. An der Universität hätten seine Forschungsergebnisse eher für Aufsehen gesorgt als innerhalb der Klostermauern oder vor den Mitgliedern des Naturforschenden Vereins in Brünn. Mendel erforschte als tapferer Einzelkämpfer das Dickicht der Erb(sen)lehre. Es war genial, wie er Kreuzungsversuche von Generation zu Generation neuer Erbsenpflanzen plante und deren Ausgang genau beobachtete. Das Konzept oder das Wort *Gen* war Mendel dabei vollkommen fremd, beides sollte erst über 20 Jahre nach Mendels Tod Eingang in die Forschungsliteratur finden. Als Namensgeber gilt der dänische Botaniker Wilhelm Johannsen (1857–1927). 1859, noch zu Lebzeiten Mendels, war Darwins *Über die Entstehung der Arten* erschienen, dessen deutsche Übersetzung Mendel genau gelesen hatte. Darwins Hauptwerk beschreibt, wie Tier- und Pflanzenarten entstehen und sich über die Generationen entwickeln. Den Prozess der Veränderung von Arten nennt man *Evolution* – mit der haben wir uns ja bereits ausführlich beschäftigt.

Wir befinden uns jetzt also am Beginn des 20. Jahrhunderts, in dem es zwar schon eine *Genetik* als Vererbungslehre gibt, aber noch niemand so recht weiß, woraus ein *Gen* eigentlich besteht. Um das zu erfahren, müssen wir uns ins zugige Tübinger Schloss begeben, und es wird ein bisschen eklig.

Von Eiterbinden und Lachssperma

Der Schweizer Mediziner Friedrich Miescher (1844–1895) forschte im Jahr 1869 in Tübingen an der chemischen Zusammensetzung von Zellen. Ihn trieb besonders die Frage um, aus welchen Stoffgruppen die Kerne von Zellen bestanden, die als Schaltzentrale für die ganze Zelle fungieren. Das Labor seines Chefs, des deutschen Arztes Felix Hoppe-Seyler (1825–1895), befand sich im Schloss Hohentübingen – *das nennt man dann wohl royale Forschungsbedingungen!* Miescher betrieb seine Kernforschung an weißen Blutzellen und musste irgendwie an menschliche Proben gelangen, die voll davon waren. Miescher dachte nach und fand eine naheliegende, wenn auch etwas eklige Lösung: Eiter! Also ließ er sich regelmäßig Eiterbinden aus der Tübinger chirurgischen Klinik liefern, kochte diese aus und isolierte die Zellkerne. Dann analysierte er die Stoffgruppen der Gemische. Bis dahin waren nur zwei Stoffgruppen bekannt: Eiweiße und Fette. Miescher wollte wissen, was sich sonst noch in den Zellkernen befand, und musste die Proben zunächst von diesen Stoffen befreien. Fette sind nicht wasserlöslich und waren deshalb gut von der wässrigen Probenlösung zu trennen. Um seine Eiterproben im nächsten Schritt vom Eiweiß zu befreien, waren nach den Kliniken nun die Schlachthäuser dran. Dort holte er Schweinemägen ab, aus denen er das Verdauungsenzym Pepsin isolierte, das Eiweiße abbauen kann. Mit der Kraft der Schweineverdauung reinigte Miescher also seine Proben von Eiweißen. Lecker! Nach zusätzlichen Waschungen in Pufferlösungen und Alkohol erhielt der Mediziner schließlich eine weiße, trübe

Substanz. Damit er die Zusammensetzung dieser Substanz besser aufschlüsseln konnte, nutzte Miescher ein technisches Verfahren, das zu dieser Zeit absolut innovativ war, nämlich die *Elementaranalyse*. Er fand damit in den Zellkern-Extrakten Kohlenstoff (C), Wasserstoff (H), Stickstoff (N), Sauerstoff (O) und Phosphor (P). Das war damals eine Sensation, Phosphor hatte noch niemand in organischem Material (also solchem der belebten Umwelt) nachgewiesen. Miescher hatte somit erstmals die Substanz der Zellkerne beschrieben! Kern im Lateinischen heißt *nucleus*. Miescher nannte die Substanz, die er in den Zellkernen fand, folglich *Nucleïn* (ausgesprochen: *Nuklei̲n*). Doch bevor er seinen Sensationsfund vom phosphorhaltigen Nuklein aus dem Zellkern veröffentlichen konnte, musste Miescher (als gewissenhafter Wissenschaftler) seine Ergebnisse unabhängig überprüfen. Konnte er phosphorhaltiges Nuklein neben Eiterbinden auch noch in anderen biologischen Proben finden? Über Umwege kehrte Miescher in seine Geburtsstadt Basel zurück, wo er habilitierte. Im Rhein fand er dann auch geeignete Proben, um Nuklein nachzuweisen: Lachssperma. Was Miescher nicht wissen konnte, ist, dass über 150 Jahre nach seiner Entdeckung Lachssperma immer noch als wichtige Kontrollprobe beim Arbeiten mit Erbgut dient. Als ich im Bachelorstudium erste Gentechnik-Praktika absolviert habe, war eine unserer Referenzproben für Nachweisreaktionen hochreines Erbgut aus Lachssperma (es hatte einfach die beste Qualität!). Miescher fand entsprechend auch im Lachssperma das Nuklein.

Noch im Jahr 1869 reichte er seine Arbeit *Ueber die chemische Zusammensetzung der Eiterzellen* zur Veröffentlichung ein. Darin beschreibt er die Bestandteile des Nukleins und wie es sich in den Proben nachweisen lässt. Nach zwei langen Jahren der Prüfung wurde Mieschers Arbeit schließlich veröffentlicht, und (theoretisch) alle Welt konnte über das Nuklein lesen. Faktisch passierte danach zunächst: nichts. Wie du schon weißt, sollte es noch bis zur Jahrhundertwende dauern, bis die Themen Vererbung und Genetik wieder in den Fokus des wissenschaftlichen Interesses rückten. Und so wurde fünf Jahre, nachdem Gregor Mendel seine bahnbrechenden Erkenntnisse nahezu unbemerkt veröffentlichte, ein weiteres später wegweisendes Manuskript erst einmal von der Fachwelt weitestgehend ignoriert. Mendel wurde Abt, Miescher richtete sein wissenschaftliches Interesse fortan auf Stoffwechselveränderungen während der Spermienproduktion beim Lachs. Du kannst selbst entscheiden, wer das bessere Los gezogen hat. Miescher starb im Jahr 1895. Von der Entdeckung des Nukleins bis hin zur Entschlüsselung der genauen Substanz des Erbguts sollte es noch 34 Jahre dauern.

Born with the DNA

In dem Jahr, in dem Friedrich Miescher in Basel zum ordentlichen Professor für Physiologische Chemie ernannt wird (1872), absolviert ein Rostocker Kaufmannssohn an der neu gegründeten Universität Straßburg einen Teil seines Medizinstudiums. Dort hört er viele Vorlesungen, und am meisten beeindruckt ihn ein Mann, dessen Assistent er gegen Ende seines Studiums werden wird. Bei dem Medizinstudenten handelt es sich um Albrecht Kossel (1853–1927). Den Mann, der Kossels Betreuer werden sollte und seinen wissenschaftlichen Werdegang bis hin zum Nobelpreis prägen würde, kennst du bereits. Es ist Felix Hoppe-Seyler, der schon Friedrich Miescher im Tübinger Schlosslabor betreut hatte. Wie es der Zufall will, führt Kossel die Arbeit Mieschers weiter. Zunächst postulierte der deutsche Mediziner Richard Altmann (1852–1900) im Jahr 1889, dass das Nuklein Eigenschaften einer organischen Säure besäße, wodurch der Begriff der *Nukleinsäure* geprägt wurde. Mit vielen Experimenten und chemischen Aufreinigungen zwischen 1885 und 1901 konnte Kossel schließlich vier *Basen* (kennst du vielleicht noch aus dem

Chemieunterricht als das Gegenstück zu Säuren) beschreiben, die Bestandteile der *Nukleinsäure* sein mussten. Das klingt jetzt eventuell etwas verwirrend. Es gibt eine Substanz im Zellkern von tierischen Zellen, die Nuklein heißt und eine Nukleinsäure enthält, die vier Nukleinbasen als Bestandteile hat? Richtig. Das Problem zu der Zeit war noch, dass ein weiterer Bestandteil des Erbguts genauso unbekannt war wie die chemische Verbindung zwischen den von Kossel entdeckten Basen und dem von Miescher beschriebenen Phosphor. Trotzdem war die Entdeckung der vier Basen so bahnbrechend, dass Kossel dafür alleine – ohne ihn also mit jemandem teilen zu müssen – den Nobelpreis für Physiologie oder Medizin im Jahr 1910 erhielt. Im selben Jahr forschte ein in Litauen geborener Mediziner in einem Biochemie-Labor (alle Biochemiker zu der Zeit waren eigentlich Mediziner) in New York an der Zusammensetzung der Nukleinsäure. Sein Name war Phoebus Levene (1869–1940). Levene war im Alter von 22 Jahren aufgrund des aufkommenden Antisemitismus aus Russland in die USA ausgewandert. Allerdings hospitierte Levene auch bei Kossel in Deutschland. In den USA fanden Levene und sein Team heraus, dass die Nukleinsäure einen Zucker mit Namen *Desoxyribose* enthielt. Die Entdeckung dieses Zuckermoleküls war kein plötzlicher Sensationsfund, sondern markiert das (glückliche) Ende einer langen, an Irrtümern und Erkenntnissen reichen Forschungsodyssee. So hatte sich Levene etwas voreilig darauf festgelegt, bei dem Zucker in der Nukleinsäure müsse es sich immer um eine *d-Ribose* handeln. Zwischen *Desoxyribose* und *d-Ribose* sind zwar nur ein paar Buchstaben unterschiedlich. Aber Levenes erster Favorit, die *d-Ribose*, sollte sich als ein Spezialfall herausstellen und die voreilige Festlegung für Levene etliche Jahre Mehrarbeit bedeuten. Im Jahr 1929 stand aber endlich fest, dass die *Desoxyribose* der Zuckerbestandteil der Nukleinsäuren ist, die wir heute als *Desoxyribonukleinsäuren* oder *DNS* kennen. In Anlehnung an das englische *deoxyribonucleic acid* ist auch im Deutschen die Abkürzung *DNA* gebräuchlich. Sehr gut, im Buch über *Liebe, Sex und Erblichkeit* haben wir endlich eine unserer Hauptfiguren eingeführt, meine Damen und Herren und alle dazwischen und außerhalb, ich präsentiere: die DNA! Es gibt da nur ein kleines Problem. 1929 weiß noch niemand, dass die DNA für Erblichkeit zuständig ist. Es wurde zu der Zeit generell angenommen, dass sich Eiweiße für das Übertragen von Erbinformationen viel besser eignen würden. Immerhin befand sich Miescher noch in der misslichen Lage, seine Zellkerne mit Schweinemägen behandeln zu müssen, um die ganzen Eiweiße loszuwerden. Bevor also herausgefunden werden konnte, dass die DNA für Erblichkeit verantwortlich ist, musste noch ein Mann die Bühne der Wissenschaftsgeschichte betreten, von dem der Nobelpreisträger Arne Tiselius (1902–1971) behauptete, er sei die Person, die den Nobelpreis am meisten verdient, aber nie erhalten hätte. Die Rede ist von Oswald Avery (1877–1955), der tatsächlich über knapp 30 Jahre immer wieder zu den Favoriten (beziehungsweise Nominierten) für den Nobelpreis zählte und dabei stets leer ausging. Wie kam es dazu? Avery war ein kanadisch-amerikanischer Mediziner, und das Experiment, das er 1944 mit seinem Team am Rockefeller Center in New York City durchführte, war (wie die meisten genialen Experimente) gut überlegt und recht simpel. Er forschte an *Pneumokokken*, kornförmigen Bakterien, die eine Lungenentzündung auslösen können. Avery baute seinen Versuch auf Entdeckungen von Frederick Griffith (1877–1941) auf, der 1928 wiederum die Ergebnisse eines Experiments publizierte, das später nach ihm selbst das Griffith-Experiment genannt wurde. (Wie cool ist das, wenn ein Experiment mit deinem Namen in die Geschichte eingeht?! Ich frage mich, was das Adlung-Experiment sein könnte.) Griffith jedenfalls zeigte, dass tote (weil abgekochte) Streptokokken ihre giftigen Eigenschaften an andere lebende Streptokokken übertragen können, die ohnedies eigentlich ungefährlich sind.

Es gab also eine Substanz in den abgetöteten Streptokokken, die deren Eigenschaften (Giftigkeit) auf andere Streptokokken übertragen (vererben) konnte. 16 Jahre lang ging die Fachwelt davon aus, bei dieser Erbsubstanz würde es sich um Eiweiße handeln. Generell gab es aber vier naheliegende Stoffklassen: Neben den Eiweißen kamen auch Zucker, Fette und die Nukleinsäuren infrage als Substanzen, die Eigenschaften eines Lebewesens (in dem Fall ein Bakterium) auf ein anderes (Bakterium) übertragen konnten. Avery wiederholte 1944 gewissermaßen das Griffith-Experiment, versetzte aber den Sud in jeder Gruppe mit je einem Verdauungsenzym, das je eine Stoffklasse zersetzen konnte, und überprüfte dann, in welcher Gruppe die giftigen Eigenschaften noch auf die harmlosen Streptokokken vererbt werden konnten. Und diese Erbsubstanz war (Trommelwirbel, obwohl, du weißt es ja schon) – die Nukleinsäure, aka DNA. Das Experiment war die *extrem aufregende Entdeckung (…) eines Gens in Form von DNA*, wie Macfarlane Burnet (1899–1985), australischer Immunologe und späterer Nobelpreisträger, berichtete, der kurz vor der Veröffentlichung der Versuchsergebnisse Averys Labor besucht hatte. Wie du schon weißt, war die Fachwelt leider nicht ganz so begeistert und restlos überzeugt von Averys Veröffentlichung. Für einen Nobelpreis sollte es nicht reichen. Immerhin erhielt er eine Goldmedaille von der New Yorker Medizinakademie. Seit 1944 wissen wir also, dass die DNA das Molekül ist, aus dem die Gene bestehen und das für die Erblichkeit verantwortlich ist. Was wir zu diesem Zeitpunkt jedoch noch nicht wissen, ist, wie die DNA aufgebaut ist.

Rosalind Franklins Entdeckung der DNA-Struktur

Die Entdeckung der DNA-Struktur ist für mich das wichtigste wissenschaftliche Ereignis in der zweiten Hälfte des 20. Jahrhunderts. 1962 erhielten Francis Crick (1916–2004), James

Watson (*1928) und Maurice Wilkins (1916–2004) den Nobelpreis für Physiologie oder Medizin für *ihre Entdeckungen bezüglich der molekularen Struktur von Nukleinsäuren und deren Wichtigkeit für die Informationsübertragung in lebendigen Materialien*. Wer in diesem Trio fehlte, war Rosalind Franklin (1920–1958), denn verdient hätte die britische Chemikerin die Auszeichnung mindestens ebenso wie ihre männliche Kollegen. Doch Franklin war 1962 bereits mehr als vier Jahre tot. Und ob sie als Frau diesen Nobelpreis wirklich erhalten hätte, wenn sie nicht im Jahr 1958 plötzlich an Eierstockkrebs gestorben wäre, lässt sich nicht zweifelsfrei beantworten. Aber ich möchte dir die Geschichte von Rosalind Franklin erzählen: Es ist die Geschichte der Frau, die – auch wenn sie keinen Nobelpreis dafür erhielt – die Struktur der DNA entdeckte.

Rosalind Franklin wurde 1920 in London geboren. Sie entstammte einer wohlhabenden, einflussreichen Familie assimilierter Jüd:innen und genoss eine erstklassige Ausbildung, erst auf einer Privatschule, dann auf einem Mädcheninternat. Später studierte Franklin Chemie in Cambridge, wo sie 1941 mit Auszeichnung abschloss. Das ist eine kleine Sensation, denn offizielle Bachelor- oder Master-Titel wurden in Cambridge an Frauen erst ab 1947 vergeben. Nach dem Studium arbeitete Franklin zunächst ein Jahr lang im Forschungslabor des späteren Chemie-Nobelpreisträgers Ronald Norrish (1897–1978). Der hatte eine schwierige Persönlichkeit, war starrsinnig, nicht kritikfähig und überdies alkoholabhängig. Franklin verließ das Labor von Norrish nach einem Jahr wieder und startete in Cambridge eine Forschungsarbeit bei der *British Coal Utilisation Research*

Association, einer Vereinigung zur Erforschung von Kohle. 1945 bekam Franklin ihren Doktortitel von der Universität in Cambridge verliehen für die Arbeit an den physikalisch-chemischen Eigenschaften der Struktur von Kohle. Nach dem Ende des Zweiten Weltkriegs ging sie nach Paris und lernte dort die Anwendung der Röntgenkristallografie, und zwar von Jacques Mering (1904–1973), der diese Methode zur Erforschung der Struktur von Lehm anwandte. Dabei ist die konkrete Anwendung der Technologie gar nicht so wichtig, es zählt eine innovative Methode an sich. Das Erlernen der Röntgenkristallografie war entscheidend für Franklins spätere Entdeckung der DNA-Struktur. 1950 erhielt sie ein dreijähriges Forschungsstipendium für das King's College in London. Dort wies sie der Direktor der Biophysik-Abteilung, John Randall (1905–1984), einem Projekt zur Erforschung der DNA-Struktur zu. Franklin war zu der Zeit die einzige Person am King's College, die die nützliche Technologie der Röntgenkristallografie beherrschte. Randall war ein renommierter Physiker, erfolgreich im Einwerben von Forschungsgeldern und beim Rekrutieren von jungen Talenten wie Franklin. Dabei verstand er Forschungsfragen immer als Herausforderungen, die nur durch das Zusammenwirken verschiedener Fachrichtungen bearbeitet werden können. Im Fall der DNA-Struktur war das ein interdisziplinäres Projekt der Biologie, Chemie und Physik. In seiner Kommunikation der Verantwortlichkeiten und Zuständigkeiten innerhalb des Projekts beging Randall jedoch einen folgenreichen Fehler. Eigentlich sollte Franklin nämlich an Eiweißen und Fetten arbeiten, doch Randall versetzte sie zu einem Projekt über DNA. Außerdem wies er ihr einen Assistenten zu, den Doktoranden Raymond Gosling (1926–2015). Dieser wurde bis dahin von Maurice Wilkins, dem späteren Nobelpreisträger, betreut. Während Franklin von Randall vermittelt bekam, dass sie mit Gosling allein an der DNA-Struktur forschen sollte, ging Wilkins davon aus, dass Franklin ihm unterstellt sei, sodass er seine eigene DNA-Forschung weiter vorantreiben konnte. Dieses Missverständnis führte von Beginn an zu Spannungen zwischen Franklin und Wilkins. Letzterer tat sich schließlich mit Watson und Crick zusammen. Die beiden waren eher Theoretiker. Sie machten sich laut und selbstbewusst Gedanken über die Struktur der DNA, bauten Modelle aus Pappe und Drähten, aber führten selbst keine Messungen durch, um ihre Theorien zu überprüfen. Lieber schauten sie sich anderweitig nach Bestätigung ihrer Modelle um. Franklin hingegen bevorzugte die Empirie und lehnte theoretische (oder von Watson und Crick gebaute) Modelle ab, solange nicht genügend qualitativ hochwertige Daten gesammelt waren, um diese zu beweisen.

Deshalb konzentrierten sich Franklin und ihr Doktorand Gosling zunächst darauf, die Röntgenaufnahmen der DNA zu verbessern. Dazu brauchte es einerseits exzellentes Probenmaterial. Dieses bezog Gosling vom Schweizer Chemiker Rudolf Signer (1903–1990), der die DNA aus der Thymusdrüse von Kälbern gewann und verschickte. Trotz hervorragender Güte sieht so eine DNA-Probe letzten Endes aus wie ein bisschen »Rotz«. Auch die Aufnahmetechnik der Röntgenkristallografie wurde von Franklin und Gosling (samt Hinweisen von Randall) weiter verbessert, sodass die Aufnahmen weniger Hintergrundrauschen aufwiesen.

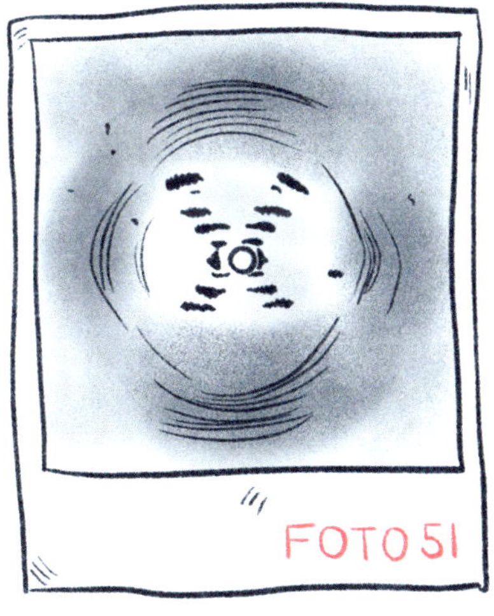

Das Ergebnis vieler Versuche, Verbesserungen und der endlos dauernden Bestrahlung war das *Foto 51*. Die Röntgenkristallografie-Aufnahmen wurden von Gosling und Franklin chronologisch durchnummeriert. Übrigens konnte die Bestrahlung der DNA mit den Röntgenstrahlen über 60 Stunden dauern – falls du dich fragst, wie lang es damals brauchte, 51 Röntgenfotos aufzunehmen. *Foto 51* ging in die Geschichte ein als die bis dahin beste Röntgenaufnahme von DNA. Damit stellt es für mich die eigentliche Entdeckung der DNA-Struktur dar. Denn hier nun konnten Gosling und Franklin erstmals sehen, was sich als Doppelhelix interpretieren ließ. Die Aufnahme erlaubte sogar die Berechnung einiger Abstände und Winkel im Molekül. Es spricht für Franklin als Wissenschaftlerin, dass ihr dieses überzeugende Abbild der DNA (noch) nicht genügte. Sie wollte direkt weiterforschen und Experimente durchführen, die das Foto 51 bestätigten. Und nun passierte das Unerhörte: Watson und Crick bekamen sowohl die noch unveröffentlichte Aufnahme vom Foto 51 zu sehen wie auch einen internen Zwischenbericht, den Franklin geschrieben hatte, in dem sie ihre Daten zusammenfasste. *Wie* genau Watson und Crick Kenntnis davon erhielten, wird sich nicht mehr zweifelsfrei rekonstruieren lassen. *Dass* Watson und Crick auf die Ergebnisse von Franklin angewiesen waren, bestreitet niemand, auch die beiden selbst nicht. Das Fehlverhalten der beiden Herren ist umso schlimmer, weil sie Rosalind Franklin die Anerkennung verwehrten, die für eine Wissenschaftlerin zu der Zeit enorm wichtig gewesen wäre. Denn Frauen wurden damals in der Wissenschaft noch stärker systematisch benachteiligt als heute, und die Auszeichnung Franklins hätte Symbolkraft und Vorbildwirkung besessen. Ich bleibe dabei: Für mich hat Rosalind Franklin die Struktur der DNA entdeckt. Ihre Person auf diese eine wissenschaftliche Sensation zu reduzieren, griffe jedoch viel zu kurz. Franklin hat auch essenziell zum besseren Verständnis der Molekularstruktur von Kohle beigetragen und nach ihrer Zeit am King's College zu Tabakmosaikviren geforscht. So steht auf Franklins Grabstein in London die Inschrift: *Ihre Forschungen und Entde-*

ckungen über Viren sind für die Menschheit von bleibendem Nutzen. Darüber befindet sich – abgesehen von ihrem Namen und dem Namen ihrer Eltern – nur ein einziges Wort. Es beschreibt ihren Beruf und ihre Berufung. Rosalind Franklin war ein Vorbild als: *Scientist*.

Henrietta Lacks ist unvergessen und unsterblich

Als Nächstes möchte ich dir von Henrietta Lacks (1920–1951) erzählen. Die US-Amerikanerin wurde im Jahr 1920 geboren (wie Rosalind Franklin) und starb im Jahr 1951 an Gebärmutterhalskrebs. Heutzutage gibt es eine Impfung, die genau davor schützt, das hatten wir ja bereits besprochen, aber die zugrundeliegende Forschung kam für Lacks zu spät. Dennoch ist Henrietta Lacks unsterblich, und sie bleibt unvergessen.

Lacks war Afroamerikanerin, und ihr kam nicht die gleiche medizinische Versorgung zugute wie weißen Menschen in den USA zu dieser Zeit. Das Sachbuch *Die Unsterblichkeit der Henrietta Lacks* der Wissenschaftsjournalistin Rebecca Skloot zeichnet diese Geschichte nach und wurde nach Erscheinen im Jahr 2009 direkt zu einem weltweiten Bestseller. In Baltimore, Maryland, war die sogenannte *Rassentrennung* in den 1950er-Jahren Gesetz. In öffentlichen Krankenhäusern wurde erwartet, dass *Black, Indigenous and People of Color (BIPoC)*, also nichtweiße Menschen, das professionelle Urteil von Weißen nicht infrage stellten. Viele BIPoC waren froh, wenn sie *überhaupt* behandelt wurden. Diskriminierung war an der Tagesordnung.

Die Vorfahren von Henrietta Lacks waren noch Sklaven auf einer Tabakplantage gewesen, Lacks selbst entstammte ärmlichen Verhältnissen. Als sie 1951 im Alter von 30 Jahren, wenige Monate nach der Geburt ihres fünften Kindes, starke Unterleibsschmerzen und Blutungen nicht mehr aushielt und sich untersuchen ließ, vermutete ihr Hausarzt zunächst die Syphilis.

Doch die Tests waren negativ, und so wurde Lacks ins Johns-Hopkins-Krankenhaus von Baltimore überwiesen, eines der wenigen Krankenhäuser im Umkreis, das BIPoC behandelte. Lacks wurde eine Gewebeprobe (*Biopsie*) entnommen, und bald herrschte Klarheit über ihre Diagnose: Gebärmutterhalskrebs. Lacks erhielt daraufhin eine Radiumbehandlung sowie Bestrahlung. Radium ist ein radioaktives Element. Die Radiumbehandlung vertrug sie gut, klagte über keine der üblichen Nebenwirkungen, wie Erbrechen oder Blutarmut. Die Bestrahlung setzte ihr jedoch sichtlich zu, die behandelten Stellen auf der Haut von der Brust bis zum Becken waren tiefschwarz verbrannt. Lacks sagte dazu: *Es fühlt sich an, als wäre auch da [in meinem Körper] drin alles schwarz.* Ihr Zustand verschlechterte sich rapide, und sie starb nicht mal ein Jahr nach der Diagnose im Alter von nur 31 Jahren. Der Krebs war besonders aggressiv. Eine Frage, die sich aufdrängt: Hätte Henrietta Lacks dasselbe Schicksal ereilt, wäre sie weiß gewesen?

Das Vorgehen mit Biopsie, Radiumbehandlung und Bestrahlung war damals Standard – für *weiße Frauen*. Allerdings belegen zahlreiche Untersuchungen, dass BIPoC erst in viel späteren Krankheitsstadien behandelt wurden und ihre Sterblichkeit (deshalb) höher war als bei Weißen. Wie wenig Mitgefühl kranken BIPoC in dieser Zeit entgegengebracht wurde, zeigt sich auch daran, dass ihnen im Vergleich zu Weißen weniger Schmerzmittel verschrieben wurden. Diese Tatsachen allein sind es wert, darüber zu berichten. Doch inwieweit ist Henrietta Lacks unsterblich?

Nun, das liegt an der Biopsie, die bei ihrer Untersuchung

entnommen wurde, um eine Diagnose zu stellen. Die Zellen aus der Gewebeprobe wurden nämlich im Labor mit Nährlösungen in eine Petrischale gegeben im Versuch, sie zu kultivieren. Damals arbeitete man konzentriert daran, menschliche Zellen in der Petrischale im Labor zu vermehren, was jedoch nicht recht gelang. Egal, welche Nährlösungen und Zellen man zusammentat, kurze Zeit später war alles tot. Nicht so bei den Zellen von Henrietta Lacks: Sie starben nicht, im Gegenteil, sie vermehrten sich von Tag zu Tag, gewissermaßen leben sie noch heute. Das war 1951 eine Sensation in der medizinischen Forschung! Solche Zellen sind deshalb so wertvoll, weil man mit ihnen Experimente machen kann, die mit lebenden Menschen mindestens sehr teuer, wenn nicht gar gänzlich unmöglich wären. Wenn die Experimente (wie so oft, ich spreche da aus leidvoller Erfahrung) nicht funktionierten, war das kein großes Problem, denn man konnte einfach auf den Vorrat der schnell wachsenden Zellen von Henrietta Lacks zurückgreifen und neue vermehren.

Die Krebszellen von Henrietta Lacks vermehrten sich also nicht nur in ihrem Körper, sondern auch außerhalb davon, in einer Petrischale im Labor, wo sie eine sogenannte *Zelllinie* bildeten: *HeLa,* nach ihrer Spenderin. HeLa-Zellen sind seither ein weitverbreitetes Standardmodell in der medizinischen Forschung, denn sie konnten in allen Laboren der Welt vermehrt werden. Das gab es bis dahin noch nicht. Plötzlich hatte die Wissenschaft mit den HeLa-Zellen eine Referenz, um Forschungsergebnisse vergleichbar zu machen. Wirkstoffe konnten charakterisiert werden, indem ihr Effekt auf das Wachstum und die Vermehrung der HeLa-Zellen im Labor gemessen wurde. In über 100.000 wissenschaftlichen Veröffentlichungen fanden die HeLa-Zellen Eingang. Obwohl ich nicht an Gebärmutterhalskrebs forsche, habe selbst ich im Labor bereits mit Zellen von Henrietta Lacks gearbeitet. Durch diese Zellen haben wir Grundlegendes über Tumorbiologie gelernt, neue Medikamente konnten entwickelt und standardisiert getestet werden (unter anderem Brustkrebstherapien und der Polioimpfstoff), Firmen auf der ganzen Welt verkaufen eingefrorene HeLa-Zellen. Doch so positiv das alles auch klingt, es gibt ein gravierendes Problem an der Sache: Niemand hatte Henrietta Lacks darüber aufgeklärt, dass ihrer Gebärmutter Zellproben entnommen wurden, oder sie gar gefragt, ob sie der Entnahme und Verwendung ihrer Zellen zustimme. Dass sie darüber hinaus als Patientin nur unzureichend über Diagnose und Behandlung informiert und ihr beispielsweise auch nicht mitgeteilt wurde, dass die Behandlung sie unfruchtbar werden ließ, zeigt sich auch daran, dass sie im Laufe der Therapie einen Arzt fragte, wann es ihr wieder so gut gehen würde, dass sie ein weiteres Kind bekommen könnte.

In den 1950er-Jahren war nicht absehbar, dass HeLa-Zellen zu einem neuen Standard der medizinischen Forschung werden würden. Das Thema zeigt Probleme im wissenschaftlichen und wirtschaftlichen Umgang mit Zellspenden auf, besonders vor dem Hintergrund, dass Lacks eine afroamerikanische Frau war. Die HeLa-Zellen wurden nicht nur zu einer Forschungssensation, sondern im Nachhinein auch zu einem Verkaufsschlager. Und hier folgt Teil 2 des Problems.

Biotechnologieunternehmen verdienten – und verdienen noch immer – jede Menge Geld mit dem Verkauf der HeLa-Zellen. Schätzungen zufolge beläuft sich der Umsatz auf einige Milliarden Euro. Die Frage ist, ob Henrietta Lacks beziehungsweise ihre Nachkommen finanziell beteiligt werden sollten, wenn HeLa-Zellen verkauft werden. Mit dieser Frage beschäftigte sich seit 2021 ein US-Gericht. Im August 2023 kam es zu einer außergerichtlichen Einigung im Rechtsstreit zwischen einem US-Biotechnologieunternehmen und der Familie Lacks. Über die Details der Einigung wurde Stillschweigen vereinbart. Durch die außergerichtliche Einigung ist es jedoch wahrscheinlicher geworden, dass weitere derartige Gerichtsverfahren zu ähnlichen Fällen folgen. Neben der wirtschaftlichen Komponente gibt es bei dem Umgang mit den HeLa-Zellen aber auch eine ideelle und moralische Dimension, die wir uns jetzt anschauen werden.

Genet(h)ik: Wie wir mit Erbgutinformationen umgehen sollten

Rebecca Skloots Buch setzte im Jahr 2009 eine Debatte über Wissenschaftsethik in Gang, die vier Jahre später nochmals Fahrt aufnahm, als die Erbinformationen der HeLa-Zellen veröffentlicht wurden, die Rückschlüsse auf das Erbgut von Henrietta Lacks und ihren Nachkommen zulässt. Die Frage ist: Wem gehören die HeLa-Zellen, und wer hat das Recht, die Erbgut-Informationen zu verwenden? Erst seit den 2000er-Jahren existierten die technischen Möglichkeiten, das Erbgut in Gänze zu bestimmen. Rechtlich betrachtet befand man sich 2013, als die HeLa-Erbgut-Informationen veröffentlicht wurden, in einer Grauzone. Die Familie Lacks hatte vor der Veröffentlichung der Erbgut-Informationen zwar immer wieder Bedenken geäußert. Doch in den USA galt die Rechtslage, dass Personen Besitzrechte ihrer Zellproben verlieren, wenn sie diese der Forschung zur Verfügung stellen. Gerichtsurteile räumten diesen Personen dann jedoch mitunter eine gewisse Form der Kontrolle über die Proben ein, etwa die Möglichkeit, die Proben zurückzufordern oder den Anspruch auf ihre Zerstörung. Der Fall Lacks ist jedoch um einiges komplizierter, denn hier gab es nie eine Einverständniserklärung, die Proben überhaupt zu entnehmen, und nun sind es Verwandte und Nachkommen von Henrietta Lacks, die Forderungen stellen, außerdem sind die Zellproben schon weltweit vermehrt worden: HeLa-Zellen können weder zurückgefordert noch zerstört werden. Bezüglich des Erbguts einer im Labor vermehrten Zelllinie war jedoch niemand mehr rechtlich dazu verpflichtet, das Einverständnis der Familie einzuholen, um die Informationen der HeLa-Zellen veröffentlichen zu können. So erschien die wissenschaftliche Veröffentlichung ohne Zustimmung der Lacks-Familie, sehr zu deren Unmut. Zumindest befand sich in derselben Ausgabe des wissenschaftlichen Journals, in der auch das HeLa-Erbgut veröffentlicht wurde, eine umfassende Einordnung von rechtlichen und ethischen Aspekten sowie weitere Artikel zum Thema. In einer Schlussfolgerung wird auch Rebecca Skloot zitiert, die den Fall mit ihrem Buch erst ins Rollen gebracht hatte: *Die Veröffentlichung der HeLa-Erbgut-Informationen ohne vorherige Zustimmung ist kein Beispiel dafür, dass einzelne Wissenschaftler einen Fehler begehen. Das ganze [Wissenschafts-]System hat [diesen Fehler] ermöglicht.* Wäre es besser gewesen, die Angehörigen vorher um Erlaubnis zu bitten? Ethisch und moralisch wäre es sicherlich geboten gewesen. Der wahrscheinlich zu erwartende Widerspruch der Familie hätte allerdings nicht verhindert, dass ein anderes Team die HeLa-Zellen bestellt, deren Erbgut analysiert und die Ergebnisse veröffentlicht. Der Vorgang war rechtlich legal und wissenschaftlich sowie wirtschaftlich vergleichsweise leicht darstellbar. Trotzdem verstehe ich auch das Argument, dass hier versäumt wurde, ein Zeichen zu setzen, für Rechte von Patient:innen sowie deren Hinterbliebene im Allgemeinen und für BIPoC im Besonderen. Zunächst wurde einer Schwarzen Frau Unrecht getan, als ihre Zellen ungefragt entnommen wurden. Dann wurde der Familie erneut Unrecht getan, als sie nicht finanziell am wirtschaftlichen Gewinn beteiligt wurde, der mit den HeLa-Zellen erzielt worden ist. Bei der Veröffentlichung der Erbgut-Informationen wurde darüber hinaus eine wertvolle Chance vertan, ein Zeichen zu setzen und den BIPoC Sichtbarkeit zu verleihen. Jasmin und ich möchten Henrietta Lacks hier würdigen als eine Frau, ohne die das Leben ungezählter Menschen nicht hätte gerettet werden können. Auch deshalb ist Henrietta Lacks unsterblich.

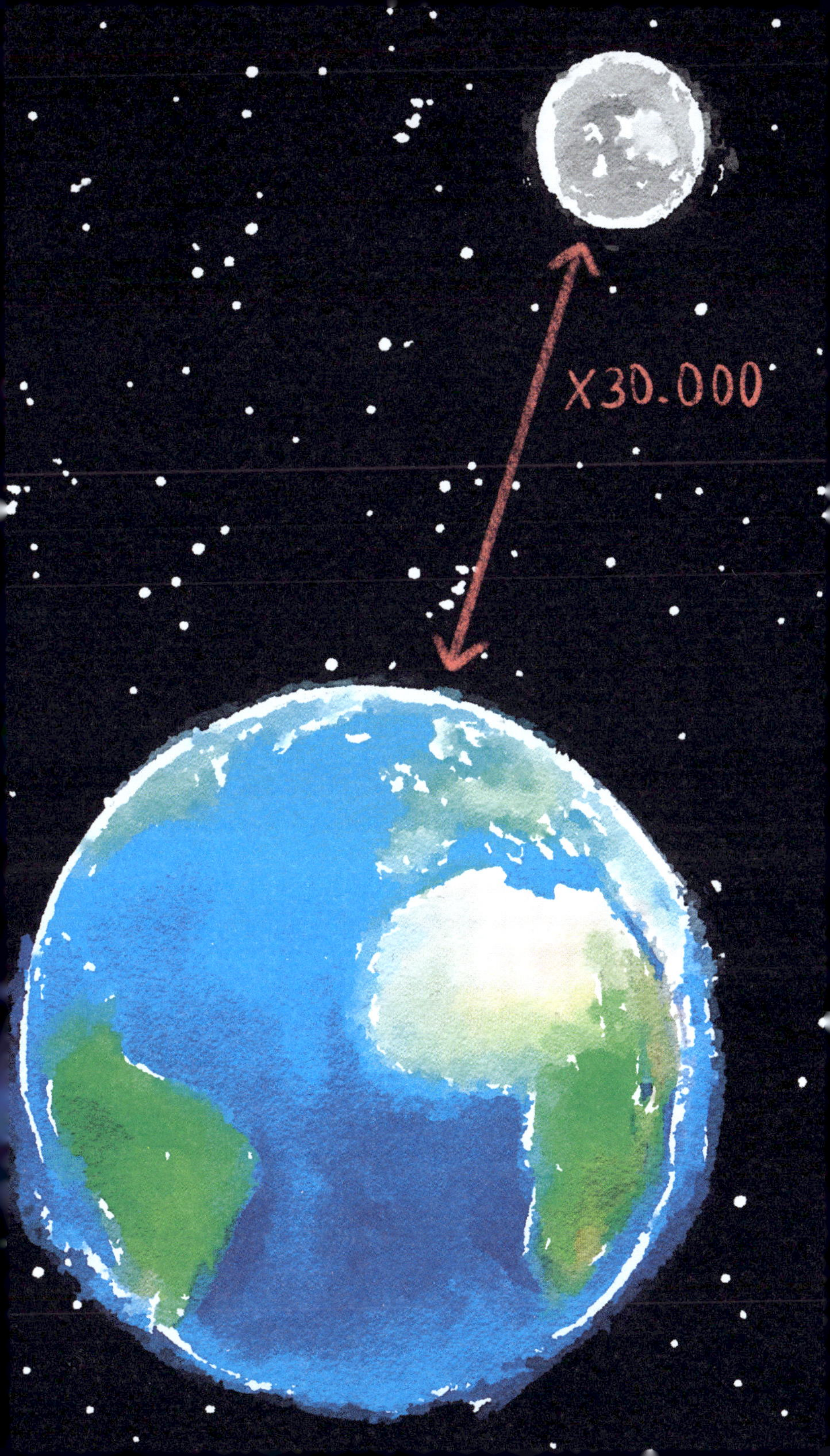
X30.000

Der Länge nach: Über Chromosomen

Die DNA, die sich in jedem einzelnen Zellkern unserer Körperzellen ansammelt, ist etwa zwei Meter lang (pro Zellkern!). In Summe ergibt die Länge der DNA aller Körperzellen eine Strecke von der Erde bis zum Mond und zurück, und zwar mehr als 15.000 Mal. Die enorm dichte Anordnung der DNA im Zellkern konnte bereits im 19. Jahrhundert beobachtet werden, als noch nicht bekannt war, dass DNA die eigentliche Erbinformation enthält. Die kompakte Anordnung hat einen Namen. Im Biologieunterricht in der Schule wirst du den Begriff *Chromosomen* schon einmal gehört haben, dort werden sie besprochen als die Organisationsstrukturen unseres Erbguts. Chromosomen sind grob X-förmige Gebilde bestehend aus DNA und Eiweißen. Die X-Form der Chromoso-

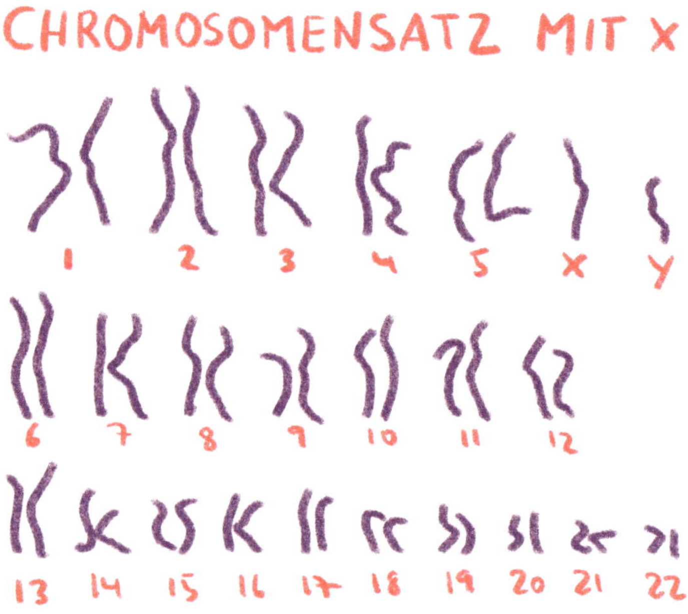

CHROMOSOMENSATZ MIT XY

men kommt dadurch zustande, dass es zwei Hälften gibt, die die beiden X-Beine bilden und irgendwo auf halber Höhe miteinander verknüpft sind. Die Hälften werden *Chromatide* genannt. Jedes menschliche Chromosom kommt in Paaren vor. Insgesamt gibt es beim Menschen 23 Chromosomenpaare, alle sehen ein wenig unterschiedlich aus. Insgesamt macht das also 46 Chromosomen, die in jedem gesunden Zellkern von menschlichen Körperzellen stecken.

Das Geschlecht

Die Forschung hat die menschlichen Chromosomen ihrer Größe nach geordnet und durchnummeriert. Chromosom 1 ist am größten, die Chromosomen mit den Nummern 21 und 22 sind am kleinsten. Die Biologie ist natürlich auch immer etwas kompliziert, und deswegen ist das Chromosom 23 ein Spezialfall, auf den wir gleich zu sprechen kommen. Was bedeuten die Größenverhältnisse in Zahlen? Chromosom 1 enthält fast 250 Millionen Basenpaare, die etwa 1.000 Gene ausmachen, wohingegen die Chromosomen 21 und 22 »nur« etwa je 50 Millionen Basenpaare enthalten. Das 23. Chromosomenpaar ist insofern besonders, als dass es entweder aus zwei X-Chromosomen oder aus einem X- und einem Y-Chromosom besteht. Das sind zumindest die zwei häufigsten Konfigurationen, aber es wäre nicht Biologie, wenn es in der Natur nicht auch zahlreiche andere Varianten dieser sogenannten *Geschlechtschromosomen* gäbe: zum Beispiel auch noch die Konfiguration XXY, XYY, XXX und X0 (X-Null). Um die Sachlage noch zusätzlich etwas komplizierter zu machen, ist die Konfiguration der Geschlechtschromosomen nicht alleinig für die Ausprägung des »Geschlechts« verantwortlich. Dieses Wort habe ich in Anführungszeichen gesetzt, weil Jasmin weiter vorn ja schon ausgeführt hat, wie das mit den menschlichen Geschlechtern so ist und wie es eben eine Fortpflanzungskonfiguration (in den Medien wird das oft als das »biologische« Geschlecht bezeichnet) und ein sozial gelebtes Geschlecht geben kann. Wer wie welche Fortpflanzungskonfiguration hat, geht nur die Person selbst was an – und vielleicht noch ihre:n Ärzt:in, weil davon beispielsweise abhängen kann, wie Medikamente wirken oder welche Medikamente eine Person braucht.

Gehen wir die häufigsten Konfigurationen und die zugeordneten Geschlechter der Reihe nach durch. Die Eizelle enthält meistens ein X-Chromosom als Geschlechtschromosom, und die Samenzelle steuert entweder ein weiteres X-Chromosom oder ein Y-Chromosom bei. Die Konfiguration XX entspricht am ehesten dem weiblichen biologischen Geschlecht und die Konfiguration XY am ehesten dem männlichen biologischen Geschlecht. Die Konfiguration XXY ist schon weitaus seltener, kommt nur bei etwa 0,05 Prozent der Neugeborenen vor. Die Konfiguration XXY der Geschlechtschromosomen wurde erstmals 1942 vom amerikanischen Arzt Harry Klinefelter (1912–1990) beschrieben und nach ihm als *Klinefelter-Syndrom* benannt. Menschen mit Klinefelter-Syndrom haben überdurchschnittlich große Körper, aber unterdurchschnittlich kleine Hoden. Ihre Testosteronwerte sind niedriger als bei Menschen mit XY, was sich jedoch durch Medikamente ausgleichen lässt. Kommt es bei der Befruchtung zur Konfiguration XYY oder XXX der Geschlechtschromosomen, wirkt sich das nur geringfügig auf den erwachsenen Menschen aus. Menschen mit nur einem X-Chromosom als Geschlechtschromosom, also X0, sind hingegen kleinwüchsig und unfruchtbar, denn das fehlende Geschlechtschromosom kann nicht ausgeglichen werden.

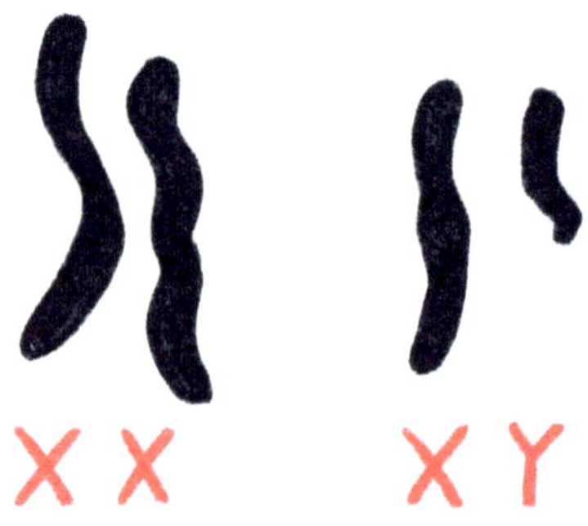

Was passiert, wenn hier was schiefgeht?

Bei der Befruchtung kann nicht nur mit den Geschlechtschromosomen etwas schiefgehen, sondern auch mit allen anderen Chromosomen. Wenn ein Chromosom dann nicht wie üblich in doppelter, sondern in dreifacher Ausführung vorliegt, spricht man von einer *Trisomie*. Die häufigste Trisomie ist die, die das Chromosom 21 betrifft. *Trisomie 21* ist auch als *Down-Syndrom* bekannt, benannt nach dem britischen Arzt John Down (1828–1896), der die Krankheit erstmals beschrieb, ohne die genaue genetische Grundlage zu kennen. Trisomie 21 tritt etwa bei einer von 600 Geburten auf. Das Down-Syndrom kann Auswirkungen auf das Aussehen und die geistige, motorische und sprachliche Entwicklung haben, wobei es auch hier ganz unterschiedliche Ausprägungen und Abstufungen gibt. Bei guter Förderung können Menschen mit Down-Syndrom heutzutage das Rentenalter erreichen, und auch ein selbstständiges Leben kann möglich sein. Den Grund dafür, dass die Trisomie 21 keine tödlichen Konsequenzen hat, kennst du schon. Chromosom 21 ist nämlich eines der kleinsten menschlichen Chromosomen und enthält nur vergleichsweise wenige Gene. Wenn die Gene auf Chromosom 21 dreifach statt doppelt vorliegen, stört das die Körperprozesse bei Menschen mit Down-Syndrom nicht grundlegend. Dreifache Chromosomensätze kommen natürlich auch bei allen anderen Chromosomen vor, jedoch sind die Chromosomen 1, 2 und so weiter so groß, dass eine Trisomie dieser Chromosomen nicht zur Entwicklung eines lebensfähigen Embryos führt, sondern zum *Abort,* also seinem Verlust. Bei kleineren Chromosomen sind noch dreifache Chromosomensätze bekannt. Trisomie 13 und Trisomie 18 kommen zwar selten vor, können aber zu Fehlgeburten führen. Wird das Kind bis zum Ende der Schwangerschaft ausgetragen, passiert es leider häufig, dass es kurz nach der Geburt verstirbt. Nur ganz selten erreichen Kinder mit Trisomie 13 oder Trisomie 18 das zehnte Lebensjahr. Sie brauchen lebenslang intensivmedizinische Betreuung.

Ein weiterer Aspekt, der uns Demut lehren sollte: Wir Menschen haben zwar insgesamt 46 Chromosomen, das macht uns aber *per se* noch nicht zu etwas Besonderem. Schimpansen etwa haben 48 Chromosomen, ein Opossum hat nur 18, der von Jasmin hochgeschätzte Wurmfarn *Dryopteris* hingegen 146. Die Zahl an Chromosomen sagt also noch nichts über die Komplexität eines Organismus aus. Wie wir oben bei der Geschlechter-Debatte bereits gesehen haben, ist das Erbgut ohnehin nur *ein* Faktor, der uns zu dem macht, was und wer wir sind. Die Umwelt und soziale Umstände spielen ebenfalls eine wichtige Rolle. Wir springen in unserer Geschichte über Chromosomen damit zu einer Frau, der ihr Weltruhm fast verwehrt worden wäre, weil ihre Mutter der Meinung war, dass ein Universitätsabschluss die Chancen auf dem Heiratsmarkt schmälern würde. Die Rede ist von Barbara McClintock (1902–1992).

Gene als Sprungbretter, die die Welt bedeuten

1983 erhielt McClintock den Nobelpreis für Physiologie oder Medizin und war damit die erste Frau, die sich diese Ehrung mit niemandem teilen musste. Der Weg zu diesem Karrierehöhepunkt war allerdings lang und keinesfalls vorgezeichnet. Ein paar Fun Facts: Barbara McClintock war die Tochter von Sara und Thomas McClintock, wobei dieser ein Mediziner war, der Homöopathie praktizierte, was für mich einen Widerspruch in sich darstellt. Außerdem wurde Barbara McClintock zunächst Eleanor genannt, doch der Name erschien den Eltern vier Monate nach der Geburt zu feminin für ihr Kind. Auch bemerkenswert: Thomas McClintock setzte sich in der Schule dafür ein, dass seine Kinder keine Hausaufgaben bekämen. Er war der Meinung, dass sechs Stunden Schule pro Tag mehr als genug

seien, da Schule nur einen »kleinen Teil« des Erwachsenwerdens darstelle.

Barbara McClintock wuchs trotz dreier Geschwister eher als Einzelgängerin auf. Das lag sicher zum Teil daran, dass ihre Eltern sie im Alter von zweieinhalb Jahren von Connecticut zur Tante nach Massachusetts gaben, weil Geld und Zeit knapp waren, als Barbaras Vater sich als Homöopath etablieren wollte. Barbaras Schicksal als Einzelgängerin sollte sich erst auf dem College für Landwirtschaft an der Cornell University in New York zumindest teilweise ändern. Dort trat sie nämlich dem Studierendenrat bei und spielte Banjo in einer Jazz-Band. Viel wegweisender war jedoch die Tatsache, dass McClintock während ihres Bachelor-Studiums im Jahr 1922 einen ersten Kurs in *Genetik* absolvierte, ein Feld, das erst wenige Jahre zuvor überhaupt definiert worden war. McClintock fand den Kurs besonders interessant und erhielt von ihrem Professor das Angebot, im Anschluss direkt den Graduierten-Kurs in Genetik zu absolvieren, obwohl sie sich erst im dritten Jahr ihres Bachelor-Studiums befand. Die Faszination für Genetik sollte McClintock ein Leben lang erhalten bleiben. Nach eigenem Bekunden erkannte McClintock früh das Potenzial, das sich in den Chromosomen verbarg, über die 1921 noch als »Träger von Erbfaktoren« spekuliert wurde. McClintock erforschte Mais (*Zea mays*). Das kann ich als Popcorn-Connaisseur (süß-salzig!) nur gutheißen. Sie beobachtete die Chromosomen unter dem Mikroskop und untersuchte, wie sich Veränderungen in den Chromosomen auf die Farbmuster der Maiskörner auswirken. McClintock liebte die Arbeit im Labor so sehr, dass sie es morgens kaum erwarten konnte, aufzustehen und weiterzuforschen. Das Gefühl kenne ich auch, dabei forsche ich nicht zu Mais-, sondern zu Maus-Genetik. Zu ihren Maispflanzen entwickelte McClintock ein besonderes Verhältnis. So wird sie auf der Nobelpreis-Seite mit den Worten zitiert: *Keine zwei [Mais-]Pflanzen sind identisch. Sie sind alle unterschiedlich, und daraus folgt, dass du die Unterschiede kennen musst. Ich starte mit den Samen und höre dann nicht auf. Wenn ich die Pflanzen nicht die ganze Zeit beobachte, habe ich nicht das Gefühl, ihre ganze Geschichte zu kennen. Deshalb kenne ich jede Pflanze auf dem Feld. Ich kenne sie bestens. Und es bereitet mir großes Vergnügen, sie zu kennen.* 1927 wurde McClintock zur Doktorin der Botanik promoviert. Leider stieß ihre Begeisterung für Mais-Genetik lange Zeit auf wenig Gegenliebe, und auch aufgrund der wirtschaftlichen Depression in den USA dauerte es bis zum Jahr 1936, ehe sie eine Assistenzprofessur an der University of Missouri ergattern konnte. Fünf Jahre später wechselte sie an das Cold Spring Harbor Laboratory in New York. Der Vorteil: An der privaten Forschungseinrichtung musste McClintock, anders als an der öffentlichen Universität, keine Lehrverpflichtungen eingehen und konnte sich ausschließlich auf ihre Forschungsarbeit konzentrieren. Dabei fand sie heraus, dass es Abschnitte auf den Chromosomen gibt, die von einer Stelle zur anderen »springen« können – was ihr später den hochverdienten Nobelpreis einbrachte. Barbara McClintock blieb zeitlebens eine enthusiastische Wissenschaftlerin, die selbst nach ihrem Renteneintritt noch bis zu ihrem Tod im Alter von 90 Jahren als Emeritierte weiterforschte und damit definitiv ein Vorbild ist für die nachfolgenden Generationen von Menschen, die ebenfalls zu Genetik forschen.

Ein Gen kommt selten allein

Jetzt hast du den Grundkurs Genetik schon fast absolviert, aber über Vererbung beim Menschen haben wir noch kaum ein Wort verloren. Das hat einen Grund, denn im Nationalsozialismus wurden im Namen der Wissenschaft furchtbare Verbrechen begangen. Die Nazis strebten nach der Züchtung einer arischen Herrenrasse. Erreichen wollten sie das mit *Eugenik*, der Lehre von der Erbgesundheit. Dabei wurde nach Konzepten gesucht, wie vererbte (also angeborene) Eigenschaften zur bestmöglichen Entfaltung kommen können. Das klingt zunächst harmlos, wie ein Beispiel zeigt: 1913 wurde in London ein Mädchen geboren, dessen Mutter sich bereits während der Schwangerschaft zu Hause mit Komikern und hübschen Dingen umgab, damit das ungeborene Kind einen Sinn für Humor und Ästhetik entwickle. Eugenische Ideen waren damals in vielen Ländern und in allen politischen Lagern weitverbreitet. Der Name des Mädchens übrigens: Eugenette.

So harmlos blieb es aber nicht. In Großbritannien sollte im gleichen Jahr mit einer Verordnung (dem *Mental Deficiency Act*) verhindert werden, dass Menschen mit geistigen Beeinträchtigungen heiraten oder Kinder kriegen dürfen. Dabei war die Definition für diese Beeinträchtigungen, die in den entsprechenden Verordnungen als »Schwachsinn« bezeichnet wurden, total schwammig und konnte nahezu willkürlich angewandt werden. Adolf Hitler (1889–1945) erließ kurz nach der Machtergreifung im Jahr 1933 ein *Gesetz zur Verhütung erbkranken Nachwuchses*. Im Zuge dessen wurden bis 1945 schätzungsweise 400.000 Menschen zwangssterilisiert, und spätestens jetzt sollte klar sein, dass Eugenik alles andere als harmlos ist. Neben der menschenverachtenden Ethik, die die »Erbgesundheitslehre« impliziert, ist das Konzept auch nicht sonderlich logisch. Denn weder ist sicher, dass die Erbanlage für eine Krankheit zur Ausprägung kommt, noch dass die Erbanlage für eine gute Eigenschaft zur Ausprägung kommt. Du kennst vielleicht die angebliche Unterredung zwischen Marilyn Monroe (1926–1962) und Albert Einstein (1879–1955), in der der Filmstar dem Physiker vorschlägt, gemeinsam ein Kind zu zeugen, woraufhin Einstein entgegnet, das Kind könnte die Intelligenz von Monroe, aber das Aussehen von ihm erben ... Wir können aber noch ein wenig tiefer in die Wahrscheinlichkeitsrechnung eintauchen, damit wir die Vererbung besser verstehen. Keine Angst, hier kommt jetzt keine Mathe-Vorlesung, sondern eine Geschichte.

Was vererbe ich und wenn ja, wie viel?

Was die DNA-Sequenz angeht, stimmt dein Erbgut mit meinem zu neunundneunzig Komma neun Prozent überein, in Zahlen sind das 99,9 Prozent. Das liegt nicht daran, dass du und ich uns besonders ähnlich sind, wir sind nicht einmal miteinander verwandt (und falls doch: hallo, Uta & Bernd!). Bei den 99,9 Prozent handelt es sich um den Anteil der DNA-Sequenz, den wir im Durchschnitt mit allen Menschen auf diesem Planeten gemeinsam haben. In diesem Zusammenhang möchte ich Elisabeth Zott zitieren, eine Hauptfigur aus dem Roman *Eine Frage der Chemie* von Bonnie Garmus: *Deshalb unterstütze ich führende Kräfte der Bürgerrechtsbewegung (…). Diskriminierung aufgrund von Hautfarbe ist nicht nur wissenschaftlich absurd, sondern auch ein Zeichen großer Dummheit.* Da wir gerade bei Dummheit sind, möchte ich direkt auf die Erblichkeit von Intelligenz kommen.

Kurz und knapp: Liebe Eltern, es gibt kein Intelligenz-Gen. Einzelne Gene haben nur einen marginalen Einfluss auf die Intelligenz von Menschen. Wie hoch der Gesamteinfluss aller Gene auf die Intelligenz eines Menschen ist, lässt sich nicht so genau beziffern. Was aber immer deutlicher wird: Der Einfluss der Umwelt und Erziehung auf die Intelligenz nimmt im Laufe des Lebens ab. Um es positiv zu formulieren: Frühkindliche Bildung zahlt sich aus. (Danke, Uta & Bernd!)

Die Sache mit den Zwillingen

Mit Zwillingsstudien können die Einflüsse von Erbgut und Erziehung auf menschliche Eigenschaften systematisch untersucht werden. Denn bei eineiigen Zwillingen ist das Erbgut bei der Geburt identisch (100 Prozent), wohingegen sich zweieiige

Zwillinge genetisch *nur* sehr ähnlich sind (zu 99,95 Prozent identisch). Mit Zwillingsstudien begann man bereits im späten 19. Jahrhundert, allerdings noch unter dem Einfluss der eugenischen Ideen und ohne eine Ahnung von ein- oder zweieiigen Zwillingen zu haben. Wenn jetzt die Unterschiede in der Ausprägung einer Eigenschaft zwischen ein- und zweieiigen Zwillingen verglichen werden, kann daraus der Einfluss des Erbguts auf die Ausprägung der jeweiligen Eigenschaft errechnet werden (mit der *Falconer-Formel*). Dabei wird geschaut, wie gut ein Merkmal zwischen den beiden Zwillingen übereinstimmt (*korreliert*). Wenn etwa die Schuhgröße zwischen eineiigen Zwillingen zu 42 Prozent korreliert, lassen sich 42 Prozent der Unterschiede (*Varianz*) in Schuhgrößen bei eineiigen Zwillingen durch Genetik erklären (denn die ist zwischen eineiigen Zwillingspaaren ja identisch). Der Rest, also 58 Prozent der Unterschiede, muss dann auf Umwelt und Erziehung zurückzuführen sein. Als Kontrolle kann man dann die zweieiigen Zwillingspaare hernehmen, bei denen die Genetik zumindest etwas unterschiedlich ist. Das geht natürlich nur, wenn die Zwillingspaare auch gemeinsam aufgewachsen sind, sodass die Umweltbedingungen vergleichbar waren. Ein konkretes Beispiel zur Berechnung der Erblichkeit mit der Falconer-Formel: Der Body Mass Index (BMI) setzt Körpergewicht zur Körpergröße ins Verhältnis. Er wird benutzt, um Menschen als untergewichtig (BMI < 18,5), normalgewichtig (18,5 ≤ BMI < 25) oder übergewichtig (BMI ≥ 25) zu klassifizieren. Der BMI ist aus mehrerlei Gründen umstritten, denn er

- unterscheidet nicht zwischen Fett- und Muskelmasse. Eine Person, die Kraftsport betreibt, kann auf denselben BMI kommen wie eine Person mit hohem Körperfettanteil, und trotzdem werden beide Personen unterschiedliche Gesundheitsrisiken aufweisen.

- unterscheidet nicht zwischen unterschiedlichen Fettdepots. Bauchfett ist für den Stoffwechsel tendenziell schädlicher als das Unterhautfett.
- unterscheidet nicht zwischen Geschlechtern, Alter oder Ethnien. Wir wissen, dass unterschiedliche Menschen einen unterschiedlichen BMI haben und sich dieser auch unterschiedlich auswirkt.

In Summe hilft der BMI also nicht, zwischen unterschiedlichen Gruppen von Personen (und deren Gesundheitszustand) zu differenzieren. Damit trägt die Reduzierung auf den BMI zur Stigmatisierung von Unter- beziehungsweise Übergewicht bei. Übrigens wurde der BMI im 19. Jahrhundert von einem belgischen Astronomen eingeführt, um den *Durchschnittsmenschen* zu quantifizieren. Dabei wurde der *weiße Mann* als die Norm festgelegt – ein Standard, der wenig später von den Eugenikern wieder aufgegriffen wurde. Danke für nichts.

Unabhängig davon stellt sich die Frage, inwieweit der BMI erblich ist. Wenn der BMI zwischen eineiigen Zwillingen zu 80 Prozent korreliert, zwischen zweieiigen Zwillingen aber nur zu 50 Prozent, dann ist die Erblichkeit zweimal so groß wie die Differenz, also $2 \times (80\% - 50\%) = 60\%$. Allerdings gehen die

Schätzungen der Erblichkeit des BMI weit auseinander. In der Fachliteratur reichen die Angaben von 31 bis zu 90 Prozent, die Wahrheit liegt wahrscheinlich irgendwo dazwischen. Und diese Zahlen sind nicht in Stein gemeißelt. Denn der Einfluss der Umwelt auf den BMI kann sich im Laufe der Zeit verändern (wie bei der Intelligenz). Außerdem können wir uns proaktiv eine Umgebung schaffen, die zur Veränderung des BMI in die von uns gewünschte Richtung beiträgt, etwa uns einer Laufgruppe im Viertel anschließen oder regelmäßig gemeinsam kochen. Und obwohl Genetik nicht alles ist, scheint alles ein bisschen Genetik zu sein. So hat eine *Metaanalyse* (also eine Zusammenfassung vieler Studien) von fast 15 Millionen Zwillingspaaren ergeben, dass das Erbgut auf jede messbare biologische Eigenschaft zumindest einen kleinen Einfluss hat. Es gibt nichts bei Menschen, was sich beziffern ließe, das nicht wenigstens eine kleine genetische Komponente besitzt.

DNA und DANN?

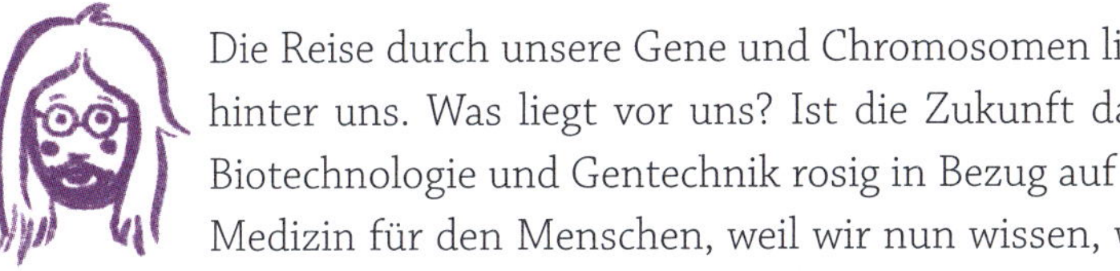

Die Reise durch unsere Gene und Chromosomen liegt hinter uns. Was liegt vor uns? Ist die Zukunft dank Biotechnologie und Gentechnik rosig in Bezug auf die Medizin für den Menschen, weil wir nun wissen, was die Erblichkeit ist? Nun, Wissen ist Macht, und große Macht bringt große Verantwortung mit sich. Aber nichts von alledem sollte sich bei einer einzelnen Person ansammeln, wie die folgende Geschichte deutlich macht.

Gen(erationen)konflikt

Reisen wir nach Reykjavik, der Hauptstadt Islands. Es ist der 22. Juni 2021. Der Isländer Kári Stefánsson sitzt in einem Büro seiner Firma *deCODE genetics*. Die Wände und Kommoden sind mit hellem Holz vertäfelt. Überall hängen Bilder, die abstrakte Kunst sein könnten, bei denen es sich jedoch um die stilisierten Aufnahmen von Zellinnereien handelt. Stefánssons Kopf- und Barthaar ist schlohweiß, auf dem Kopf einige Zentimeter lang, der Vollbart kurz getrimmt. Seine Stoffhose ist schwarz, das Seidenhemd, dessen oberster Knopf geöffnet ist, ebenfalls. Sein Outfit fügt sich nahtlos an den schwarzen Ledersessel, in dem er Platz genommen hat. Stefánsson verkündet in einer Pressekonferenz, dass neue *Biomarker* für Arthrose entdeckt wurden. Biomarker sind Moleküle, die der Firma dabei helfen können, die Knochenkrankheit zu diagnostizieren beziehungsweise zu behandeln. Die Biomarker wurden nachgewiesen in einer klinischen Studie, die im Journal *Arthritis & Rheumatology* veröffentlicht wurde. Stefánssons Firma kennt mutmaßlich nicht

nur molekulare Anzeichen für Arthrose, sondern auch Stefánssons Landsleute besser als diese sich selbst. deCODE genetics könnte Isländer:innen mitteilen, ob sie beispielsweise ein erhöhtes Krebsrisiko aufweisen. Aber: Stefánsson darf nicht darüber sprechen. Und das kommt so: Er ist studierter Mediziner, seit 1993 gar Professor in Harvard, gleichzeitig will Stefánsson in seinem Heimatland an *Multipler Sklerose* forschen, Blutproben von Menschen mit Multipler Sklerose und deren Verwandten untersuchen, um über die genetische Komponente der Autoimmunerkrankung zu erfahren. Doch Stefánssons Fördermittelantrag an das Nationale Gesundheitsinstitut (NIH) in den USA wird abgelehnt. Also kehrt Stefánsson im Jahr 1997 in seine Geburtsstadt Reykjavik zurück und gründet dort deCODE genetics. Island ist die größte Vulkaninsel der Welt, von Menschen wird sie seit über 1.000 Jahren bewohnt. Heute leben mehr als 350.000 Menschen auf dem Ei(s)land. Was bemerkenswert ist: Das Erbgut von etwa 10.000 von ihnen ist komplett bekannt. Von 100.000 Menschen auf Island kennt man zumindest grob die Erbanlagen. Diese Informationen genügen, um herauszufinden, wer mit wem auf Island die Gene ausgetauscht hat. So lässt sich sogar der Besiedlungsprozess der Insel nachvollziehen. Denn die Menschen, die Island besiedelten, sind den Menschen aus ihren Ursprungsgebieten genetisch ähnlicher als denen, die schon seit mehreren Generationen die Insel bevölkern. So ist die Island-DNA ein Potpourri aus »skandinavischem«, »schottischem« und »irischem« Erbgut. Gleichzeitig ist Island der am dünnsten besiedelte Staat Europas. Weil es deshalb selten zur Durchmischung des Genpools kommt, gibt es auf Island eine App, die vor Inzucht warnt. Denn in der App, die für die Ahnenforschung entwickelt wurde, sind entsprechende Informationen hinterlegt, sodass zwei Menschen aus Island, die miteinander Sex haben wollen, vorher checken können, ob beziehungsweise wie eng sie miteinander verwandt sind.

Inzucht bei Menschen vs. Insekten

Jasmin hat im vorderen Teil des Buchs ja schon häufiger über Insekten geschrieben, die es munter mit Bruder und Schwester treiben. Warum ist es jedoch für Menschen nicht so ratsam, Sex mit Verwandten zu haben? Weil Kinder, die aus einem inzestuösen Verhältnis entstammen, ein höheres Risiko aufweisen, genetische Krankheiten zu erleiden. Der Erbsenzähler Gregor Mendel hatte herausgefunden, dass manche Eigenschaften *rezessiv* vererbt werden, also nicht zum Vorschein kommen, außer beide Eltern tragen dieselbe rezessive Variante des Gens in sich und geben diese an die Nachkommen weiter. Die Wahrscheinlichkeit, dass genau das passiert, ist größer, wenn die Eltern miteinander verwandt (und deshalb genetisch ähnlich) sind. Ein Beispiel für einen genetischen Defekt, der rezessiv vererbt wird, ist die Veränderung (*Mutation*) im CFTR-Gen, die zu *Mukoviszidose* führt. Das ist eine schwere Erkrankung der Lunge, die zu einer massiv verkürzten Lebenserwartung führt. So können zwei gesunde Geschwister jeweils eine Variante des mutierten

CFTR-Gens in sich tragen, die Krankheit würde aber erst ausbrechen, wenn diese Variante von beiden Geschwistern an das gemeinsame Kind vererbt wird.

Im Gegensatz zum Menschen ist bei Insekten Inzest eher im Trend, wie du schon vom Dattelkäfer weißt. Doch warum ist Inzest bei Insekten kein großes Problem? Weil Insekten eine andere Fortpflanzungsstrategie haben als Menschen. Insekten haben eine kurze Reproduktionszeit, und sie erzeugen verhältnismäßig viele Nachkommen, sodass die natürliche Auslese schnell ungünstige Mutationen eliminieren wird. Inzucht kann dabei helfen, günstige genetische Konfigurationen zu erhalten, und eventuell kann sich der Käfer dann mal wieder mit Nichtverwandten fortpflanzen, um neuen Schwung in die Gendynamik zu kriegen.

Ein weiterer Grund, warum Insekten so viel mehr Inzucht betreiben können als Menschen, liegt in den Chromosomen verborgen, genauer: in der Anzahl der Kopien der jeweiligen Chromosomen, dem Chromosomensatz. Wie ich im Kapitel über Chromosomen bereits erwähnt hatte, liegen Chromosomen in den Körperzellen des Menschen stets in Paaren vor. Man spricht in dem Fall von einem doppelten (diploiden) Chromosomensatz. Aber der Mensch ist nicht der natürliche Standard, denn Insekten haben einen haplodiploiden Chromosomensatz, mal einfach (haploid), mal doppelt (diploid). Bei den Bienen sind beispielsweise die Weibchen, also die Königinnen, diploid, die Männchen aber nur haploid. Wenn sich weibliche und männliche Bienen nun paaren, haben die Nachkommen alle einen doppelten (diploiden) Chromosomensatz und werden deshalb Weibchen. Wenn eine Bienenkönigin aber unbefruchtete Eier legt, besitzen diese nur einen einfachen (haploiden) Chromosomensatz – und zwar den der Mutter. Aus diesen unbefruchteten, haploiden Eiern schlüpfen wiederum nur Männchen, die alle haploid sind.

Das alles hat interessante Konsequenzen für unsere Bienenfamilie, denn männliche Bienen haben demnach keinen Vater. Strenggenommen könnte ihre Mutter sogar eine Jungfrau gewesen sein! Aber alle männlichen Bienen haben auf jeden Fall einen Opa, denn ihre Mutter wurde nach dem Bienchensex zwischen Bienenmännchen und -weibchen gezeugt, sonst hätten keine diploiden Bienen nachkommen können. Das bedeutet für die männlichen Bienen auch, dass sie keine Söhne haben werden, denn wenn sie sich fortpflanzen, werden daraus nur Töchter mit doppeltem Chromosomensatz, der zur Hälfte aus dem eigenen Erbgut besteht.

Die Tatsache, dass Weibchen unbefruchtete Eier mit einfachem Chromosomensatz zur Welt bringen können, reduziert die Wahrscheinlichkeit, schädliche Genvarianten anzureichern, was die Gefahren von Insekteninzest für die Nachkommen deutlich abmildert.

Der »genetische General«

Zurück nach Island. Dort liegen die Erbinformationen von 2.000 Menschen aus 700 Jahren Inselgeschichte in der Hand eines Mannes und seiner Firma. Das Geschäftsmodell von Gründer Stefánsson und deCODE genetics funktioniert über Erbinformationen. In den großen Datenmengen sucht deCODE genetics, mittlerweile Tochtergesellschaft eines amerikanischen Biotechnologieunternehmens, nach Mustern, um Risiken oder Behandlungsoptionen für Krankheiten zu entdecken, die von Herzbeutelentzündungen bis Blutkrebs reichen. Vermutlich ahnst du schon, was jetzt kommt. Richtig. Ein Problem. Denn bei derlei Untersuchungen werden auch indirekt immer Daten über Menschen gesammelt, die gar nicht an den Studien teilnehmen. Wenn beispielsweise das Erbgut deiner Nichten und Neffen bekannt wäre, ließen sich damit auch Rückschlüsse auf deine Gesundheit und potenzielle Risiken ziehen. Musst du nun darüber informiert werden, oder hast du ein Recht auf Nichtwissen? Diese Frage ist nicht so leicht zu beantworten. Der Deutsche Ethikrat, dem aktuell auch meine Doktormutter Ursula Klingmüller angehört, nahm sich dieser Frage bereits im Jahr 2013 an. In einer Pressemitteilung wurde festgehalten, dass *vom Recht auf Wissen, auf Nichtwissen und auf informelle Selbstbestimmung* für die Zukunft der genetischen Diagnostik auszugehen sei. Im Zuge dessen brauche es mehr Aufklärung. Die Debatten werden durchaus kontrovers geführt. Denn einige Biomarker für Schlaganfall, die von deCODE genetics entdeckt wurden, ließen sich nicht in unabhängigen Studien bestätigen. Und wenn ein Unternehmen Therapieansätze entwickelt, basierend auf Befunden, die (nur) von einer eigenen Tochtergesellschaft veröffentlicht wurden, liegt für mich ein klarer Interessenkonflikt vor. Stefánsson reagiert auf solche Kritik eher gereizt, was ihm im Journal *The Lancet* bereits 2007 den Ruf eines *genetischen Generals* einbrachte, der aggressiv und kompromisslos daherkommt. Zum Schluss noch ein Fun Fact: Obwohl Stefánssons wissenschaftliche Karriere und sein unternehmerischer Erfolg auf dem Ansammeln von Erbinformationen beruhen, will er seine eigene DNA-Sequenz nicht wissen. Er wolle unwissend seiner *eigenen Schwächen sterben,* wird er im gleichen *Lancet*-Artikel zitiert.

Wie stark beeinflusst die Entschlüsselung des menschlichen Erbguts die Forschung und medizinische Behandlungsroutinen heutzutage? Um das einzuschätzen, möchte ich zum Finale dieses Kapitels den renommierten amerikanischen Biomathematiker Eric S. Lander zitieren, der im Jahr 2011 in einer Übersichtsarbeit im Journal *Nature* Folgendes feststellt: *Um sein Potenzial auszuschöpfen, müssen die Kosten der Genomsequenzierung sich wenigen 100 US-Dollar annähern.* Weiter konkretisiert Lander, dass man basierend auf dem Erbgut bereits vor dem Auftreten von Krankheitssymptomen betroffene Personen beraten könnte. Diese Beratung könne auch vor der Geburt von Kindern geschehen. Außerdem ließe das menschliche Erbgut Schlüsse auf Krebsentstehung, Immunreaktionen und unsere Darmbakterien zu. Laut *ourworldindata.org* betrugen die Kosten zur Sequenzierung des menschlichen Erbguts im Jahr 2022 im Durchschnitt 525 US-Dollar. Die Voraussetzung zur vollen Ausschöpfung des Potenzials wurden für Landers Prognose geschaffen. Mein Fazit zur Anwendung menschlicher Erbgutinformationen in der Praxis fällt etwas nüchterner aus. Die Genetik des Menschen ist für Krebsforschung, Immunbiologie und Darmbakterien *ein* relevanter Faktor. Aber zum Leben gehört im Gesunden sowie bei Krankheit noch mehr als nur DNA. Der Lebensstil, Umwelteinflüsse und der Genetik übergeordnete Prozesse (*Epigenetik*) verkomplizieren die Ge(n)mengelage. So definiert die DNA unsere Erblichkeit. Das menschliche Leben ist aber noch so viel mehr als nur das, was unser Erbgut diktiert. Und wenn wir gerade bei Diktaturen sind, kann dir Jasmin als Nächstes etwas über Familienkonflikte erzählen.

Stress zu Hause: Familienkonflikte

Familienkonflikte sind in der Tierwelt weitverbreitet und treten auf verschiedenen Ebenen auf, von der Beziehung zwischen Mutter und Nachwuchs bis hin zu blutigen Rivalitäten unter Geschwistern. Diese Konflikte entstehen, weil jedes Familienmitglied unterschiedliche Interessen hat, die darauf abzielen, die eigenen Gene weiterzugeben.

Maternale Effekte

Maternale Effekte beschreiben die Einflüsse, die eine Mutter auf das Aussehen und Verhalten ihrer Nachkommen hat, unabhängig von der Genebene. Ein Beispiel hierfür sind Kanarienvögel (*Serinus canaria* f. dom.), bei denen die Mutter die Verteilung von Testosteron auf die Eier steuert. Testosteron ist ein »teures« Hormon, dessen Produktion das Jungtier viel Energie kostet und das auch negative Einflüsse auf das Immunsystem haben kann. Dennoch hat es auch positive Effekte, denn es steigert die Konkurrenzfähigkeit der Nachkommen. Dies ist ein Vorteil für die Mutter, da es die Wahrscheinlichkeit erhöht, dass ihre eigenen Gene weitergegeben werden. Für das einzelne Küken ist dieser Vorteil jedoch nicht zwingend, da ein hoher Testosteronspiegel auch Nachteile wie erhöhten Stress und geringere langfristige Überlebensfähigkeit mit sich bringen kann. In der Masse aber rechnet die Mutter so: *Ein oder zwei werden das packen, und dann haben es meine Gene richtig gut!*

Ein weiteres Beispiel für maternale Effekte auf das Verhalten finden wir bei Grillen. In einer Studie aus dem Jahr 2010 wurden

Grillenmütter kurz vor der Eiablage mit Wolfsspinnen konfrontiert. Die Nachkommen von Müttern, die Feinden ausgesetzt waren, zeigten häufiger ein Verhalten, bei dem sie sich still verhielten, im Vergleich zu einer Kontrollgruppe. Dieses Verhalten erhöhte ihre Überlebenschancen in der Nähe von Raubtieren. Das zeigt, dass mütterliche Einflüsse dazu führen können, dass sich das Verhalten der Nachkommen an die speziellen Umweltbedingungen anpasst, denen die Mutter ausgesetzt war.

Auch beim Menschen gibt es Hinweise auf maternale Effekte, die das Verhalten und die Physiologie der Nachkommen beeinflussen können. So kann Stress während der Schwangerschaft das Risiko für psychische Störungen wie Angst und Depression beim Nachwuchs steigern. Mangel- oder Unterernährung kann das Risiko für chronische Krankheiten wie Diabetes und Herz-Kreislauf-Erkrankungen beim Kind erhöhen. Die Exposition gegenüber Umweltgiften wie Alkohol oder Tabakrauch kann die Entwicklung des Gehirns des Fötus beeinträchtigen und zu langfristigen kognitiven und gesundheitlichen Problemen führen. Darüber hinaus zeigen Studien, dass Traumata wie Kriegserfahrungen zu epigenetischen Veränderungen bei den Nachkommen führen können, die das Risiko für verschiedene Krankheiten und Verhaltensweisen beeinflussen und über Generationen weitergegeben werden können.

Eltern-Kind-Konflikte

Bei lebendgebärenden (= *viviparen*) Arten, bei denen die Nachkommen im Mutterleib heranwachsen, können erhebliche Konflikte zwischen Fötus und Mutter auftreten. Der Fötus versucht, so viele Ressourcen wie möglich von der Mutter zu erhalten, um das eigene Wachstum und Überleben zu maximieren. Dies kann jedoch die Gesundheit der Mutter beeinträchtigen, da sie ja nur begrenzte Ressourcen hat, die sie auf sich selbst und ihren Nachwuchs verteilen muss. Es ist ein bisschen wie bei Aktien: Diversifizieren ist hier die Devise!

Solche und ähnliche Konflikte werden durch genomische Prägung verstärkt, bei der die Aktivität bestimmter Gene vom jeweiligen Elternteil abhängt. *Genomische Prägung* ist ein epigenetisches Phänomen, bei dem die Aktivität bestimmter Gene davon abhängt, ob sie vom Vater oder der Mutter stammen. So entsteht ein innerer Konflikt zwischen väterlichen und mütterlichen Genen im ungeborenen Kind – und indirekt auch zwischen den Eltern.

Vereinfacht gesagt: Die Gene des Vaters fördern oft ein schnelleres Wachstum des Kindes und eine höhere Nutzung mütterlicher Ressourcen. Die Gene der Mutter hingegen können diese Effekte bremsen, um ihre Gesundheit zu schützen.

Ein weiterer Konflikt entsteht, weil jedes Kind möglichst viel elterliche Fürsorge möchte, während die Eltern ihre Ressourcen fair auf alle Kinder und sich selbst verteilen müssen. Daraus ergeben sich unterschiedliche Verhaltensweisen und Anpassungen auf beiden Seiten.

Geschwisterrivalität

Im Tierreich ist Rivalität unter Geschwistern gang und gäbe und äußert sich in vielfältigen Formen. Sie reicht von subtilen Streitigkeiten um die besten Futterplätze bis hin zu offenen Aggressionen und in extremen Fällen sogar zum Tod eines Geschwisters.

Eine Strategie, die einige Tierarten entwickelt haben, um mit dieser Rivalität umzugehen, ist die sogenannte *Schlupfasynchronie*. Dabei werden die Eier nicht alle gleichzeitig gelegt, sondern in zeitlichen Abständen. Das führt dazu, dass die Küken zu unterschiedlichen Zeitpunkten schlüpfen und sich somit in verschiedenen Entwicklungsstadien befinden. Ein Beispiel dafür findet sich bei den Amseln. Eine Studie konnte zeigen, dass bei Nahrungsmangel asynchrone Bruten erfolgreicher waren als synchrone. Der Grund: Die schwächeren Küken starben früher und verbrauchten somit weniger Ressourcen, was den stärkeren Küken zugutekam. Zudem brauchen Küken in verschiedenen Entwicklungsstadien nicht immer gleich viel Futter, was ebenfalls hilfreich für die Versorgung durch die Eltern ist.

Bei Pelikanen (Pelecanidae) gibt es ein Phänomen, das als *obligater Siblizid* bezeichnet wird – also geplante/notwendige Geschwistertötung. Weiße Pelikane legen meist zwei Eier. Bei diesen Vögeln schlüpfen die sogenannten A-Jungen zwei bis drei Tage vor ihren jüngeren Geschwistern, den B-Jungen. Dieser kleine, aber entscheidende Vorsprung verschafft den A-Jungen einen enormen Vorteil. Sie sind größer, stärker und können sich besser durchsetzen, wenn es darum geht, an die begehrte Nahrung zu gelangen. Die Folge ist oft ein tragisches Schicksal für die B-Jungen: Sie werden von ihren älteren Geschwistern direkt getötet oder verhungern. Auch beim Kuhreiher (*Bubulcus ibis*) werden drei Eier asynchron gelegt.

Ist die Nahrung knapp, töten die beiden starken Geschwister das schwächste Küken.

So grausam diese adaptive Brutreduktion auch erscheinen mag, sie hat aus evolutionärer Sicht einen Sinn. In Zeiten knapper Ressourcen stellt sie sicher, dass zumindest ein Teil der Nachkommen überlebt. Es ist ein effizientes Prinzip der natürlichen Auslese.

Es gibt noch mehr solcher Methoden, Phänomene und Konflikte, die ein ganzes Buch füllen würden. Aber gut, vielleicht will ich ja noch das ein oder andere Buch schreiben, da hebe ich mir noch ein bisschen was auf. Schauen wir uns doch bei Lorenz an, wie es weitergeht, wenn man es auf die Welt geschafft hat, nicht von den Geschwistern gefressen wurde und heranwächst.

Die Reifeprüfung: Pubertät

Wir könnten uns dem Thema *Pubertät* reichlich humoristisch nähern, indem ich mit einigen Anekdoten aus meiner Jugendzeit aufwarte. Dieser Ansatz füllt ganze Bücher, doch er ist nicht wissenschaftlich, und in der Regel werden solche Witze gern auf Kosten Pubertierender gemacht, was ich relativ geschmack- und einfallslos finde. Ein objektiver Blick auf Pubertät und Fruchtbarkeit hingegen hilft, den eigenen Körper anzuerkennen und die menschliche Fortpflanzung besser zu verstehen.

Beginnen wir mit den Basics. Pubertät aka *Geschlechtsreife* ist definiert als die Phase des Lebens, in der der Körper eines Kindes erwachsen und *fortpflanzungsfähig* wird. Es geht folglich primär um physische Veränderungen. Die Verknüpfung der körperlichen Reifung mit einem mentalen Erwachsenwerden ist ein Konzept, das je nach Kulturkreis anders ausgelegt wird. Wann die Pubertät beginnt, ist von Mensch zu Mensch unterschiedlich. In der Fachliteratur ist für Mädchen der Zeitraum im Alter zwischen 8 und 14 Jahren angegeben, für Jungen zwischen 9 und 15 Jahren, wobei es keine scharfen Grenzen gibt.

Alles beginnt mit der Hirnanhangdrüse, die du aus dem Kapitel über Hormone bereits kennst. Wenig überraschend werden erst Hormone produziert, die dann dazu führen, dass sich der Körper verändert. Zunächst werden von der Hirnanhangdrüse die sogenannten *Gonadotropine* gebildet. Das sind Hormone, die in Eierstöcken und Hoden dazu führen, dass die eigentlichen Sexualhormone gebildet werden, namentlich *Östradiol* und *Testosteron*. Diese und viele weitere Sexualhormone führen zu allerlei körperlichen Veränderungen. Entweder beginnen meist die

Brüste zu wachsen, Scham- und Achselhaare sprießen, die Hüften weiten sich, und die Menstruation beginnt, von der dir Jasmin im nächsten Kapitel noch genauer berichten wird. Oder die Pubertät führt meist zum Wachstum von Hoden und

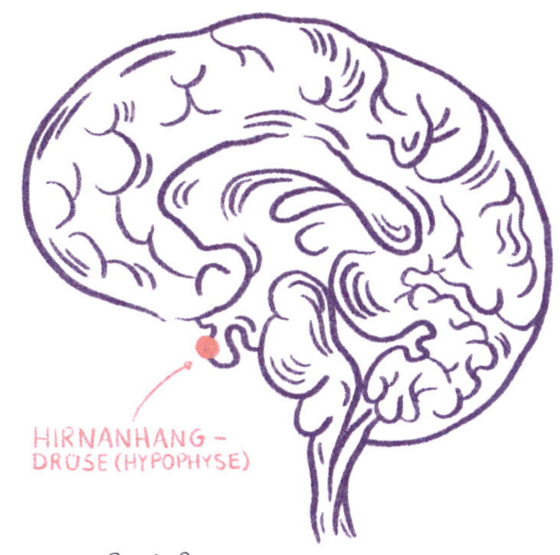

Penis, zur Vertiefung der Stimme, zum Sprießen von Scham-, Bart-, Achsel- und anderweitiger Körperbehaarung (Brust, Rücken) sowie zur Zunahme von Muskelmasse. Und weil wir gerade bei der Zunahme von Masse sind, sei mir als Fettforscher noch gestattet, einen interessanten biologischen Zusammenhang zu erklären.

Wenn der Pubertät ein Energieriegel vorgeschoben wird

Leptin ist ein Hormon, das hauptsächlich von Fettzellen gebildet wird und den Energiehaushalt unseres Körpers reguliert. Wenn wir viel Fett haben, somit auch viele Fettzellen, wird also viel Leptin produziert und dem Gehirn signalisiert, dass unsere Energiereserven gefüllt sind (*wir sind satt*). Produzieren wir viel Leptin, haben wir weniger Hunger. Das Wort Leptin entstammt dem Griechischen für »dünn«. (Denn mit viel Leptin – so die Hoffnung – könnte man ohne viel Fett weniger Hunger haben und dünn bleiben, aber die Biologie ist wie immer auch in diesem Punkt etwas komplizierter.) Was hat Leptin mit der Pubertät zu tun? Die körperlichen Veränderungen während der Pubertät benötigen Energie. Und der Körper startet diesen Vorgang erst, wenn sichergestellt ist, dass ausreichend Energiereserven vorhanden sind. Entsprechend führen erhöhte Leptin-Werte (in meist übergewichtigen Kindern mit hoher Fettmasse) zu einem verfrühten Beginn der Pubertät, wenngleich es Unterschiede zwischen den Geschlechtern gibt. Insofern braucht es noch viel Forschung, um den Zusammenhang zwischen Pubertät und Energiehaushalt im Detail zu verstehen.

Anders, aber auch prima

Als ich für dieses Kapitel recherchierte, habe ich auch nach *Pubertät* im Internet gesucht. Dabei wurde mir schnell der Eindruck aufgedrängt, dass ein heranreifender Körper so oder so auszusehen habe. Viele der Bilder, die ich gefunden habe, suggerieren einen Normalzustand, doch den gibt es nicht. Ich möchte wiederholen, was ich bereits im Kapitel über Gefühle geschrieben habe: Vielfalt ist die Norm. Das gilt auch bei pubertären Veränderungen. Damit du verstehst, wie vielfältig die Pubertät ablaufen kann, schauen wir uns mal im Tierreich um. Wir folgen der Definition von Pubertät als Zeit im Leben (eines Tieres), in der körperliche Veränderungen zur Geschlechtsreife führen. Was können wir über die menschliche Pubertät vom Tierreich lernen?

Da wären zunächst die Arktischen Ziesel (*Urocitellus parryii*). Diese possierlichen Tierchen durchlaufen die Pubertät einmal im Jahr. Denn die Tiere halten Winterschlaf und verlieren in dieser Zeit viel Gewicht. Sie müssen also Energie einsparen, folglich sinken auch die Testosteronspiegel in den männlichen Tieren, und ihre Hoden ziehen sich zusammen (nicht aufgrund der Kälte!). Nach dem Frühlingserwachen plündert das Zieselmännchen

seine Vorräte an Studentenfutter (Beeren und Nüsse), und mit den Energiereserven wachsen auch seine Hoden an. Die Pubertät wird durchlaufen, und fortan ist der Zieselmann wieder paarungsbereit für die aus dem Winterschlaf erwachenden weiblichen Tiere, über die übrigens weit weniger bekannt ist, weil traditionell schon immer lieber an männlichen Tieren geforscht wurde. Dieser sogenannte *sex bias* rührt daher, dass männliche Tiere in einer traditionell männlich dominierten Wissenschaftslandschaft das naheliegendere Forschungsobjekt waren. Die offizielle – wenngleich fadenscheinige – Begründung lautete, dass die Variabilität unter männlichen Tieren geringer sei als bei Weibchen und man deshalb weniger Tiere benötigen würde, um statistisch valide Befunde zu erhalten. Das Argument ist auf eine verquere Weise sexistisch, sagt es doch, dass Weibchen untereinander verschieden sind und alle Männchen gleich. Der Data Scientist in mir möchte mit einem Witz antworten: *Wenn man eine homogene Population findet, hat man mindestens eine Eigenschaft übersehen*. Durch den sex bias werden etwa sechsmal mehr Männchen als Weibchen untersucht. Folglich wissen wir meist mehr über männliche als über weibliche Biologie.

Anders sieht es beim Zebrafisch (*Danio rerio*) aus, bei dem wir mehr über die weibliche als über die männliche Pubertät wissen. Zebrafischweibchen beginnen nämlich klar sichtbare Säckchen mit Eizellen zu tragen, wenn sie geschlechtsreif werden. Ursprünglich gingen wir Menschen davon aus, dass Zebrafische ab einem bestimmten Alter geschlechtsreif werden; etwa 45 Tage nach dem Schlupf zeigen die Weibchen ihre Eisäckchen.

Dann fand ein Forschungsteam allerdings heraus, dass einige Weibchen bis zu doppelt so lang brauchen. Der Grund: Die Tiere müssen eine Mindestgröße (1,8 Zentimeter) und ein Mindestgewicht (100 Milligramm) erreichen, bevor sie geschlechtsreif werden. Wenn da nicht Hormone im Spiel sind!

Als Letztes noch ein süßes Beispiel: Die Honigbiene (*Apis*) durchläuft die Pubertät nicht als Individuum, sondern gemeinsam als gesamte Kolonie. Kolonien von Honigbienen können sich nicht fortpflanzen, solange die Arbeiterinnen nicht die Waben für die Aufzucht männlicher Drohnen fertiggestellt haben. Die *Drohnenwaben* sind größer als gewöhnliche Waben, und das Errichten dieser kann als kollektive Investition in die Reproduktion (*Denk doch an die Kinder!*) verstanden werden.

Aber auch von anderen Insekten können wir etwas über menschliche Pubertät lernen. Bei der Fruchtfliege *Drosophila melanogaster* wurde herausgefunden, dass Verletzungen im Larvenstadium das Einleiten der Pubertät verzögern können. Auf molekularer Ebene funktioniert diese Wechselwirkung ähnlich, wie sich Entzündungssignale im Menschen auf die Pubertät auswirken. In epidemiologischen Studien wurde beobachtet, dass Männer vor der Pubertät mehr Entzündungssignale (ein aktiviertes Immunsystem) im Körper aufweisen, wohingegen bei Frauen dies erst nach der Pubertät der Fall ist. Warum dies so ist, dafür fehlen noch stichhaltige Beweise.

Was lernen wir daraus? Es gibt im Tierreich, wozu der Mensch zählt, nicht *die eine* Pubertät. Pubertät kann von Fall zu Fall verschieden sein, und nur weil du es auf eine bestimmte Weise wahrnimmst, heißt das nicht, dass es für andere Leute genauso ist. Biologie heißt Vielfalt, und die hat ihren Zweck.

Wenn die Pubertät abgeschlossen ist, haben die Menschen ihre Geschlechtsreife erlangt – sie sind dann (theoretisch) *fruchtbar* und können sich (ver-)mehren. Das bedeutet, dass ab sofort Ei- oder Samenzellen produziert und released werden können. Und damit kommen wir zur Fruchtbarkeit im Tierreich.

ENTWICKLUNG

Fruchtbarkeit ist der Schlüssel

Fruchtbarkeit spielt im Tierreich eine zentrale Rolle, da sie das Überleben und die Weiterentwicklung von Arten sichert. In der Natur haben sich verschiedene Strategien entwickelt, um die Fortpflanzung zu maximieren und zu kontrollieren. Das ist besonders in Insektenkolonien eine spannende Frage – denn Bienenvölker oder Ameisenstaaten bestehen hauptsächlich aus Arbeiterinnen. Die Königin hat jetzt aber kein Interesse daran, dass sich alle wild fortpflanzen, und evolutionär wäre das auch nicht gerade von Vorteil. Wie wird also Fruchtbarkeit in so einem Kontext geregelt?

Game of Thrones, Staffel 1

Ameisenkolonien folgen einer strengen Hierarchie, an deren Spitze die Ameisenkönigin steht. Sie ist das Herz der Kolonie und die einzige Ameise, die befruchtete Eier legen kann. Die anderen Ameisenweibchen, die Arbeiterinnen, sind unfruchtbar und übernehmen Aufgaben wie Nahrungssuche, Brutpflege und Nestverteidigung. Die Fruchtbarkeit der Arbeiterinnen wird durch chemische Signale – ja, da sind sie wieder, die Pheromone – gesteuert. Die Königin gibt diese Stoffe ab, die wie ein hormoneller Schalter wirken und die Arbeiterinnen daran hindern, ihre Eierstöcke zu entwickeln und sich fortzupflanzen. Solange die Königin gesund ist und genügend Pheromone produziert, bleibt die Fruchtbarkeit der Arbeiterinnen unterdrückt.

Stirbt die Ameisenkönigin oder lässt ihre Pheromonproduktion im Alter nach, resultiert das in erhöhter Aggressivität und Unruhe unter den Arbeiterinnen. Der Verlust der Pheromone kann dazu führen, dass einige Arbeiterinnen beginnen, selbst Eier zu legen, obwohl diese in der Regel unbefruchtet sind und nur Männchen hervorbringen. Auf diese Weise entsteht ein Ungleichgewicht in der Kolonie, was Konflikte auslöst.

Wie eine neue Königin den Thron besteigt, hängt von der jeweiligen Ameisenart ab. Bei einigen Arten werden von den Arbeiterinnen spezielle Königinnenlarven aufgezogen, die sich zu neuen Königinnen entwickeln können. Sobald sie ausgewachsen sind, können diese neuen Königinnen entweder die Kolonie übernehmen oder ausschwärmen, um eine neue Kolonie zu gründen. Bei anderen Arten kann es zu heftigen Kämpfen zwischen den potenziellen neuen Monarchinnen kommen. Der Ausgang dieser Kämpfe entscheidet darüber, welche Thronanwärterin die Stärkste und Fähigste ist, das Volk zu führen. Manchmal entscheiden sich die Arbeiterinnen auch dafür, eine bestimmte Larve zur neuen Königin zu ernennen und die anderen zu eliminieren. Einige Ameisenarten haben auch die Fähigkeit, mehrere Königinnen zu haben, die friedlich koexistieren. In solchen Fällen kann der Verlust einer Königin weniger dramatisch sein, da die verbleibenden Königinnen die Fortpflanzungsaufgaben übernehmen können, bis neue Königinnen heranwachsen. Es kann aber auch vorkommen, dass ein Volk ohne Königin keine Nachfolgerin findet. Dies führt schließlich zum langsamen Aussterben des Volkes, da keine neuen Arbeiterinnen mehr geboren werden und die vorhandenen Arbeiterinnen mit der Zeit sterben.

Geschlecht muss nicht in Stein gemeißelt sein

Clownfische (*Amphiprion percula*) sind spätestens seit *Findet Nemo* einer breiten Öffentlichkeit bekannt – dem kleinen Fisch mit der kaputten Flosse, der entgegen der Wünsche seines Helikopter-Vaters Marlin ein Abenteuer erleben will.

Clownfische sind in den warmen Gewässern des Indischen und Pazifischen Ozeans beheimatet, insbesondere in den Korallenriffen. Dort haben sie eine enge Beziehung zu Seeanemonen entwickelt: eine Symbiose, bei der beide Arten voneinander profitieren. Die Clownfische finden in den giftigen Tentakeln der Seeanemonen Schutz vor Fressfeinden. Durch eine spezielle Schleimschicht auf ihrer Haut sind sie immun gegen das Nesselgift der Anemone. Im Gegenzug verteidigen die Clownfische ihre Anemone gegen Eindringlinge und versorgen sie mit Nährstoffen durch ihre Ausscheidungen. Die Anemonen sind ein begehrter Wohnort, und wie auch in unseren Großstädten ist Wohnraum in den Weltmeeren knapp – es gibt viel Konkurrenz. Clownfische leben in kleinen Gruppen, die von einem dominanten Pärchen angeführt werden, die auch die Einzigen sind, die sich fortpflanzen. Der Rest der Gruppe besteht aus untergeordneten Männchen, deren Fruchtbarkeit unterdrückt wird und die auf ihre Chance warten. Das Weibchen ist die Anführerin der Gruppe, und wenn es stirbt, ändert sich die Gruppendynamik auf interessante Art und Weise – denn jetzt wird nachgerückt. Der Partner des Weibchens ist das dominanteste Männchen und nimmt deshalb ihren Platz ein. Ja, richtig gelesen: Clownfische werden alle als Männchen geboren und können bei Bedarf das Geschlecht wechseln. Peter wird also zu Petra, und das nächstdominante Männchen zieht als der neue Prinz in den Anemonenpalast ein.

Denken wir wieder an *Findet Nemo*, wäre die Story wohl etwas anders verlaufen: Marlin wäre die neue Mutter geworden und Nemo sein Ehemann. Ich denke, da ist die inzestfreie Pixar-Version doch die bessere Option.

Game of Thrones, Staffel 2

Bei staatenbildenden Tieren denken wir oft an Insekten, aber es gibt auch Wirbeltiere, die in solchen »Monarchien« organisiert sind – beispielsweise Nacktmulle (*Heterocephalus glaber*), die zu meinen absoluten Lieblingstieren gehören. Habe ich schon häufiger in meinen Büchern über sie geschrieben? Ja. Werde ich das weiterhin tun? Darauf kannst du wetten.

Nacktmulle bilden in den Halbwüsten Ostafrikas unterirdische Kolonien, die aus bis zu 300 Tieren bestehen. Ähnlich wie bei Insekten ist die Arbeitsteilung innerhalb dieser Gruppe stark spezialisiert und an das Alter der einzelnen Nacktmulle angepasst. Wenn du also ein junger Nacktmull bist, wirst du von deinen älteren Geschwistern versorgt, denn das ist ihr Job. Bist du etwas älter, hilfst du selbst, die Nesthäkchen großzuziehen, bis es Zeit wird, dir einen Job zu suchen – meist als Bauarbeiter. Du gräbst Tunnel und sorgst dafür, dass das Nacktmullreich stabilisiert und erweitert wird. Später dann geht es ab an die Außengrenzen zur Verteidigung des Königinnenreichs.

Bist du ein Männchen, stehen dir jedoch ganz andere Karrierechancen offen. Eventuell hast du die Chance auf eine Audienz bei der Königin, die die Kolonie anführt. Sie ist das einzige fruchtbare Weibchen im Königreich und braucht hin und wieder einen beherzten Nacktmullmann, der ihr das gibt, was sie braucht – Sperma. Nacktmulle können für Tiere ihrer Größe

ungewöhnlich alt werden, bis zu 30 Jahre. Nach einer Liebesnacht mit der Monarchin treten die Männchen jedoch sofort in den Alterungsprozess ein und altern rasant. Kurz darauf sterben sie an Altersschwäche.

Insgesamt hat die Königin einen der heftigsten Fälle von hormonbedingten Stimmungsschwankungen, von denen ich je gehört habe. Sie ist deutlich größer als die anderen Nacktmulle und sehr oft sehr aggressiv, was ich bei ihrem Lifestyle auch verstehen kann. Sie kann mit bis zu 25 Jungtieren schwanger gehen und rast dann wie ein verlängerter, wütender Bus durch den Bau und greift alles und jeden an, während sie alle 70 bis 80 Tage neue Kinder zur Welt bringt. Und das bis ans Ende ihres

Lebens – die Fruchtbarkeit lässt nie nach, wie das bei anderen Säugetieren der Fall ist.

Auch sie unterdrückt die Fruchtbarkeit der anderen Arbeiterinnen, wobei noch nicht geklärt ist, wie das funktioniert. Die Theorie, dass auch hier einfach nur Pheromone am Werk sind, konnte in Experimenten nicht bestätigt werden. Ein anderer Erklärungsversuch ist, dass das Leben in der Kolonie mit der überaggressiven Mutter für die Töchter so stressig ist, dass ihre Eierstöcke nicht ausreifen. Es wird intensiv an dieser Frage geforscht, und es gibt auch schon wieder neue Hinweise. Im Jahr 2023 wurde eine Studie in der Fachzeitschrift *Nature Communications* veröffentlicht, in der Experimente durchgeführt wurden, die einen neuen Baustein zum besseren Verständnis der Hintergründe liefern sollen.

Stirbt eine Königin, kommt es zu Erbfolgekriegen, die *Game of Thrones* in den Schatten stellen. Denn anders als bei Insekten werden Nacktmullköniginnen nicht als Königin geboren oder aufgezogen – sie sind Frauen des Volkes. Die Forschenden haben Nacktmullweibchen aus der Kolonie entfernt, um herauszufinden, wie die Fruchtbarkeit aktiviert wird, und entdeckten, dass nicht fortpflanzungsfähige Weibchen Vorläuferzellen für Eizellen in ihren Eierstöcken hatten. Diese Zellen beginnen sich jedoch erst zu teilen und zu entwickeln, wenn das Weibchen zur Königin aufsteigt. Außerdem vergrößern sich die Eierstöcke, die Tiere wachsen und setzen mehr Fett an, die Haut wird widerstandsfähiger und dunkler. Was genau das alles auslöst? Wir wissen es nicht, das ist noch Gegenstand der Forschung. Aber wer weiß, vielleicht gibt es einen Durchbruch vor meinem nächsten Buch – dann habe ich wieder einen Grund, über Nacktmulle zu schreiben, juhu!

Fruchtbarkeit bei Menschen

Wir werden gleich über den Menstruationszyklus bei Menschen sprechen, vorher schauen wir aber noch einmal zu den Tieren. Bei ihnen heißt es nicht Menstruationszyklus, sondern *Östruszyklus*, auch *Brunst* genannt. Das ist ein hormonell gesteuerter Zyklus, der die Fruchtbarkeit weiblicher Tiere reguliert. Er besteht meistens aus fünf Phasen, wobei die Anzahl der Phasen jedoch nach Tierart schwanken kann: *Proöstrus, Östrus, Metöstrus, Diöstrus* und *Anöstrus*.

In der Proöstrusphase bereitet sich der Körper auf den Eisprung vor. Die Eierstöcke wachsen, Östrogene werden ausgeschüttet, und die Gebärmutterschleimhaut verdickt sich. Der Östrus ist die Phase der eigentlichen Paarungsbereitschaft. Der Östrogenspiegel erreicht seinen Höhepunkt, die Eizelle wird freigesetzt, und das Weibchen zeigt durch Verhaltensänderungen: *Ich bin bereit!* Im Metöstrus sinkt der Östrogenspiegel, und Progesteron übernimmt die Kontrolle. Die Gebärmutterschleimhaut bleibt verdickt, um eine mögliche Schwangerschaft zu unterstützen. Der Diöstrus ist die längste Phase, in der sich der Körper entweder auf eine Schwangerschaft vorbereitet oder, wenn keine Befruchtung stattgefunden hat, die Gebärmutterschleimhaut abstößt. Der Anöstrus bezeichnet die Ruhephase, in der das Tier kurz verschnaufen kann, bevor alles wieder von vorne beginnt.

Besonders interessant finde ich hier das Stachelschwein (Hystricidae): Dessen Östruszyklus erstreckt sich über durchschnittlich 75 Tage. Während dieser Zeit durchläuft das Weibchen verschiedene hormonelle Veränderungen, die seinen Körper auf eine mögliche Befruchtung vorbereiten. Doch das eigentliche Fruchtbarkeitsfenster, in dem eine Empfängnis möglich ist, beträgt lediglich etwa neun Stunden! Diese neun Stunden machen nur etwa 1,2 Prozent der gesamten Zykluslänge aus. Da muss man als Männchen echt im richtigen Moment (vorbei)kommen.

Wir Menschen haben einen Menstruationszyklus – ebenfalls ein komplexer biochemischer Prozess, der einmal im Monat abläuft. Er dauert im Durchschnitt 28 Tage, kann aber zwischen 21 und 35 Tagen variieren, das ist von Person zu Person unterschiedlich und kann auch durch äußere Stressfaktoren schwanken. Der Zyklus beginnt am ersten Tag der *Menstruation*, wenn die Gebärmutterschleimhaut, die sich im vorhergehenden Zyklus aufgebaut hat, abgestoßen wird. Dies führt zu Blutungen, die typischerweise drei bis sieben Tage dauern.

Nach der Menstruation beginnt die *Follikelphase*, in der der Körper auf die nächste *Ovulation* vorbereitet wird. Unter dem Einfluss des *follikelstimulierenden Hormons* reifen in den Eierstöcken mehrere Follikel heran, von denen meist nur einer dominant wird und weiter wächst. Dieser Follikel produziert das Hormon Östrogen, das den Wiederaufbau der Gebärmutterschleimhaut stimuliert.

Die Ovulation, also der Eisprung, findet etwa in der Mitte des Zyklus statt, normalerweise um den 14. Tag herum. Durch einen plötzlichen Anstieg des *luteinisierenden Hormons* wird der reife *Follikel* zum Platzen gebracht und gibt eine Eizelle frei, die dann durch den Eileiter in Richtung Gebärmutter wandert. Dies ist die fruchtbare Phase des Zyklus, in der eine Befruchtung der Eizelle durch ein Spermium stattfinden kann. Wir Menschen sind also auch nicht dauernd fruchtbar, sondern zu bestimmten Zeiten im Monat.

Nach der Ovulation beginnt die *Lutealphase*. Der verbleibende Teil des Follikels verwandelt sich in den Gelbkörper (*Corpus luteum*), der das Hormon Progesteron produziert. Dieses Hormon bereitet die Gebärmutterschleimhaut weiter auf eine mögliche Einnistung der befruchteten Eizelle vor und verhindert eine weitere Reifung von Follikeln.

Wenn keine Befruchtung stattfindet, degeneriert der Gelbkörper, und die Produktion von Progesteron und Östrogen nimmt ab. Dieser Hormonabfall führt schließlich zur Menstruation, und der Zyklus beginnt von Neuem. Treten hormonelle Ungleichgewichte oder andere Störungen auf, können Zyklusstörungen wie *Amenorrhö* (Ausbleiben der Menstruation), *Dysmenorrhö* (schmerzhafte Menstruation) oder *Menorrhagie* (starke Menstruationsblutung) auftreten.

Ich erinnere mich noch genau an den Tag, als ich die Diagnose *Endometriose* erhielt. Schon seit meiner Jugend hatte ich extrem starke Menstruationsschmerzen, die weit über das erträgliche Maß hinausgingen. Was anfangs als »normale« Regelbeschwerden abgetan wurde, steigerte sich über die Jahre so, bis ich irgendwann regelmäßig ohnmächtig vor Schmerzen wurde, vor allem bei Stuhlgang. Ich habe dann kaum noch etwas gegessen während der Menstruation und auch ein paar Tage davor, damit ich um Gottes willen nicht auf Toilette muss. Insgesamt dauerte meine Ärzt:innen-Odyssee da schon neun Jahre an, bis eine junge Ärztin in einer Klinik den Verdacht zum ersten Mal äußerte. Ich wurde operiert, und es wurde eine riesige *Schokoladenzyste* (eine eingeblutete Zyste am Eierstock) und unglaublich viel Endometriose-Gewebe entfernt, das überall in meinem Unterleib und im Bauchraum an meinen Organen haftete. Stadium IV, alles voll.

Endometriose ist eine Krankheit, bei der Gewebe, das der Gebärmutterschleimhaut ähnlich ist, außerhalb der Gebärmutterhöhle wächst. Dieses Gewebe kann sich an den Eierstöcken, den Eileitern, der Blase, dem Darm und sogar in seltenen Fällen an entfernten Organen ansiedeln. Diese Gewebeinseln durchlaufen dieselben hormonellen Veränderungen wie die Gebärmutterschleimhaut und bluten während

meines Menstruationszyklus – ja, in den Bauchraum rein. Da dieses Blut nicht aus dem Körper entweichen kann, entstehen Entzündungen, Zysten und Narbengewebe. Oft führt das auch zu Unfruchtbarkeit.

Endometriose ist wenig erforscht, weil das lange als »Frauenkrankheit« abgetan wurde und in der Prioritätenliste ganz nach unten gewandert ist. Die Symptome können die folgenden sein – es kann aber auch noch andere geben, beziehungsweise hat jede Person irgendeine Kombination einiger dieser Symptome:

- Unterleibsschmerzen (während der Menstruation oder auch unabhängig davon)
- Schmerzen bei Wasserlassen und Stuhlgang
- Schmerzen in den Beinen
- Rückenschmerzen (unterer Rücken, aber auch Schultern)
- Schmerzen beim Liegen
- Extrem starke Regelblutung
- Anämie
- Migräne
- Verwirrtheit und Schwindel
- Gedächtnisstörungen
- Stimmungsschwankungen, PMS (prämenstruelles Syndrom)
- Erschöpfung
- Schlafprobleme
- Schwitzen (auch nachts)
- Verstopfung oder Durchfall, gern auch mal gleichzeitig. Ja, das geht. Ja, das hätte ich früher auch nicht gedacht, mein Körper ist ein Wunderwerk, er überrascht mich immer wieder.
- Schmerzen beim Sex
- Blutgerinnsel
- Erhöhter Herzschlag

- Atemnot
- Blähbauch
- Übelkeit und Erbrechen
- Blut im Stuhl oder Urin
- Dauernder Harndrang
- Pneumothorax (Luft in der Bauchhöhle, wo sie nicht hingehört)
- Pleuraerguss (Blut in der Bauchhöhle)
- Man hustet Blut
- Ein um 34 Prozent erhöhtes Schlaganfallrisiko

Klingt alles extrem, oder? Das ist der Alltag von Millionen von Menschen, doch da die Krankheiten von weiblich gelesenen Personen, also Frauen, lange nicht ernst genommen wurden, haben wir wenig Ahnung, was da los ist. Eine Endometriose wird auch nicht auf Anhieb erkannt, weil die Symptome einerseits recht unspezifisch sein können, es aber andererseits auch erwartet wird, »sich nicht anzustellen«, denn »Schmerzen gehören dazu«.

Die Ärztin, die mich diagnostiziert hat, hat mir damals gesagt, dass es kein Teil ihres Medizinstudiums gewesen ist, sie aber selbst betroffen sei und sie deshalb dieser eigentlich unauffällige Schatten im Ultraschall hat stocken lassen. Endometriose zeigt sich nur ganz verschleiert im Ultraschall, man muss sich auskennen, um aufzumerken. Die Diagnose kann dann nur bei einer *Laparoskopie* gesichert gestellt werden – man muss also während dieser minimalinvasiven OP mit einer Kamera in den Bauch reingucken.

Falls du einige dieser Symptome bei dir erkennst und dir gesagt wurde, dass das eben »dazu«gehört: Nein, das ist nicht normal, es gehört nicht »dazu«, und du musst das nicht aushalten. Such dir unbedingt entweder eine Praxis, in der du ernst genommen wirst, oder im Internet nach einem Endometriosezentrum, von denen es einige in Deutschland gibt.

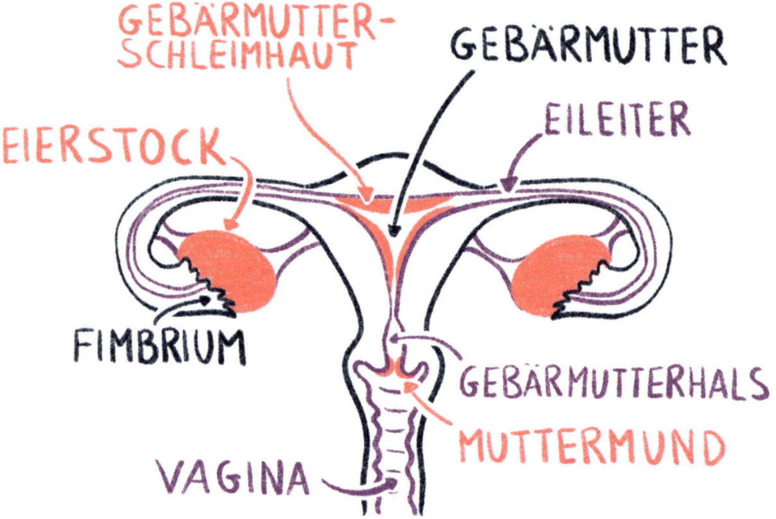

Um ein Kind zu kriegen, gehören natürlich nicht nur Gebärmutter und Eierstock dazu, sondern auch Spermien. Ich habe einen Uterus, brauche also jemanden mit Hoden, Nebenhoden, Samenleiter, Prostata und Penis, um mich fortpflanzen zu können, da ich kein Dattelkäfer bin. Also zum Glück, ehrlich gesagt.

Die Hoden produzieren Spermien und das Hormon Testosteron. Die Spermien reifen in den Nebenhoden und werden bei der Ejakulation durch die Samenleiter transportiert, wobei sie mit Flüssigkeiten aus der Prostata und anderen Drüsen vermischt werden, um das Sperma zu bilden.

Bei guter Gesundheit können täglich Millionen von Spermien produziert werden, aber nur ein Bruchteil davon erreicht beim ungeschützten Sex während der Ejakulation die Eizelle. Die Qualität und Quantität der Spermien sind entscheidend für die Fruchtbarkeit. Spermien sollten eine normale Form mit ovalem Körper und kleinem Schwänzchen haben, beweglich und in ausreichender Zahl vorhanden sein, um die Chance auf eine Befruchtung zu maximieren.

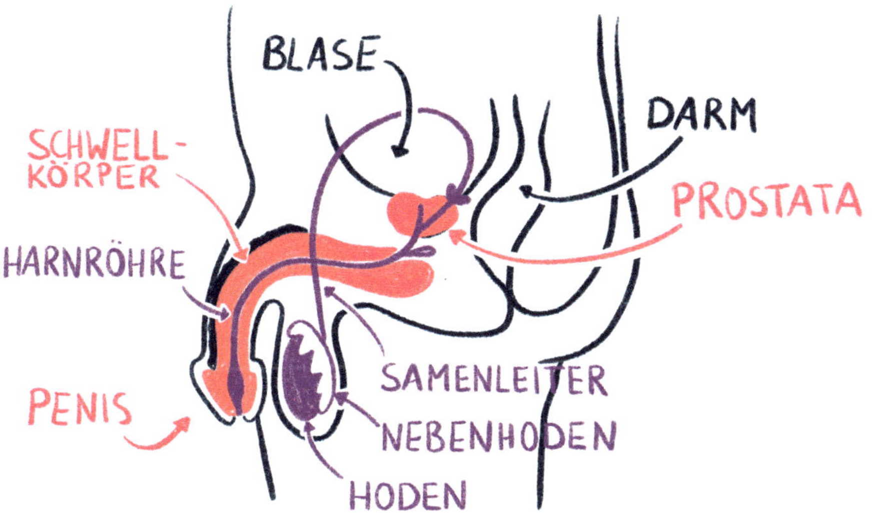

Die Fruchtbarkeit wird hier von verschiedenen Faktoren beeinflusst. Eine gesunde Ernährung, regelmäßige Bewegung und ein normales Gewicht tragen zu einer optimalen Spermienqualität bei. Ungesunde Gewohnheiten wie Rauchen, übermäßiger Alkoholkonsum und Drogenmissbrauch, aber auch Stress, können die Fruchtbarkeit sehr negativ beeinflussen. Hinzu kommen Umweltbelastungen durch Chemikalien, Pestizide oder Schwermetalle sowie Hitze, beispielsweise durch häufige Saunagänge, die die Spermienproduktion und -qualität beeinträchtigen können. Auch bestimmte Krankheiten wie Diabetes, Hormonstörungen oder Infektionen, ebenso wie genetische Anomalien, Verletzungen oder chirurgische Eingriffe im Bereich der Hoden oder der anderen Fortpflanzungsorgane können die Fruchtbarkeit einschränken.

Ein weiterer Faktor ist das Alter, was Lorenz ja schon thematisiert hatte.

Doch was, wenn das mit der Fruchtbarkeit nicht funktioniert?

Unerfüllte Sehnsucht

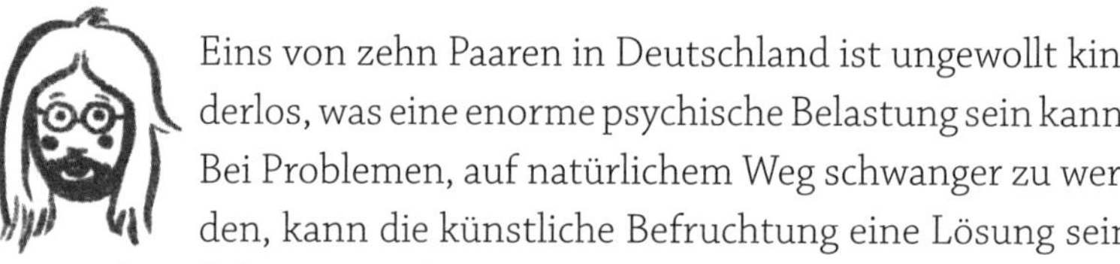

Eins von zehn Paaren in Deutschland ist ungewollt kinderlos, was eine enorme psychische Belastung sein kann. Bei Problemen, auf natürlichem Weg schwanger zu werden, kann die künstliche Befruchtung eine Lösung sein und ist daher ein wichtiges Thema der Reproduktionsmedizin. Ich meine mit *künstlicher Befruchtung* die Verschmelzung von Ei- und Samenzelle außerhalb des Körpers, im Labor, in einer Petrischale (*in vitro*). Die beiden häufigsten Verfahren dieser Art der künstlichen Befruchtung sind die *in-vitro-Fertilisation (IVF)* und die *intracytoplasmatische Spermieninjektion (ICSI)*, wobei Letztere mir nur ein Spezialfall der erstgenannten Methode zu sein scheint. Gehen wir die Schritte gemeinsam durch.

1. Die Frau bekommt Hormone als Medikamente verabreicht, um das Heranreifen mehrerer Eizellen zu stimulieren.
2. Die reifen Eizellen werden entnommen. Das geschieht mit einer dünnen Nadel bei einem kleinen operativen Eingriff unter Betäubung. Die entnommenen Eizellen werden entweder direkt zur künstlichen Befruchtung verwendet oder eingefroren (*Kryokonservierung*).
3. Die Eizellen und Samenzellen werden in einer Petrischale gefüllt mit Nährlösung zusammengebracht. Bei der IVF schwimmen die Spermien dann zur Eizelle und befruchten sie eigenständig. Bei der ICSI wird ein Spermium mit einer Nadel direkt in das Zellplasma der Eizelle gespritzt. Diese Injektion wird nötig, wenn die Qualität der Spermien nicht mehr ausreichend ist, um die Eizellen ohne fremde Hilfe zu befruchten.

4. Die befruchteten Eizellen kommen für wenige Tage in den Brutschrank, und Embryonen beginnen sich zu entwickeln.
5. Es werden meist zwei oder drei Embryonen ausgewählt und mit einem dünnen, biegsamen Katheter in die Gebärmutter eingebracht.

Generell sind bei derlei Prozeduren alle möglichen Konfigurationen und Kombinationen denkbar, beispielsweise durch Eizellspende oder Samenspende. Es kann sein, dass eine Person des Paares unfruchtbar ist. Außerdem bieten Eizell- oder Samenspenden gleichgeschlechtlichen Paaren die Möglichkeit, sich den Kinderwunsch zu erfüllen, falls dies anders biologisch nicht möglich sein würde. An dieser Stelle kommt ein Aber, jedoch kein wissenschaftliches, sondern ein rechtliches beziehungsweise politisches.

Denn in Deutschland sind nicht alle Kinderwunschbehandlungen erlaubt. Der Staat bezuschusst legale Kinderwunschbehandlungen auch nicht für alle Menschen. Geregelt ist die künstliche Befruchtung im Embryonenschutzgesetz aus dem Jahr 1991. Darin ist zu lesen, dass Eizellspende und Leihmutterschaft verboten sind. Selbst die ärztliche Beratung zum Thema ist strafbar. IVF und ICSI sind mit eigenen Eizellen und eigenen Spermien oder Samenspende zwar erlaubt, jedoch streng reglementiert. Es gilt zum Beispiel die Dreierregel, die besagt, dass höchstens drei befruchtete Eizellen zu Embryonen heranreifen dürfen und anschließend eingesetzt werden. Damit soll ein Überschuss an menschlichen Embryonen, die nicht verpflanzt werden, vermieden werden.

Die Weitergabe nicht benötigter Embryonen an andere Paare mit Kinderwunsch ist zwar rechtlich nicht eindeutig geregelt, aber grundsätzlich möglich. Ein Verkauf ist jedoch verboten und strafbar. Ebenso wenig dürfen Embryonen genetisch untersucht werden, was ethische Fragen aufwirft, die ich bereits angesprochen habe. Auch das Geschlecht des Embryos darf vor dessen Verpflanzung nur dann bestimmt werden, wenn geschlechtsgebundene Erbkrankheiten bei den Eltern vorliegen, wie die *Bluterkrankheit*, bei der ein Abschnitt auf dem Geschlechtschromosom verändert ist.

Auch bei medizinischer Notwendigkeit bedarf eine genetische Untersuchung von Embryonen der Prüfung durch eine Ethikkommission. Streng verboten und strafbar sind das Klonen sowie genetische Veränderungen von Embryonen, zudem darf ein Embryo, also eine befruchtete Eizelle, nach der ersten Zellteilung nicht mehr eingefroren und für eine spätere Verwendung aufbewahrt werden.

Was die Samenspende betrifft, dürfen damit rechtlich alle Frauen (egal ob homo- oder heterosexuell, egal ob in einer Beziehung oder alleinstehend) eine künstliche Befruchtung durchführen lassen. Finanziell bezuschusst wird das für lesbische Paare allerdings nur in einigen Bundesländern (darunter aktuell Berlin, Bremen, Rheinland-Pfalz und das Saarland). Und: Einige Samenbanken lehnen lesbische und unverheiratete Paare sowie alleinstehende Frauen ab. Begründet wird das meist mit dem traditionellen Familienbild bestehend aus Mutter, Vater, Kind.

In Zahlen heißt das übrigens konkret: Ein Behandlungszyklus zur Eizellstimulation kostet 2.500 bis 3.500 Euro, das Einfrieren und Lagern der Eizellen 200 bis 500 Euro pro Halbjahr, das Auftauen und Einsetzen macht noch mal etwa 1.000 Euro. Unter der Annahme, dass nicht direkt der erste Versuch erfolgreich ist (die Erfolgsquote liegt durchschnittlich bei etwa einem Fünftel), können sich die Kosten schnell auf mehr als 10.000 Euro summieren. Je nach Situation beteiligen sich gesetzliche Krankenkassen an den Kosten. Laut Deutschem IVF-Register wurden im Jahr 2022 insgesamt 123.332 Behandlungszyklen für künstliche Befruchtungen durchgeführt, die Tendenz nimmt seit Jahren leicht zu.

Am Anfang war das Ei: Schwangerschaft

Kommen wir zur Mensch-Werdung, nicht im evolutionären, sondern im individuellen Sinne. Die Schwangerschaft ist zweifelsohne ein beeindruckender Prozess. Vielleicht fragst du dich, warum die Schwangerschaft überhaupt in diesem Buch beschrieben wird, wenn sie doch meist erst nach Liebe, Sex & Erblichkeit kommt. Der Grund dafür ist, dass die Schwangerschaft bei Mensch und Tier wichtige Weichen stellt für das weitere Leben von Kind und Eltern. Zudem ist die Schwangerschaft aus evolutionsbiologischer Sicht hochinteressant.

Die menschliche Eizelle ist etwa den zehnten Teil eines Millimeters groß, also gerade so mit bloßem Auge sichtbar. Die Eizelle besitzt zwei schützende Außenschichten. Die äußere heißt *Corona rabiata* und besteht aus miteinander verschmolzenen Follikelzellen. Darunter befindet sich die *Zona pellucida*, die das Zellplasma der Eizelle wie eine Glasur aus Gelée umschließt. Im Zellplasma wiederum befindet sich der Zellkern, in dem das Erbgut gespeichert ist, das wir im nächsten Kapitel noch genauer unter die Lupe nehmen. Eine Lupe benötigen wir mindestens, um ein Spermium erkennen zu können. Von der Form erinnern Spermien an Kaulquappen: vorne ein Köpfchen, hinten ein Schwanz. Der Kopf eines menschlichen Spermiums ist etwa 300 mal kleiner als die menschliche Eizelle. Selbst der Schwanz des Spermiums ist häufig fünf- bis zehnmal länger als dessen Kopf. Warum das bemerkenswert ist? Weil das (winzige) Spermium in die (vergleichsweise riesige) Eizelle eindringen muss, damit es zur Befruchtung kommt. Dafür braucht es Power. Damit der Schwanz des Spermiums für ausreichend Antrieb sorgen kann, sind an der Verbindung zwischen Kopf und Schwanz des Spermiums jede Menge *Mitochondrien* vorhanden, die Energie zur Verfügung stellen, um den Schwanz des Spermiums – einem Propeller gleich – anzutreiben. Mitochondrien sind also die Organe der Zellen und werden verballhornt Organellen genannt, wie Jasmin weiter vorn schon erklärt hat. Ein weiteres Organell ist der Zellkern, in dem das Erbgut einer Zelle eingelagert ist. Das gesamte Erbgut? Nein. Ein kleiner Teil des Erbguts befindet sich auch in den Mitochondrien. Das wird später bei der Befruchtung noch wichtig.

Zunächst durchschwimmen Spermien – angetrieben von ihren Mitochondrien – den Eileiter mit einer Geschwindigkeit von etwa zwei Millimetern pro Minute oder umgerechnet 0,00013 Kilometer pro Stunde. Entgegen vieler Behauptungen handelt es sich dabei nicht um ein Wettschwimmen. Denn am Ende gewinnt nicht das schnellste Spermium, sondern das, das mit dem Kopf erfolgreich durch die Wand (*Eizellenhülle*) gelangt.

Beim Durchbohren der beiden äußeren Schutzschichten der Eizelle kommt es am Spermienkopf zur sogenannten *Akrosomreaktion*. Dabei gibt das Spermium ein Schmiermittel ab, das die Eiweißschicht um die Eizelle auflöst und dadurch letzten Endes das Verschmelzen von Spermium und Eizelle beziehungsweise deren Membranen ermöglicht.

Ich erinnere mich noch genau daran, als ich im Studium das erste Mal von dieser Reaktion hörte. In einer Vorlesung zur Entwicklungsbiologie erklärte uns der Professor den Prozess und schloss seinen Monolog mit den Worten: *Und diese Akrosomreaktion ist der Grund, warum der Mensch sich nicht mit dem Esel paaren kann.* Klingt lustig, ist streng genommen aber doppelt falsch. Erstens ist nicht die Reaktion an sich der Grund, sondern das Ausbleiben dieser. Zweitens kann sich der Mensch (theoretisch, bitte nicht machen) mit einer Eselin paaren, aber die Eselin kann, vermutlich auch aufgrund des Ausbleibens der Akrosomreaktion, nicht schwanger werden.

Um die Qualität von Spermien zu beurteilen, reicht es jedenfalls nicht aus, nur ihre Beweglichkeit zu untersuchen (wie viele Spermien bewegen sich wie schnell). Es muss auch auf die Form der Spermien geachtet werden, denn ohne einen adäquat geformten Spermienkopf kann es nicht zu dieser Reaktion kommen.

Wenn die Membranen von Spermium und Eizelle miteinander verschmolzen sind, gelangt der Zellkern des Spermiums in das Zellplasma der Eizelle. Dort kann der Zellkern des Spermiums mit dem Zellkern der Eizelle fusionieren. Es kommt zur sogenannten *Aktivierung*. Das ist zwar keine Kernreaktion im eigentlichen Sinne, aber durch eine Veränderung der Struktur der Zona pellucida wird verhindert, dass weitere Spermien in die einmalig befruchtete Eizelle eindringen können. Die befruchtete Eizelle wird auch *Zygote* genannt und enthält beim Menschen die Erbinformationen aus den ehemaligen Zellkernen von Eizelle und Spermium. Hinzu kommt noch das Erbgut aus den Mitochondrien der Eizelle. Während die Mitochondrien, die das Spermium angetrieben haben, außerhalb der Eizelle abgebaut werden, wird das Erbgut aus den Mitochondrien der Eizelle weitervererbt.

Phasenverschiebung hin zum Menschen

Es beginnt dann die *Präimplantationsphase*, in der sich die Zygote mehrfach teilt und dabei jeweils die Zellzahl verdoppelt. Vom Ein-Zell-Stadium gelangt die Zygote ins Zwei-Zell-Stadium, dann ins Vier-, dann ins Acht-Zell-Stadium usw. Im 16- und 32-Zell-Stadium (nach vier beziehungsweise fünf Zellteilungen) spricht man von der *Morula*, was Maulbeere heißt, denn daran erinnert die Form unseres Zellhaufens in dieser Phase. Die Morula ist übrigens nicht wesentlich größer als die Zygote, weil die Morula wie die Zygote immer noch von der Zona pellucida schützend umschlossen wird. Die ersten Zellteilungen finden ohne Wachstum statt und sehen daher eher nach Einschnürungen aus als nach Verdopplungen. Danach – etwa vier Tage nach der Befruchtung – kommt es zu deutlichen Veränderungen und der Entstehung der Keimblase, die einen flüssigkeitsgefüllten Hohlraum enthält. Unter der äußeren Zona pellucida befindet sich in der Keimblase eine Zellschicht, die *Trophoblast* genannt wird. Daraus werden sich später die *Plazenta* (der Mutterkuchen) und Eihäute entwickeln. An einer Stelle (dem sogenannten *embryonalen Pol*) der Keimblase sammelt sich eine Zellmasse an, aus der sich bald der Embryo entwickeln wird. Die Keimblase befindet sich zu diesem Zeitpunkt noch im Eileiter. Die Schleimhaut der Gebärmutter bereitet sich aber schon auf die Einnistung der Keimblase vor. Damit das passieren kann, muss die Keimblase die äußere Zona pellucida ablegen. Dann kann der Trophoblast teilweise mit der Gebärmutterschleimhaut verschmelzen und der wachsende Embryo immer tiefer in die Schleimhaut der Gebärmutter eindringen. An der Stelle der Einnistung entsteht eine kleine Wunde, weil die äußere Epithelschicht der Gebärmutterschleimhaut durchdrungen werden muss. Es kann zu einer Einnistungsblutung kommen, weil die Gebärmutterschleimhaut von vielen Blutkapillaren durchzogen wird. Die Einnistungsblutung tritt sieben bis 14 Tage nach der Befruchtung auf und ist unbedenklich. Während sich im Embryo Amnionhöhle und Dottersack herausbilden, wächst der Trophoblast weiter an, und die Epithelschicht der Gebärmutterschleimhaut verheilt und schließt sich wieder.

Die wichtigste Zeit deines Lebens

Mit der Zeit entstehen innerhalb des Embryos drei Keimblätter, die als Außen-, Mittel- und Innenschicht bezeichnet werden. Der Prozess, bei dem sich die drei Keimblätter ausbilden, nennt sich *Gastrulation*. Einer meiner Freunde wurde bei seiner Doktorprüfung gefragt, wann denn die wichtigste Zeit seines Lebens gewesen sei. Als er nach reichlichem Stocken davon erzählen wollte, wie ihn die Unterstützung seiner Eltern erst zu dem gemacht habe, was er heute sei, unterbrach ihn der Prüfer rabiat mit den Worten: *Nein, nein, die wichtigste Zeit Ihres Lebens war die Gastrulation!* Damit bezog sich der Prüfer auf ein entlehntes Zitat des Entwicklungsbiologen Lewis Wolpert (1929–2021), den ich bei einer Konferenz in London 2013 noch persönlich kennenlernen durfte. Wolpert war nicht nur ein Pionier der *Embryologie* (der Lehre vom Embryo) und schrieb tolle Lehrbücher, sondern er leistete auch wichtige Grundlagenforschung zu Musterbildungsprozessen in Lebewesen. Die drei Keimblätter sind die Grundlage für verschiedene Zelltypen mit unterschiedlichen Funktionen, welche schließlich Gewebe im heranreifenden Embryo herausbilden. So ist die Außenschicht (*Ektoderm*) das Keimblatt, das die Zellen unseres Nervensystems und der Haut hervorbringt, während die Mittelschicht (*Mesoderm*) das Keimblatt ist, das zu Blutgefäßen, Muskeln und Knochen wird. Die Innenschicht (*Endoderm*) ist das Keimblatt, das für Epithelien der einzelnen Organe sorgt.

Drei Wochen nach der Befruchtung beginnt sich im Embryo das Nervensystem herauszubilden. Der Prozess heißt *Neurulation*, was aus dem Griechischen mit »Nerv« übersetzt werden kann. Und jetzt kommen ziemlich viele Namen, die einen Nerv treffen: Zunächst bildet sich im Ektoderm die *Neuralrinne*, eine Furche, die ziemlich schnell von paarigen Höckern links und rechts flankiert wird, den *Somiten*. Somiten entstammen dem

Mesoderm und sind Ansatzpunkte für die spätere Skelettmuskulatur. Die Neuralrinne wird zum *Neuralrohr*, wenn sie sich (nach oben hin) schließt, was sich wiederum zu Rückenmark und Gehirn weiterentwickeln wird.

Vier Wochen nach der Befruchtung hat der Embryo schon eher eine Bananenform und schwimmt im Fruchtwasser der Amnionhöhle. In diesem Entwicklungsstadium pumpt die schlagende Herzanlage bereits Blut durch die Gefäße des Embryos, der Dottersack versorgt ihn.

Im Laufe der vierten Woche nach Befruchtung krümmt sich der Embryo weiter, eine schwanzartige Endknospe ist ebenso zu erkennen wie Auswölbungen, die später zu den vier Gliedmaßen werden. Die Form des menschlichen Embryos ähnelt in diesem Stadium der eines Hühnchens. Damit kommen wir zur *Biogenetischen Grundregel*. Die besagt nämlich, dass die Individualentwicklung der Stammesentwicklung ähnelt beziehungsweise diese sie *rekapituliert*. Für uns Muggles heißt das: Ein menschliches Embryo gleicht am Anfang seiner Entwicklung den Embryonen von Fisch und Hühnchen (sowie anderen Wirbeltieren der Stammesgeschichte), danach immerhin noch dem Embryo des Hühnchens (und anderen näher verwandten Wirbeltieren), und erst am Ende der Embryonalentwicklung sieht es eindeutig aus wie ein Mensch. Seit mindestens 20 Jahren gilt diese Theorie jedoch als veraltet. Dank der Systembiologie konnten Daten gesammelt werden, die nahelegen, dass die Ähnlichkeit zwischen Embryonen nicht am Anfang der Embryonalentwicklung am größten ist, sondern in der Mitte. Diese Theorie wird mit einer Sanduhr verbildlicht, bei der sich in der Mitte alle Wirbeltiere besonders nahe (ähnlich) sind. In meinem Biologie-Leistungskurs fand die Biogenetische Grundregel dennoch (ohne Richtigstellung) einen prominenten Platz, ebenso wie einer ihrer Verfechter, der Biologe Ernst Haeckel (1834–1919). Haeckel hat zwar wunderbare Bildbände, wie die *Kunstformen der Natur*, herausgegeben, die auch gesammelt in Jasmins und meinem Schreibzimmer einen Platz gefunden haben. Problematisch an Haeckel als Person ist, dass er den Theorien der Rassenhygiene und des Sozialdarwinismus aktiv Vorschub leistete. Diese Thematik wurde sowohl von der Friedrich-Schiller-Universität in Jena, wo Haeckel lehrte und starb, als auch in der *Jüdischen Allgemeinen* von Blanka Weber sehr gut herausgearbeitet. Damit endet unser kleiner Exkurs, und wir kehren von der Entwicklung von Theorien wieder zur Entwicklung des Menschen zurück.

Am Ende der vierten Schwangerschaftswoche ist der Embryo bereits einige Millimeter groß, hat sein Volumen im Vergleich zur Eizelle vervierzigfacht und befindet sich in einer Art vorgeburtlichen Massephase. Erste Ansätze für Sinnesorgane sind auszumachen: Ohrgrübchen, *Linsenplakoden* (Augen), *Riechgruben* (Nase) und *Paddel* (Finger).

Hautsterben für Fingerfertigkeit

Ja, du hast gerade richtig gelesen, unsere Finger entwickeln sich aus Paddelflossen. Die Körperzellen, die die Schwimmhäute unserer embryonalen Paddel bildeten, wurden dazu in den kontrollierten Zelltod geschickt. Dabei verdauen sich die Zellen gewissermaßen selbst. Die Zellinhalte werden geschreddert und in Müllsäcke verpackt, die in Form kleiner Bläschen (*Vesikel*) entsorgt werden können. Bei der Embryonalentwicklung wird äußerst verantwortungsvoll mit Biomüll umgegangen, und es braucht auf zellulärer Ebene den Tod, damit neues Leben entstehen kann.

Am Ende der achten Schwangerschaftswoche ist der Embryo dann etwa 23 Millimeter groß, und eine Woche später heißt der Entwicklungsprozess nicht mehr *Embryogenese* (Entstehung des Embryos), sondern *Fetogenese* (Entstehung des Fötus).

Drei Monate nach der Befruchtung, in der zwölften Schwangerschaftswoche, ist die Menschengestalt des Fötus schon deutlich zu erkennen. Die Augen(lider) sind geschlossen (viel gäbe es im Fruchtwasser ohnehin nicht zu sehen), die Haut wirkt noch leicht durchsichtig. In der Folge wächst der Fötus weiter, und sein Skelett verknöchert, sodass Knochen auf Ultraschallbildern ab dem vierten Monat nach der Befruchtung deutlich zu sehen sind. Auf der Haut des Fötus bildet sich ein Flaum. Die kleinen Härchen halten den abgesonderten Talg auf der Haut, was zusätzlichen Schutz bietet. Bis zur 28. Schwangerschaftswoche sprießen dann auch Kopfhaare, Augenbrauen und Wimpern. Jetzt öffnen sich die Augen. Vielleicht gibt es doch schon etwas zu sehen? Ein kleines Bäuchlein? Nein, das nicht, aber zumindest nimmt der Fötus in den letzten Monaten der Schwangerschaft stark an Masse zu. Es wird immer enger im Bauch der Mutter. Bereits seit der 18. Schwangerschaftswoche sind die Bewegungen des Fötus zu spüren. Seine Ernährung geschieht nicht mehr über den Dottersack (aus dem Alter sind wir raus), sondern über Nabelschnur und Plazenta. Warum braucht es überhaupt die Plazenta? Könnte der Fötus nicht direkt von der Mutter ernährt werden, ohne dass da noch ein Mutterkuchen zwischengeschaltet ist? Nein. Die Biologie und die Evolution sind sehr geizig. Würde die Plazenta keine wichtige Funktion erfüllen, dann könnten wir die Ressourcen, die es braucht, um eine Plazenta auszubilden und zu benutzen, auch einsparen. Die Plazenta ist (lebens-)wichtig, damit der Fötus versorgt wird, ohne dass sich das Blut der Mutter und das Blut des Fötus miteinander vermischen. Denn der Fötus besteht nicht nur aus der Eizelle mit dem Erbgut der Mutter, sondern auch aus dem Erbgut der Samenzelle. Die Bestandteile der Samenzelle können für die Immunzellen im Blut der Mutter Fremdkörper sein, die mit einer Immunreaktion bekämpft werden. Damit die Mutter den Fötus (oder einen Fötus in folgenden Schwangerschaften) nicht

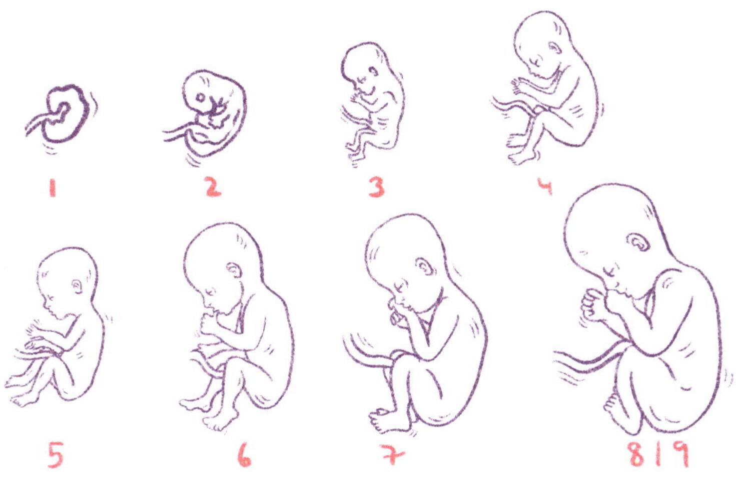

bekämpft, müssen das Blut von Mutter und der Fötus voneinander getrennt sein. Dafür braucht es die Plazenta, die nicht nur den heranwachsenden Fötus mit Nährstoffen und Sauerstoff versorgt, sondern auch die Ausscheidungsprodukte des Fötus entgiftet und entsorgt. Bei Fehlern in der Ausbildung (eine gute Ausbildung ist wichtig!) der Plazenta kann es zu Schwangerschaftsvergiftungen und Wachstumsstörungen des Fötus kommen. Die Verladestationen befinden sich in den Zotten der Plazenta. Dort wird die Fracht des sauerstoffreichen Bluts der Mutter von den *Spiralarterien* in den *Zottenzwischenraum* zum Embryo verladen. Venen führen das sauer- und nährstoffarme Blut der Mutter wieder ab. Zu den Frachtgütern, die von der Mutter über die Plazenta zum Fötus transportiert werden, zählen Sauerstoff, Zucker, Fette, Aminosäuren, Vitamine und Eisen. Im Gegenzug werden fötale Abfallprodukte, wie Kohlendioxid und Harnstoff, in das Blut der Mutter abgegeben.

Alles eine Frage der Zeit: Wann kommen die Geburtstagskinder?

In der 38. Schwangerschaftswoche ist der Fötus vollständig entwickelt. Er ist durchschnittlich um die 50 Zentimeter groß und wiegt etwa drei Kilogramm. Die Geburt findet im Normalfall in der 38. Schwangerschaftswoche oder innerhalb der nachfolgenden zwei bis vier Wochen statt. Was passiert, wenn es bei diesen Zahlen zu Abweichungen kommt? Laut dem Robert Koch-Institut werden in Deutschland jährlich etwa zehn Prozent der Kinder mit einem Körpergewicht von über vier Kilogramm geboren, was mit einem erhöhten Risiko für die Entwicklung von krankhaftem Übergewicht (*Adipositas*) im Jugend- und Erwachsenenalter einhergeht. Ein erhöhtes Geburtsgewicht sei vermutlich weniger bedenklich bei Kindern, die nach der 38. Schwangerschaftswoche geboren wurden.

Neben solchen »Spätgeborenen« gibt es Frühgeburten. Vorherzusagen, ob beziehungsweise wann es zu Frühgeburten kommt, ist aktuell Gegenstand medizinischer Forschung. Eine Übersichtsarbeit, die dazu 17 klinische Studien zusammenfassend ausgewertet hat und im Jahr 2022 im Journal *Scientific Reports* veröffentlicht wurde, nennt eine Messgröße, die ein robustes Indiz für eine Frühgeburt zu sein scheint: Milchsäurebakterien in der Vagina. Bei Menschen, die eine Frühgeburt erlebten, waren die Bakterien der Spezies *Lactobacillus crispatus* in der Vagina seltener als in den Vaginen der Menschen, bei denen die Babys nicht zu früh zur Welt kamen. Somit kann ein vergleichsweise einfacher Nachweis zur Einschätzung der Gefahr einer Frühgeburt während der Schwangerschaft Aufschluss liefern. Wie die Milchsäurebakterien in der Vagina genau Einfluss auf den Geburtstermin nehmen, muss weitere Forschung noch zeigen. Transplantationen vaginaler Bakterien werden bereits durchgeführt. In Israel habe ich in einem Labor geforscht, das an einer solchen Pilotstudie zur Behandlung von bakterieller *Vaginose* mitgewirkt hat. Bis zur Transplantation von *L. crispatus* zur Vorbeugung von Frühgeburten dauert es aber vermutlich noch eine Weile.

Schwangerschaft im Tierreich

Von Säugetieren über Vögel bis hin zu Weichtieren – die Natur hat eine Fülle von Strategien entwickelt, um das Überleben der nächsten Generation zu sichern.

Säuger vs. Eierleger

Säugetiere zeichnen sich durch eine vivipare Fortpflanzungsstrategie aus, bei der der Nachwuchs im Mutterleib heranwächst. Ein zentraler Bestandteil dieser Methode ist die Plazenta, ein Organ, das während der Schwangerschaft gebildet wird und eine entscheidende Rolle beim Austausch von Nährstoffen und Abfallprodukten zwischen Mutter und Fötus spielt.

Elefanten, die größten Landtiere unseres Planeten, sind wahre Rekordhalter in Sachen Schwangerschaft. Fast zwei Jahre lang trägt eine Elefantenkuh ihr Kalb im Bauch. Diese lange Zeit ist entscheidend, damit das Elefantenbaby sich vollständig entwickeln und schon kurz nach der Geburt mit der Herde mithalten kann – eine wichtige Voraussetzung für das Überleben in der Wildnis Afrikas oder Asiens. Ein neugeborenes Elefantenkalb wiegt bereits rund 100 Kilogramm und ist quasi schon ein fertiger, kleiner Elefant.

Kängurus hingegen gehen einen ganz anderen Weg. Ihre Schwangerschaft dauert nur etwa 20 bis 40

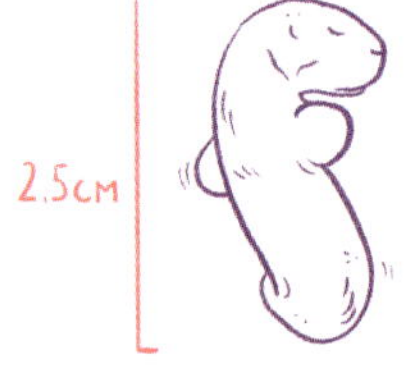

Tage – extrem kurz für ein Säugetier. Das Neugeborene ist winzig, kaum größer als ein Daumen, und noch lange nicht fertig entwickelt. Es robbt direkt nach der Geburt in den schützenden Beutel der Mutter, saugt sich an einer Zitze fest und wächst dort weiter heran. Diese clevere Strategie ermöglicht es der Kängurumutter, ihre Jungen sicher zu transportieren und gleichzeitig mobil zu bleiben. Man könnte sagen, sie kehrt superschnell aus der Babypause zurück ins aktive Leben.

Vögel, Reptilien und viele Insekten sind *ovipar*, legen also Eier, aus denen die Jungen nach einiger Zeit schlüpfen. Diese Fortpflanzungsstrategie hat Vorteile, bringt aber auch Herausforderungen mit sich und verlangt spezielle Anpassungen an die jeweilige Umgebung.

Das Rotkehlchen ist ein typischer Vertreter der Eierleger. Diese kleinen Vögel bauen sorgfältig ihre Nester, oft gut versteckt in Bäumen oder Sträuchern. Ein Rotkehlchenweibchen legt meist drei bis fünf Eier, die etwa zwei Wochen lang bebrütet werden müssen. Die Eier sind kleine Kraftpakete voller Nährstoffe, die den Embryonen alles bieten, was sie für ihre Entwicklung brauchen. Doch sobald die Küken schlüpfen, sind sie noch hilflos und auf die liebevolle Pflege ihrer Eltern angewiesen, um zu überleben.

Das Ei

Eierlegende Tiere und Säugetiere unterscheiden sich grundlegend in der Art und Weise, wie sie ihren Nachwuchs versorgen und schützen. Der Hauptunterschied liegt im Aufbau und der Funktion des Eies beziehungsweise der Plazenta. Ein Ei ist im Großen und Ganzen so aufgebaut:

Die Eierschale: Sie bildet die äußerste Schicht und besteht hauptsächlich aus Kalk. Ihre Hauptaufgabe ist der Schutz des

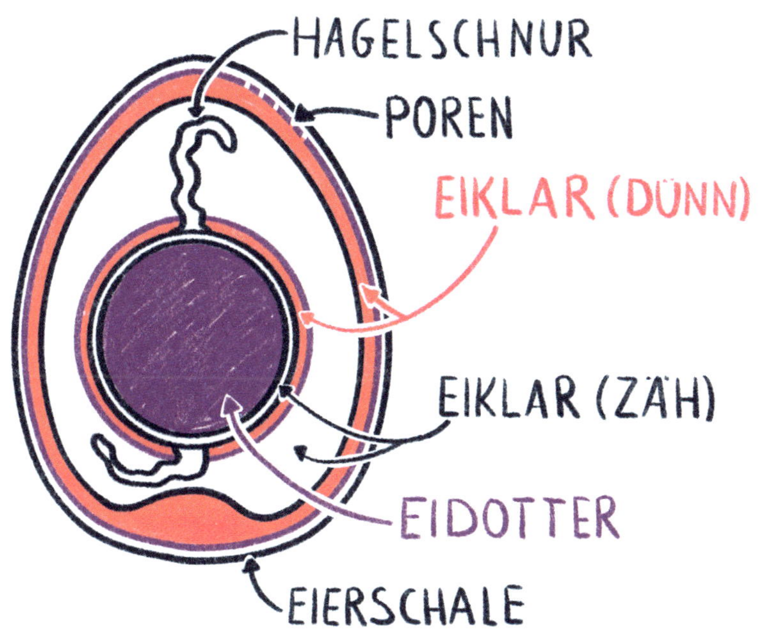

Embryos vor Verletzungen, Austrocknung und schädlichen Umwelteinflüssen. Gleichzeitig ist sie porös und ermöglicht den Gasaustausch, damit der Embryo atmen kann.

Die Eihäute: Unter der Schale liegen zwei dünne Häute, die innere und äußere Eihaut. Sie bieten zusätzlichen Schutz vor Bakterien und verhindern, dass Flüssigkeit austritt. Zwischen diesen Häuten befindet sich am stumpfen Ende des Eis eine Luftkammer, die dem schlüpfenden Küken die ersten Atemzüge ermöglicht.

Das Eiklar: Diese glasklare, gelartige Substanz umgibt den Dotter und besteht hauptsächlich aus Wasser und Proteinen. Sie dient als Stoßdämpfer, schützt den Embryo vor Erschütterungen und liefert ihm Flüssigkeit und wichtige Nährstoffe.

Das Eigelb (Dotter): Der Dotter ist die eigentliche Energiequelle für den Embryo. Er enthält Fette, Eiweiße, Vitamine und

Mineralstoffe, die für das Wachstum und die Entwicklung des Kükens unerlässlich sind. In der Mitte des Dotters befindet sich die Keimscheibe, aus der sich der Embryo entwickelt.

Die Hagelschnüre (Chalazae): Diese verdrehten Eiweißstränge halten den Dotter in der Mitte des Eis und verhindern, dass er gegen die Schale stößt.

Die Plazenta

Bei Säugetieren übernimmt die Plazenta die wichtige Aufgabe, den Embryo während seiner Entwicklung zu versorgen und zu schützen. Dieses Organ besteht aus verschiedenen Teilen, die zusammenarbeiten, um eine optimale Umgebung für das Wachstum des Fötus zu schaffen:

Chorion: die äußerste Schicht der Plazenta, die sich aus embryonalem Gewebe entwickelt. Sie bildet fingerartige Zotten (Chorionzotten), die in die Gebärmutterschleimhaut hineinragen und die Oberfläche für den Stoffaustausch vergrößern.

Chorionzotten: Diese kleinen Ausstülpungen des Chorions sind von Blut umgeben und bilden die eigentliche Austauschfläche. Hier findet der Transfer von Sauerstoff und Nährstoffen zwischen Mutter und Fötus statt sowie die Abgabe von Kohlenstoffdioxid und Abfallprodukten des Fötus an das mütterliche Blut.

Amnion: die innerste Schicht der Plazenta, die den Embryo umgibt und eine flüssigkeitsgefüllte Höhle (Amnionhöhle) bildet. Das Fruchtwasser in dieser Höhle schützt den Fötus vor Stößen, hält eine konstante Temperatur aufrecht und ermöglicht ihm freie Bewegung.

Nabelschnur: Diese Verbindung zwischen Fötus und Plazenta enthält Blutgefäße (Arterien und Venen), die den Transport von Sauerstoff, Nährstoffen und Abfallprodukten zwischen Mutter und Kind gewährleisten.

Plazentaschranke: Diese selektive Barriere zwischen mütterlichem und fetalem Blut verhindert, dass schädliche Substanzen und Krankheitserreger auf den Fötus übertragen werden. Gleichzeitig ermöglicht sie den Durchtritt von Nährstoffen, Sauerstoff und Antikörpern.

Das Schnabeltier als Brückentier

Das Schnabeltier (*Ornithorhynchus anatinus*), ein Kloakentier wie der Ameisenigel, bildet eine evolutionäre Brücke zwischen eierlegenden und lebendgebärenden Tieren. Es wäre das perfekte Tier für Verschwörungstheoretiker, die an geheime Genexperimente glauben: Ein breiter Biberschwanz, Entenfüße, weiches Fell und ein schnabelartiges Maul lassen es aussehen, als hätte man es aus unterschiedlichen Tieren wie eine (zugegebenermaßen sehr niedliche) Version von Frankensteins Monster zusammengenäht. Männliche Schnabeltiere besitzen zudem noch giftige Sporen an den Hinterbeinen, die bei Kontakt starke Schmerzen und Schwellungen verursachen können.

Das Schnabeltier lebt in den Süßwasserseen und Flüssen Ostaustraliens und ernährt sich als Fleischfresser von Insektenlarven, Krebstieren und Würmern, die es am Gewässergrund findet. In seinem Schnabel befinden sich elektro- und mechano-

rezeptive Sensoren, mit denen es elektrische Felder aufspüren kann, die von seinen Beutetieren erzeugt werden. Dies ermöglicht es ihm, selbst in trübem Wasser oder in völliger Dunkelheit effizient zu jagen. Als lebendes Fossil bietet es Einblicke in frühe evolutionäre Stadien und die Übergangsformen zwischen Reptilien und Säugetieren. Fossilfunde belegen, dass seine Vorfahren bereits vor etwa 100 Millionen Jahren lebten.

Im Jahr 2004 entdeckte ein Forschungsteam, dass das Genom des Schnabeltiers viele ungewöhnliche Merkmale aufweist. Es enthält eine Mischung aus reptilien- und säugetierspezifischen Genen und zehn Geschlechtschromosomen: Weibliche Schnabeltiere besitzen zehn X-Chromosomen, die Männchen fünf X- und fünf Y-Chromosomen. Zum Vergleich: Wir Menschen, die wir ja ebenfalls Säugetiere sind, haben normalerweise nur zwei Geschlechtschromosomen – entweder XX oder XY.

Obwohl es ein Säugetier ist, legt das Schnabeltier Eier mit ledriger Hülle. Die geschlüpften Jungtiere lecken Milch aus speziellen Drüsen im Bauchbereich der Mutter.

Es gibt noch viele andere Besonderheiten bei den Schwangerschaften im Tierreich, allein damit könnte man wohl zwei Bände füllen. Doch wie sieht es eigentlich bei uns aus?

FAMILIE

Geburt

Ich sag mal so: Beim Thema Geburt bin ich nicht so richtig zufrieden, wie sich die Evolution das ausgedacht hat. Klar, es ist bei uns Menschen nicht so schlimm wie bei den Hyänen, bei denen sich das Neugeborene quasi durch einen Strohhalm zwängt, aber so weit weg sind wir davon auch nicht.

Die Geburt war lange Zeit ein gefährlicher Weg für Mutter und Kind. Bis ins 20. Jahrhundert hinein starben viele Frauen währenddessen oder danach an Blutungen, Infektionen oder weil das Ganze nicht voranging. Diese hohe Sterblichkeit und die vielen Schwierigkeiten prägten die Menschen über Jahrtausende. Eine Sache war ein besonders großes Problem: Die mangelnde Hygiene, doch war man sich dessen in der Vergangenheit noch nicht so richtig bewusst.

Eine Hand wäscht die andere … hoffentlich

Ignaz Semmelweis (1818–1865), ein ungarischer Arzt, revolutionierte die Geburtshilfe. Seine Entdeckung der lebensrettenden Händedesinfektion stieß jedoch seinerzeit auf erbitterten Widerstand. Erstaunlich, dass man sich früher gegen so etwas wie das Händewaschen sträubte, doch seit der Corona-Pandemie wundert uns das nicht mehr so sehr.

1847 arbeitete Semmelweis als Assistenzarzt an der Entbindungsstation des Allgemeinen Krankenhauses in Wien. Damals war das Kindbettfieber eine häufige und oft tödliche Krankheit, die frisch entbundene Mütter nach der Geburt befiel. Es war eine Infektion, die durch Bakterien verursacht wurde, was damals aber noch niemand wusste. Die Sterblichkeitsrate war alarmierend hoch, und niemand konnte erklären, warum so viele Frauen an dieser Krankheit starben. Semmelweis war entschlossen, das Rätsel zu lösen.

Durch akribische Beobachtungen und Analysen stellte er fest, dass die Sterblichkeitsrate in der Abteilung, in der Medizinstudenten arbeiteten, deutlich höher war als in der von Hebammen betreuten Abteilung. Der Unterschied? Nun, die Medizinstudenten führten routinemäßig Autopsien an verstorbenen Patienten durch und gingen dann zu den Geburten, ohne sich die Hände zu waschen. Semmelweis beschrieb, wie diese Studenten noch Blut und Gewebefetzen an den Händen hatten, mit denen sie dann die werdenden Mütter berührten. Er interpretierte es damals so, dass das »Leichengift« die Frauen krank mache – früher dachte man, Leichen würden giftige Stoffe ausdünsten, die Menschen krank machten, wenn man sie einatmete.

Um seine Theorie zu testen, führte Semmelweis in seiner Abteilung die obligatorische Händedesinfektion mit einer Chlorlösung für alle Medizinstudenten und Ärzte ein, bevor sie mit Gebärenden in Kontakt kamen. Die Wirkung dieser Maßnahme war dramatisch: Innerhalb weniger Monate sank die Sterblichkeitsrate von über zehn auf unter zwei Prozent. Semmelweis hatte bewiesen, dass Hygiene und Händewaschen Leben retten können.

Eigentlich sollte man denken: Damit ist doch alles klar, oder? Nun, nein. Trotz dieser Ergebnisse stieß Semmelweis bei seinen Kollegen auf erheblichen Widerstand und Spott. Die Ärzteschaft war nicht bereit, ihre langjährige Praxis infrage zu stellen, was auch heute noch seltsam vertraut klingt. Viele Ärzte fühlten sich von Semmelweis persönlich angegriffen, da sie unbewusst für den Tod vieler Frauen verantwortlich waren. Die Vorstellung, dass unsichtbare Partikel Krankheiten übertragen könnten, wurde von vielen als absurd und unwissenschaftlich abgetan.

Semmelweis kämpfte unermüdlich gegen diese Vorurteile an. Er schrieb Artikel und Bücher, um seine Erkenntnisse zu verbreiten, und hielt Vorträge, um seine Kollegen zu überzeugen. Doch statt Anerkennung zu finden, wurde er oft belächelt und seine Theorien als »Hirngespinste« abgetan. Sein leidenschaftliches Eintreten für die Händedesinfektion und seine scharfe Kritik an der bestehenden medizinischen Praxis brachten ihm den Spitznamen »Retter der Mütter« ein, aber auch viele Feinde. Die Ignoranz und der Widerstand seiner Kollegen machten Semmelweis schwer zu schaffen. Er wurde immer verbitterter und vereinsamte. Schließlich wurde er in Wien entlassen und kehrte nach Ungarn zurück, wo er weiter für die Händehygiene kämpfte. Obwohl seine Methoden auch dort die Sterblichkeitsrate senkten, blieb ihm die breite Anerkennung zeitlebens versagt.

Sein Leben endete tragisch. Er entwickelte schwere Depressionen und wurde 1865 ohne genaue Diagnose in eine psychiatrische Anstalt eingewiesen, wo er nach nur zwei Wochen unter ungeklärten Umständen starb. Einige Quellen sprechen von einer kleinen Verletzung, die zu einer Blutvergiftung und laut Aktennotiz zu einer »Gehirnlähmung« geführt haben soll, eine andere Theorie geht von einem Kampf mit dem Anstaltspersonal aus – 1963 wurde sein Leichnam exhumiert, dabei wurden zahlreiche gebrochene Knochen entdeckt. Daher vermuten einige moderne Biografen eher, dass er gewaltsam zu Tode gekommen ist.

Erst nach seinem Tod erkannte die medizinische Welt die Bedeutung seiner Arbeit. Die Entdeckungen von Louis Pasteur (1822–1895) und des schottischen Chirurgen Joseph Lister (1827–1912) bestätigten schließlich Semmelweis' Keimtheorie und auch die Notwendigkeit von antiseptischen Maßnahmen. Übrigens gibt es mittlerweile einen Begriff für die Reaktion der Ärzteschaft auf seine Theorien: *Semmelweis-Reflex*. Der Begriff beschreibt, wenn in der Wissenschaft neue Theorien reflexartig abgelehnt werden, ohne dass man sich mit ihnen näher beschäftigt oder gar versucht hätte, sie wissenschaftlich zu untersuchen – nur weil sie den seit Langem geltenden Standards und auch den persönlichen Überzeugungen der Forschenden widersprechen.

Heute gilt Ignaz Semmelweis als Pionier der antiseptischen Methoden und als Retter unzähliger Mütter. Seine Entdeckung der Händedesinfektion hat die Geburtshilfe revolutioniert und die Grundlagen für moderne Hygienestandards gelegt. Nur schade, dass er davon nichts mehr mitbekommen hat.

Kaiserliche Geburt

Wenn wir schon bei Geburten sind, möchte ich kurz mit einem Mythos aufräumen: Nein, der Kaiserschnitt heißt nicht so, weil der ehemalige Kaiser Gaius Julius Caesar (100 v. Chr.–44 v. Chr.) so zur Welt kam. Tatsächlich lebte seine Mutter Aurelia bis 54 v. Chr., überlebte also die Geburt, und das ist etwas, was beim Kaiserschnitt lange Zeit nicht vorgesehen war – der Eingriff wurde erst durchgeführt, wenn die Gebärende schon tot war oder kurz vor dem Tod stand, denn diese Operation war lange Zeit garantiert tödlich. Vielmehr geht der Begriff »Kaiserschnitt« wahrscheinlich auf das lateinische Wort »sectio caesarea« zurück. Das Wort »caesarea« leitet sich vom lateinischen Verb »caedere« ab, was »schneiden« bedeutet … ironischerweise kann man es auch mit »schlachten« oder »morden« übersetzen, nun ja. Ähem.

Es dauerte lange, bis der Kaiserschnitt zu einem Eingriff wurde, bei dem das Überleben der Mutter möglich war. Am 21. April 1610 führte der deutsche Arzt Jeremias Trautmann in Wittenberg den ersten historisch verbürgten Kaiserschnitt in Deutschland durch, an dessen Ende die Frau tatsächlich überlebte. Und das Ganze ohne Narkose! Man will es sich nicht einmal vorstellen, wirklich. Schon beim Gedanken daran will ich vor Schmerz schreien, dabei bohrt sich gerade kein Skalpell durch meine Gewebeschichten.

Heutzutage ist der Kaiserschnitt zum Glück ein Standardeingriff an unseren Kliniken – *mit* Betäubung. Es kann entweder sein, dass ein Notkaiserschnitt gemacht wird, wie es bei meinem Bruder der Fall war, oder aber man entscheidet sich für einen Wunschkaiserschnitt.

Generell gäbe es noch viel über Geburten zu sagen, beispielsweise zum Thema Gewalt. Was Gebärdenden in den Kreißsälen manchmal angetan wird, blieb lange im Schatten und wird endlich breiter diskutiert. Das hier ist ein Buch mit Schwerpunkt Biologie, und ich kann wirklich nicht alle drei Meter abschweifen; aber dennoch kann ich euch den Tipp geben, dazu einfach mal im Internet danach zu suchen, um euch ein Bild zu machen, euch zu informieren oder sogar Anlaufstellen zu finden, sollte euer eigenes Geburtserlebnis traumatischer gewesen sein, als man es euch vorher versprochen hatte.

Geburten im Tierreich

Also zurück zur Biologie. Während wir zumindest grob wissen, wie Geburten bei uns Menschen ablaufen, lohnt ein genauerer Blick in die Natur, denn da findet sich auch die ein oder andere interessante Geburtsgeschichte.

Cuandus (*Coendou prehensilis*), die wie Stacheltiere aussehen und auch mit ihnen verwandt sind, bringen immer nur ein Kind zur Welt. Es ist schon komplett mit Stacheln besetzt, aber zum Glück sind diese noch weich, bis sie mit der Luft reagieren und aushärten. Wenn das Baby aber in Steißlage liegt, wird die Geburt auch schwierig und gefährlich, weil selbst die weichen Stacheln sich dann verhaken können. Zu allem Überfluss findet die Geburt auch noch auf einem Baum statt – Respekt an die Mütter, das hinzukriegen, ohne das Baby fallen zu lassen, herrje.

Wo wir gerade bei Höhen sind: Giraffen bekommen ihre Kinder ebenfalls im Stehen, und in Anbetracht der Tatsache, dass so eine Giraffenvagina durchaus anderthalb bis zwei Meter über dem Boden schwebt, ist das eine Hausnummer.

Eine der ausführlichsten und eindrucksvollsten Aufzeichnungen einer solchen Geburt stammt von Rudi van Aarde (1951–2023), wie der Zoologe Graham Mitchell in seinem Buch *How Giraffes Work* schildert. 1976 hatte van Aarde das seltene Glück, im südafrikanischen Jack Scott Nature Reserve eine Giraffenkuh bei der Geburt ihres Kalbes beobachten zu können. Um 10.20 Uhr stand die Giraffenkuh etwas abseits von der Gruppe, und nur fünf Minuten später begannen die ersten Anzeichen der Geburt: unregelmäßige Kontraktionen des Unterleibs. Kurz darauf waren die Vorderbeine des Kalbes zu sehen. Um 10.38 Uhr waren zusätzlich schon der Kopf und der Hals des Kalbes draußen, um 10.50 Uhr folgten die Schultern. Und dann, mit einem dumpfen Schlag, landete das Kalb auf dem Boden – die Geburt war nach nur 35 Minuten beendet. Man könnte meinen, dass dieser dramatische Sturz aus circa 1,80 Metern Höhe für das Kalb gefährlich sein könnte, aber genau dieser Sturz ist entscheidend, denn dabei wird die etwa ein Meter lange Nabelschnur abgetrennt.

Tiermütter, vor allem bei Fluchttieren wie Giraffen, sind während der Geburt naturgemäß einer erhöhten Gefahr ausgesetzt. Deshalb bilden andere Giraffenweibchen manchmal einen schützenden Kreis um gebärende Giraffenmütter, während Bullen etwas mehr auf Abstand gehen.

So richtig interessant wird es aber vor allem, wenn die Kids auf der Welt sind.

Eine schrecklich nette Familie

Ich bin Entomologin, genau genommen forsche ich an Käfern. Deshalb verwundert es wohl auch nicht, dass meine liebste Brutpflegegeschichte bei unseren sechsbeinigen Freunden zu finden ist, und zwar bei den Totengräbern (*Nicrophorus*). Diese Käfergattung findet man an den Kadavern kleinerer Tiere, und sie sorgen mit anderen Organismen dafür, dass wir nicht an jeder Ecke über irgendetwas Totes stolpern.

Wusstest du, dass es Insekten außerhalb von Bienen, Ameisen und Co. gibt, die richtige Brutpflege betreiben? Das traut man Insekten meist gar nicht richtig zu, aber auch unter unseren sechsbeinigen Freunden findet man viele fürsorgliche Eltern.

Totengräber gehören zur Familie der Aaskäfer (Silphidae), und weil sie für ihre Kinder nur das Beste wollen, bauen sie ihnen ein wunderhübsches Kinderzimmer in einem gammeligen Kadaver.

Findet ein Männchen etwas, das schon länger tot herumliegt und idealerweise schon ein bisschen komisch riecht, fangen sie an, darunter herumzubuddeln, bis das Aas leicht absinkt. Liegt der Kadaver schon ein wenig tiefer, inseriert das Männchen seinen Palast und sorgt dafür, dass die Weibchen auf ihn und seine Villa aufmerksam werden. Um dabei möglichst auffällig rüberzukommen, winkt er sie nicht etwa mit einem Füßchen herbei, sondern mit seinem Hintern – heute würden wir das wohl als »Twerken« bezeichnen, in der Biologie spricht man aber vom *Sterzeln*, was auch witzig klingt. Natürlich kann es passieren, dass man damit nicht nur die potenziellen Mütter der künftigen Sprösslinge auf sich aufmerksam macht, sondern auch Räuber oder andere Männchen. Letztere können dem Großaasbesitzer dann schon einmal den Schatz streitig machen.

Ist aber alles gut gegangen und ein Junggeselle hat ein Weibchen für sich gewonnen, fackeln sie nicht lange und fangen mit dem Hausbau an. Beide graben weiter unter dem Kadaver, bis er immer weiter absackt. In Anbetracht der Tatsache, wie klein solche Käfer sind, dauert das natürlich ein Weilchen – je nach Größe des Aases. Während des Grabungsvorgangs speicheln sie den Kadaver gut ein, da ihr Speichel konservierend wirkt. Niemand möchte schließlich Schimmel im Kinderzimmer haben, oder? Außerdem entfernen sie die Haare und kugeln das Aas ein, damit es kompakter ist. Nach der Eiablage durch das Weibchen schlüpfen die Larven und krabbeln in Richtung des leckeren Geruchs, um sich zu stärken. Da sie aber nicht einfach vom Kadaver abbeißen können, sind sie darauf angewiesen, von ihren Eltern vorgekauten Nahrungsbrei zu erhalten. Dafür stupsen sie die Eltern an oder wackeln mit den Köpfchen und winken mit den Beinchen, damit sie einen bemerken, woraufhin es einen leckeren vorgekauten Smoothie von Mama oder Papa gibt. Irgendwann sind die Larven groß genug, um allein zu fressen, und dann dauert es auch nicht mehr lang, bis sie von zu Hause ausziehen.

Studien haben gezeigt, dass die Brutpflege bei *Nicrophorus*-Arten die Überlebensrate und das Wachstum der Larven enorm verbessert. Die sorgfältige Pflege und Fütterung hat positive Effekte auf die Überlebensraten und das Endgewicht der Larven. So überleben Larven, die elterliche Fürsorge während ihrer gesamten Entwicklung am Kadaver erhalten, signifikant häufiger und erreichen ein höheres Endgewicht im Vergleich zu Larven, die ohne elterliche Fürsorge aufwachsen.

Es kann übrigens sein, dass ein einzelnes Elternpaar mit einem großen Kadaver etwas überfordert ist. In dem Fall schließen sich mehrere Paare zu Brutkolonien zusammen, ein bisschen wie eine große, moderne Familien-WG. Die Kinder teilen sich dann den Kadaver. Und es ist auch nicht unbedingt schlecht, einen diverseren Genpool direkt an einem Ort zu sammeln, oder?

Mutterliebe Level »stirb langsam«

Aber nicht alle Eltern sind so fürsorglich wie diese Käfer. In der Natur gibt es viele Tiere, die von Tag 1 an auf sich allein gestellt sind. Das trifft auf viele Insekten zu, aber auch auf nicht wenige Reptilien, die allein aus dem Ei schlüpfen und ohne Schonfrist ihrem eigenen Schicksal überlassen werden. Man denke da nur an die Meeresschildkröten, deren Babys sich ganz ohne elterliche Begleitung vom Eiablageplatz auf den gefährlichen Weg ins noch gefährlichere Meer machen müssen.

Bibermütter sind auch nicht zimperlich und eher von der pragmatischeren Sorte. Die Jungtiere sind von Natur aus wasserscheu, doch müssen sie irgendwann schwimmen lernen. Dafür werden sie von der Mutter an Tag eins des Schwimmkurses namens *Du kannst jetzt schwimmen, viel Gück!* ins Wasser gestoßen. Das pädagogische und didaktische Vorgehen von Eisbärenmüttern läuft ähnlich.

Im Kapitel über maternale Effekte haben wir ja schon gesehen, wie grausam Natur manchmal sein kann. Eltern-Kind-Liebe ist oft von pragmatischen Überlegungen geprägt, und auch *Infantizide* – also das Töten des eigenen Nachwuchses – kommen häufiger vor, als uns lieb ist. Ein gutes Beispiel dafür sind Störche, die ihren eigenen Nachwuchs in harten Zeiten aufessen beziehungsweise an die stärkeren Geschwister verfüttern oder ihn einfach aus dem – mehrere Meter hohen – Nest werfen. Man bezeichnet das als *Kronismus*, abgeleitet aus der griechischen Sage, in der der Titan seine eigenen Kinder »sicherheitshalber« aufaß, damit sie ihm später nicht den Thron streitig machen würden. Geklappt hat das übrigens nicht: Seine Frau versteckte eins der Kinder, Zeus, das später den Vater entmachtete und dazu brachte, die Geschwister wieder auszuspucken.

Oft passiert es auch, dass Männchen den Nachwuchs anderer Männchen töten. Beispielsweise, wenn ein Löwenmännchen ein Rudel übernimmt – dann möchte es erst einmal die Kinder des Konkurrenten loswerden. Einerseits, damit eben dieser Nachwuchs dem eigenen Nachwuchs keine Konkurrenz macht, andererseits muss er dann keine Ressourcen an fremde Gene »verschwenden«, zudem werden die Weibchen schneller wieder fruchtbar. In manchen Arten haben Weibchen hier eine gute Gegenstrategie gefunden: Sie haben einfach mit so vielen Männchen Sex, dass niemand so richtig weiß, wer wessen Kind ist beziehungsweise dass alle glauben, der Vater der Kinder zu sein. Smart.

Eine recht robuste Definition von Mutterliebe haben auch Sattelrobben (*Pagophilus groenlandicus*). Für zwölf Tage opfern sich die Mütter komplett für die kleinen flauschigen Babys auf; sie essen nicht, schlafen kaum, geben wirklich alles und füttern ihre Jungtiere nonstop, sodass diese rund zwei bis drei Kilo am Tag zunehmen – bis Tag 12. Dann sagen sie *Ciao, Kakao!* und ziehen los, um eine neue Familie zu gründen. *Nun gut*, wirst du denken, *dann sind die Kinder ja schon in der Lage, sich um sich selbst zu kümmern, oder?* Nein. Nein, das sind sie nicht, es sind unselbstständige, niedliche und verängstigte Flauschbälle, die auf einer Eisscholle hungrig um ihr Leben zittern, denn sie können erst mit acht Wochen schwimmen und auf die Jagd gehen. Neben Räubern und der Gefahr, zu verhungern, ist hier der Klimawandel der größte Feind der Robbenbays; denn wenn die Eisscholle schmilzt, auf der sie liegen, ertrinken sie in den eisigen Fluten. Immer wieder sind die Temperaturen zu hoch, sodass

es nicht selten passiert, dass Tausende Robbenkinder auf einen Schlag wegen der schmelzenden Eisschollen ertrinken; teilweise eine ganze Generation einer Population. 20 bis 30 Prozent der Kleinen packen es nicht, es ist wirklich eine brutale Auslese. Aber die, die es schaffen, haben bewiesen, dass sie stark sind und vermutlich sehr gute Gene weitergeben werden.

Noch eine letzte Geschichte aus der eher gnadenlosen Geschichtskiste der Natur. Hast du mal die Serie *Succession* gesehen? Hier kämpfen die Kinder eines reichen Medienunternehmers um die Nachfolge mit immer weiter eskalierenden Mitteln und reiben sich komplett daran auf, während Papa zuschaut. Ungefähr so kann man sich die Erziehungsmethoden des Tasmanischen Teufels (*Sarcophilus harrisii*) vorstellen. Diese niedlichen Säuger leben, der Name sagt's ja schon, in Tasmanien. Die Weibchen bringen bis zu 50 (!) Jungtiere zur Welt, machen dann den Beutel auf und sagen quasi: *So, hier sind genau vier Plätze frei, mögen die Spiele beginnen!* Die Babys, die sich am besten gegen die Konkurrenz durchsetzen und am schnellsten in die Tasche gelangen, haben das goldene Ticket gewonnen. Ihre 46 Geschwister halten die Mortalitätsrate von 60 bis 90 Prozent weiter stabil.

Eltern, die alles geben

Die letzten Geschichten über elterliche Fürsorge lesen sich ein wenig wie deutsche Märchen oder Geschichten aus dem *Struwwelpeter*, oder? Keine Ahnung, wieso es bei uns so eine Tradition ist, unsere Kinder so dermaßen übertrieben zu erschrecken.

Es gibt unendlich viele Strategien, sich um den Nachwuchs

zu kümmern und ihn mit allen Nährstoffen zu versorgen, die er braucht, um groß und stark zu werden. Bei uns Menschen geschieht dies über die Milch. »Menschenmilch« besteht zu fast 90 Prozent aus Wasser, der Rest sind Fette, Proteine (also Eiweiße) und Kohlenhydrate. Garniert wird das Ganze mit Vitaminen, Spurenelementen und Antikörpern, um das Immunsystem der Babys schon einmal gut auszustatten.

Das Konzept »Milch« ist bei Säugetieren etabliert, andere Tiere, wie zum Beispiel Vögel, fangen die Nahrung und zerkauen sie vor, sodass die kleinen Küken den nahrhaften Brei gut runterschlucken können. Der Aufwand ist in beiden Fällen recht hoch, die Bildung von Milch ist für die Säugetiermütter unglaublich anstrengend und kräftezehrend, die Jagd nach Nahrung für Vögel und Co. aber auch.

Orang-Utans sind aufopferungsvolle und enorm liebevolle Mütter, Eisbärenweibchen begleiten ihre Kinder jahrelang und bringen ihnen geduldig alles bei, was sie im Leben da draußen wissen müssen. Männliche Kaiserpinguine balancieren das Ei auf ihren Füßen, damit es nicht den eiskalten Boden berührt – Nistmaterial für ein Nest gibt es ja nicht –, während die Pinguinmama teilweise 60 oder 70 Kilometer weit reist, um Futter zu finden, das sie dem Kind nach dem Schlupf vorkauen und hochwürgen kann. Manche Krakenmütter opfern sich im wahrsten Sinne des Wortes komplett für den Nachwuchs auf und

versorgen die Eier jahrelang, ohne an sich selbst zu denken – kaum Essen, kaum Schlaf, bis sie irgendwann an Erschöpfung sterben.

Eine eher bizarr-amüsante Variante gibt es bei den Blindwühlen (Gymnophiona) – beinlose, wurmartige Amphibien, die hauptsächlich in tropischen Regionen leben und sich meist im Boden oder in Gewässern aufhalten.

Diese Tiere, die ein wenig an Blindschleichen erinnern, haben eine Fortpflanzungsstrategie entwickelt, die eine hohe Investition in den Nachwuchs erfordert, aber auch mit einer extrem hohen »Rendite« belohnt wird. Das heißt: Die Mütter investieren viel Zeit und Energie in die Aufzucht, die überdurchschnittlich erfolgreich ist und starke, überlebensfähige Junge hervorbringt.

Wenn sich zwei Blindwühlen treffen und attraktiv finden, kommt es zur Paarung, meist in einem geschützten Versteck. Danach legt das Weibchen zwischen fünf und 20 Eier in ein zuvor gegrabenes Nest. Diese Eier sind alle durch eine Membran miteinander verbunden, sodass sie sich nach und nach zu einer Art Weinrebe zusammenschließen. Das Weibchen legt ihren Körper um die Eier und hält ihren Kopf darüber, sodass die Brut geschützt ist und von ihrem Hautsekret feucht gehalten wird. Nach einem Monat schlüpfen die kleinen Wühlen, die wie halb transparente, winzige Regenwürmer aussehen.

Der Körper der Mutter umhüllt den Nachwuchs auch noch nach dem Schlupf. Aber etwas sehr Wichtiges hat sich verändert: Die Haut der Mutter, die bisher dunkelblau war, hat sich verdickt und sieht jetzt milchig-weißblau aus. Und wenn man genau hinschaut, sieht man, dass die kleinen Ringelwürmer nicht einfach nur in der Mitte ihrer Mutter liegen und warten, sondern der unwissende und daher entsetzte Beobachter erkennt, dass die Jungen ihre Mutter … fressen.

Es ist tatsächlich so, dass Blindwühlenmütter, wenn der

Nachwuchs da ist, vorher schon Kohlehydrate, Fette, Proteine und alle möglichen anderen Stoffe in ihre Haut eingelagert haben. Das ist aber jetzt nicht mehr einfach nur normale Haut, sondern sogenannte *Nährhaut*, und die Kinder fressen ihre Mutter nicht – na ja, okay, zumindest nicht ganz –, sondern betreiben etwas, das man auf Englisch als *maternal dermatophagy* bezeichnet. »Maternal« zeigt, dass da irgendwie die Mutter eine Rolle spielt, »dermato-« zeigt den Bezug zu »Haut«, und »-phagy« kann man hier als »fressen« übersetzen. Frei übersetzt heißt es also so was wie »Fressen der mütterlichen Haut«. Ja, die Blindwühlenkids fressen ihrer Mutter die Haut runter, welche sie immer wieder nachwachsen lässt, woraufhin die Kinder sie wieder abfressen. Und das war es noch nicht, denn als Nachtisch gibt die Mutter über ihre Ausscheidungsöffnung am Popbes auch noch ein Sekret in den Mund ihrer Kinder ab. (An die Leute, die es »eklig« finden, wenn Babys in der Öffentlichkeit an die Brust gelegt und gestillt werden: Wie wäre es dann mit dieser Alternative?)

Für uns Menschen klingt das alles wirklich bizarr, und tatsächlich ist das auch in der Natur eine eher ungewöhnliche Form der Brutpflege, wenn man mal die am weitesten verbreiteten Konzepte damit vergleicht. Die Schleichenlurche sind sowieso eine Gruppe Tiere, die sehr schlecht untersucht sind. Man kennt vielleicht bei einem Viertel der bis heute bekannten Arten grobe Informationen über Nahrungspräferenz und die Grundzüge der Fortpflanzung, die wirklich auch innerhalb der Ordnung sehr variabel ist. Nein, nicht alle lassen sich die Haut vom Körper fressen, aber manche eben schon.

Wenn wir schon bei bizarren Fütterungsgeschichten sind, müssen wir hier noch ein Tier mit reinnehmen: den Rennkuckuck (*Geococcyx*), ein Bewohner des Death Valley, also des Tal des Todes. Es handelt sich hierbei um einen Ort in der Mojave-Wüste in den Vereinigten Staaten, südöstlich der Sierra Nevada. Seinen Namen hat es während des kalifornischen Goldrausches 1859 bekommen, als etwa 300.000 Menschen nach Kalifornien kamen, um nach Gold zu suchen. Um dorthin zu gelangen, mussten viele Menschen dieses Tal durchqueren, und ich sag mal: Es ist nicht unbedingt die freundlichste Umgebung, was die Lebensbedingungen angeht. Das heißt, die Gefahr zu sterben war extrem hoch. Das Tal hält hitzetechnisch gleich mehrere Rekorde: Es gilt als der heißeste Ort der Welt, dann gibt es noch einen für die höchste Temperatur, die je auf unserem Planeten gemessen wurde: 1913 waren es 56,7 °C im Schatten. In der Sonne ist das natürlich unvorstellbar viel mehr. Der Boden kann sich bis auf 90 °C erhitzen. Insgesamt ein harter Lebensraum, was man auch an der Zusammensetzung der Flora und Fauna sieht.

Nur wenige Vögel bleiben das ganze Jahr über dort, und dazu gehört der Rennkuckuck. Kennst du die Trickserie *Looney Tunes*? Da gab es den *Roadrunner*, der vor dem Wolf weggelaufen ist. Der hat immer so *möpmöp* gemacht und konnte mega schnell rennen – damals wusste ich nicht, dass es diese Tiere auch in echt gibt.

Im Gegensatz zu den meisten anderen Kuckucken ist dieser

Vogel kein Brutparasit. Der Kuckuck (*Cuculus canorus*) legt ja seine Eier in fremde Nester, dann schlüpft das Jungtier, entledigt sich seiner Stiefgeschwister und lässt sich von den fremden Vogeleltern großziehen. Der Rennkuckuck hingegen kümmert sich selbst um seinen Nachwuchs. Hin und wieder kann es allerdings vorkommen, dass er seine Eier zumindest anderen Artgenossen unterjubelt.

Wie alle Tiere im Tal hat auch der Rennkuckuck Tricks auf Lager, um mit der Trockenheit klarzukommen. In den kalten Wüstennächten, die im Winter ganz schön eisig werden können, fällt er in eine Kältestarre. Außerdem hat er auf dem Rücken Löcher im Gefieder, durch die seine nackte, dunkle Haut hervorblitzt. Wenn er morgens aufwacht, streckt er sich ein bisschen, damit die Sonnenstrahlen auf diese Flecken fallen. Die heizen sich dann auf und erwärmen ihn schnell wieder, damit er fit in den Tag starten kann. Um der Mittagshitze zu entkommen, ist er vor allem vormittags und nachmittags unterwegs. Mittags sucht er sich lieber ein schattiges Plätzchen und wartet, bis es etwas kühler wird.

Das alles ist ganz schön anstrengend, und sein Körper verbraucht dabei natürlich viel Wasser. Zum Glück hat er spezielle Drüsen an den Augen, mit denen er Salz ausscheiden kann. So bleibt sein Elektrolythaushalt trotz des Wasserverlusts im Gleichgewicht. Und er hat noch einen weiteren Trick auf Lager: Er kann über seine Kloake Wasser aufnehmen. Vögel haben nämlich keine getrennten Ausgänge für Urin und Kot wie wir, sondern eine *Kloake*. Und über diese Kloake kann er Wasser *resorbieren*, soll heißen: Bevor die Ausscheidungen den Körper verlassen, entzieht er ihnen noch mal das Wasser – das nenne ich effizient.

Und wenn ein Rennkuckuck Küken hat, würgt er Wasser hoch, das er selbst aufgenommen hat, und füttert damit die Kleinen. Aber das ist noch nicht alles: Die Eltern fressen den

Kot der Küken, nehmen daraus das Wasser wieder auf und bereiten es erneut zu. Am Anfang brauchen die Küken noch zusätzliches Wasser, aber wenn sie ausgewachsen sind, reicht ihnen das Wasser aus der Nahrung. Und weil die Lebensbedingungen in der Mojave-Wüste so hart sind, ist der Rennkuckuck auch nicht besonders wählerisch. Er frisst einfach alles, sogar Kot. Er jagt kleine Schlangen und Eidechsen, Insekten, Nagetiere, aber wenn es Früchte oder Samen gibt, frisst er auch die. Er kann sogar bis zu drei Meter hoch springen, um Insekten zu fangen! Das sind wirklich spannende und coole Vögel, die auf jeden Fall eine eigene Tricksendung verdient haben.

Urzeitliche Kindergärten

Wie sich Dinos verhalten haben, können wir nur vermuten. Wir schauen uns an, wie die fossilen Skelette lagen, als man sie fand, untersuchen versteinerte Fußspuren und Bissspuren, und vergleichen sie mit heutigen Tieren, die in ähnlichen Lebensräumen leben. Da wir aber nichts direkt beobachten können, gibt es in der Wissenschaft viel Streit und unterschiedliche Meinungen. Trotzdem sind sich die Forschenden in einigen Punkten einig. 1878 fand man zum Beispiel ein Massengrab von Iguanodons, was darauf hindeutet, dass sie in Herden lebten. Anhand von Fußspuren können wir abschätzen, ob Dinoarten eher in großen oder kleinen Herden unterwegs oder vielleicht Einzelgänger waren.

1978 entdeckte ein Forschungsteam in Montana eine Nestkolonie von *Maiasaura peeblesorum*, Dinosauriern, deren Name übersetzt »Gute-Mutter-Echse« bedeutet. Diese Entdeckung war revolutionär, denn sie lieferte die ersten Hinweise darauf,

dass Dinosaurier sich um ihre Jungen kümmerten – entgegen der damaligen Annahme, dass sie sich nicht um ihren Nachwuchs scherten. Die versteinerten Nester enthielten viele Eier und Überreste von Jungtieren in verschiedenen Entwicklungsstadien, was darauf hindeutet, dass die Jungtiere über einen längeren Zeitraum betreut wurden.

Die Nester waren wie bei heutigen Seevögeln in Kolonien angeordnet. Das deutet darauf hin, dass Maiasaurier in sozialen Gruppen lebten und sich möglicherweise gemeinsam um die Brut kümmerten. Die Nester selbst waren flach und aus Pflanzenmaterial und Erde gebaut, was zeigt, dass die Eltern sich aktiv am Nestbau beteiligten, um ihre Eier zu schützen.

Man nimmt an, dass die Jungtiere nach dem Schlüpfen im Nest blieben und von den Eltern gefüttert wurden. Diese Annahme stützt sich auf die Größe und den Zustand der Jungtierfossilien. Die Fossilien zeigen, dass die Jungtiere zu jung waren, um das Nest zu verlassen und selbstständig Nahrung zu suchen. Vermutlich fütterten die Eltern sie mit vorgekauter Nahrung. Es gibt auch Hinweise darauf, dass die Eltern die Jungtiere vor Raubtieren beschützten. Die Anordnung der Nester in Kolonien hätte den Schutz verbessert, da mehrere erwachsene Tiere ihre Nachkommen verteidigen konnten. Diese Theorie wird durch den Mangel an Anzeichen für Raubtierangriffe auf die gefundenen Nester unterstützt.

Während Maiasaurier ein besonders gut dokumentiertes Beispiel für elterliche Fürsorge bei Dinosauriern sind, gibt es auch zahlreiche Hinweise auf vielfältige Brutpflegepraktiken bei anderen Arten. Untersuchungen an Fossilien, Eiern und Nistplätzen zeigen, dass die Brutpflege bei Dinosauriern komplex und unterschiedlich war. Zum Beispiel deutet der Fund eines erwachsenen *Psittacosaurus* mit vielen Jungtieren darauf hin, dass die Tiere nicht nur ihren eigenen Nachwuchs betreuten, sondern auch die Jungen anderer Eltern aus der Gruppe – wie eine Art Dinosaurier-Kindergarten.

Die Nester und Eistrukturen der Dinosaurier variierten stark zwischen den verschiedenen Arten. Einige, wie *Protoceratops* und *Mussaurus* – was übrigens *Mausechse* heißt –, legten Eier mit weichen Schalen, die sie in feuchter Erde vergruben, damit sie nicht austrockneten. Andere, wie die *Oviraptorosauria*, legten harte Eier mit Kalkschale, die sie sorgfältig anordneten und vielleicht sogar bebrüteten. Fossilien dieser Dinos, die in brütender Position über ihren Nestern gefunden wurden, lassen vermuten, dass sie ihre Eier ähnlich wie heutige Vögel ausbrüteten. Sie legten sie in Kreisen an und schützten sie wahrscheinlich mit ihrem Körper.

Die Brutpflege der Dinosaurier lässt sich nicht vollständig rekonstruieren, doch liefern fossile Funde wertvolle Hinweise. Sie zeigen, dass Dinosaurier entgegen früheren Annahmen wahrscheinlich sehr fürsorgliche Eltern waren, die ihre Jungen auf vielfältige Weise umsorgt und beschützt haben. Auch wenn die genauen Details dieser Interaktionen im Dunkeln bleiben, so liefern die Fossilien doch eindeutige Belege für ein komplexes Brutpflegeverhalten. Und obwohl die Dinosaurier als solche längst ausgestorben sind, kennen wir heute moderne Dinos, von denen wir einiges über ihre Fürsorge wissen:

Eine prägende Erfahrung

Wir befinden uns auf den letzten Metern, nicht nur in diesem Buch, sondern auch in unserer Reise nach Dänemark. Es ist der 23. Dezember 2023. Jasmin und ich fahren wie jedes Jahr über die Feiertage an die dänische Westküste in ein kleines Ferienhaus umgeben von Bäumen, Dünen, Farnen und Moos. Auf unserer Agenda für diese Zeit, die mit *Dänemuggelig* in unserem Kalender markiert ist, stehen eigentlich immer nur zwei Dinge: Lesen und Denken. Wir nutzen die Abgeschiedenheit zwischen den Jahren, um Inspiration für neue Projekte zu sammeln und das, was hinter uns liegt, zu reflektieren. Die Zeit in Dänemark ist geprägt von langen Spaziergängen am Strand und Abenden vorm Kamin. Aber im Dezember 2023 ist etwas anders. Chloé fehlt. Die Hündin, die Jasmin über ein Jahrzehnt ihres Lebens begleitet hat. Zu zweit Campen im Harz. Gemeinsam das Büro in Hamburg besetzen. Wiener Cafés unsicher machen. All das taten Chloé & Jasmin. Dabei hatte es Chloé nie leicht. Sie kam aus Griechenland, war schwer traumatisiert und körperlich versehrt. Eigentlich sollte Jasmin Chloé nur vorübergehend in Pflege nehmen, bis sich eine andere Person für die Adoption fand. Aber Jasmin war Chloés Mensch. Die Hündin mit dem unstillbaren Hunger, die illegalerweise so viel Mehl verdrückte, dass sie in der Notfallklinik Kuchenteig kackte. Die Hündin, die selbst dann die aufgebissene Dose leer fraß, wenn ihr bereits der Kiefer blutete. Chloé mochte mich auf Anhieb. Als ich sie und Jasmin das erste Mal in Frankfurt besuchte, stellte sie sich nach wenigen Tagen auf meine Schuhe und wollte mich nicht mehr gehen lassen. Chloé war immer schlecht gelaunt und verachtete alles und jeden, außer Jasmin und mich; immerhin stellten wir ihr regelmäßig einen gefüllten Napf hin, wenngleich das ihrer Ansicht nach viel zu selten und viel zu wenig geschah. Chloé wollte keinen anderen Hund, sie wollte nur Jasmin und mich. Selbst bei Luchs und Humboldt dauerte es wochenlang, bis sie sie als Artgenossen akzeptierte, dabei blieb Chloé selbst vom hohen Alter gezeichnet stets die Chefin. Letztlich gefiel es ihr dann doch ganz gut, die Jungs herumzukommandieren, die sich auch begeistert herumkommandieren ließen und den Boden anbeteten, über den sie wandelte. Aber Chloé war geprägt auf Menschen, geprägt auf Jasmin, geprägt auf mich.

Und kurz nachdem Chloé die Seiten gewechselt hatte und fortan woanders die liebmausigste, schlechtgelaunteste Hündin geworden war, befanden sich Jasmin, Luchs, Humboldt und ich im Auto auf dem Weg nach Dänemark. Es fühlte sich falsch an. Um uns etwas abzulenken, hörten wir auf der Fahrt ein Hörbuch über das Leben und Wirken des Verhaltensforschers

Konrad Lorenz (1903-1989). Den Roman *Lorenz* hat Ilona Jerger geschrieben, er ist wirklich sehr zu empfehlen. Was Konrad Lorenz wissenschaftlich erforschte und beschrieb, war ein Phänomen, das wir auch bei Chloé beobachtet hatten: Prägung. Es passt insofern ganz gut in dieses Buch, weil Tiere (also auch Menschen) nach der Geburt geprägt werden. Demgemäß gibt es über sich ausbildende Verhaltensmuster in der Tierwelt einiges zu erfahren.

Lorenz über Lorenz

Lorenz erhielt den Nobelpreis für Physiologie oder Medizin (das liest sich so weit ganz gut!) des Jahres 1973 für seine *Entdeckungen individueller und gesellschaftlicher Verhaltensmuster*. Zur Vergabe des Nobelpreises schrieb er, dass er die frühe Kindheit als wichtigste Phase *für die wissenschaftliche und philosophische Entwicklung des Menschen* erachte. Er wuchs in Altenberg bei Wien in einem großen Haus mit noch größerem Garten auf. Seine Eltern waren sehr tolerant gegenüber seiner Liebe für Tiere. »Geprägt« wurde Lorenz auch von seiner Kinderfrau Resi Führinger, die Lorenz zufolge einen *grünen Daumen* für das Aufziehen von Tieren besaß. So brachte ihm sein Vater – davon ausgehend, dass sie das Tier nach fünf Tagen wieder freilassen würden – von einer Waldwanderung eines Tages einen Salamander mit. Zum großen Glück von Konrad Lorenz legte der Salamander zuvor jedoch noch 44 Larven ab, von denen dank der Hilfe von Kinderfrau Führinger zwölf Exemplare die Metamorphose erreichten. Dieser Erfolg allein hätte vermutlich ausgereicht, um Lorenz' zukünftige Laufbahn vorzuzeichnen. Hinzu kam nach eigenen Angaben aber noch die Tatsache, dass dem Jungen die Geschichten von Nils Holgersson der schwedischen Literaturnobelpreisträgerin Selma Lagerlöf (1858–1940) vorgelesen wurden. Seither war Lorenz auf Wildgänse fixiert. Er wollte ein

Ganterich sein, und als er bemerkte, dass das nicht ginge, wollte er zumindest eine Wildgans *besitzen*, was natürlich auch nicht möglich war, folglich nahm er mit domestizierten Enten vorlieb. Aus der Nachbarschaft bekam er ein Entenküken, das am Tag zuvor erst geschlüpft war und Lorenz zufolge direkt auf ihn als Person reagierte – die Prägung begann. Gleichzeitig begann sich Lorenz für Graugänse zu interessieren und wurde noch als Junge ein Experte für deren Verhalten.

Ich möchte hier nicht die komplette Lebensgeschichte von Lorenz nacherzählen und den Roman spoilern. Zwei Aspekte sind mir an dieser Stelle aber wichtig zu erwähnen.

Nazis sind nie nur opportun

Es muss nämlich erwähnt werden, dass Konrad Lorenz' wissenschaftliche Karriere anfangs nicht so richtig in Fahrt kommen wollte. Nach seiner Habilitation im Jahr 1937 fand er in Wien zunächst keine Professur, was auch daran gelegen haben mag, dass seine Forschungsrichtung von der Wiener Professorenschaft eher skeptisch betrachtet wurde. Deshalb bemühte sich Lorenz um Forschungsförderung im Ausland. Doch auch sein Antrag an die *Notgemeinschaft der deutschen Wissenschaft* (der Vorform der Deutschen Forschungsgemeinschaft) wurde abgelehnt. Und so kam es, dass Lorenz im Jahr 1938 die Aufnahme in die Nationalsozialistische Deutsche Arbeiterpartei (NSDAP) beantragte und 1940 Professor für vergleichende Psychologie in Königsberg wurde. Ob zwischen diesen Ereignissen ein ursächlicher oder nur ein zeitlicher Zusammenhang besteht, bleibt offen. Seine NSDAP-Mitgliedschaft hatte Lorenz zeit seines Lebens verschwiegen. Was von ihm bleibt, ist sein wissenschaftliches Vermächtnis.

Lorenz fand in den 1930er-Jahren heraus, dass Vögel, die in einem Brutschrank ohne die Gegenwart von Elterntieren schlüpfen, auf das erste Objekt geprägt werden, das sie sehen.

Das konnten seine Stiefel sein oder sogar eine Schachtel, die von einer Modelleisenbahn gezogen wurde. Aus diesen Beobachtungen leitete Lorenz ab, dass es angeborene Verhaltensmuster gibt. Das Phänomen der Prägung untersuchte Lorenz in ungezählten Experimenten. Mittlerweile gilt als gesichert, dass es eine kritische Phase kurz (also wenige Stunden) nach der Geburt gibt, in der Tiere (auch Menschen) geprägt werden. Die nachfolgende Phase der Anhänglichkeit (attachment) haben wir im Liebeskapitel bei Menschen bereits besprochen. Bei Menschen verstärkt sich die emotionale Bindung zwischen Kindern und Eltern im Laufe des Lebens, wodurch ganz besonders intensive Beziehungen entstehen können.

Jasmin war nicht das Erste, was Chloé nach ihrer Geburt gesehen hat, dennoch waren die beiden aufeinander geprägt. Der letzte Gedanke dieses Buches sei Chloé gewidmet.

In Hamburg sagt man Tschüss

Ich habe 2021 eine Wissenschaftsrap-EP veröffentlicht, die du auf den Streamingportalen unter *do:ku COVID* finden kannst. Das Album mit fünf Songs hat weder Intro noch Outro, aber das letzte Lied *Delta* ist ein Liebeslied. Unser Hund Luchs hieß Delta, als wir ihn aus einem Tierheim auf Teneriffa gerettet haben. Delta in den Naturwissenschaften meint oft die Differenz zwischen zwei Werten, zum Beispiel zwischen Anfangs- und Endwert. Was hast du gelernt bei der Lektüre dieses Buches? Vielleicht ist dir noch das zum Pickel verkommene Männchen der Tiefsee-Anglerfische im Gedächtnis oder die heldinnenhafte Leidenschaft für Maiskornvariationen von Nobelpreisträgerin Barbara McClintock. Die Biologie ist so reich an faszinierenden Geschichten im Großen wie im Kleinen. Die Natur und die Wissenschaft in ihrer Vielfalt sind, wie Jasmin es in *Schreibers Naturarium* schrieb, zum *Reinverknallen*. Genau das habe ich jedenfalls beim Schreiben dieses Buches gelernt. Ich habe vorher schon zwei Lehrbücher geschrieben, eines über Mathe für Biolog:innen und eines über Biowissenschaften für Mathematiker:innen, Physiker:innen, Informatiker:innen und Ingenieur:innen. Ich habe schon immer gern Wissenschaft kommuniziert, sie also den Menschen zugänglich gemacht, die nicht aus der Wissenschaft kommen (oder zumindest nicht aus meinem Forschungsgebiet, der Systembiologie). Das fing 2013 mit Science Slam an, lief dann über Soziale Medien weiter und mündete darin, dass ich Jasmin im Mai 2020 kennengelernt habe. Dabei sind wir vorher schon mal gemeinsam in Frankfurt beim *March for Science* mitgelaufen und haben für freie Wissenschaft demonstriert. Am Ende der

Veranstaltung hatte ich noch einen Auftritt am Frankfurter Römer, habe *Sonne im Herz, Blitze im Geist* gerappt. Doch damals kannten wir uns noch nicht. Im Juni 2020 erschien dann die erste Folge unseres Podcasts *Bugtales.FM – und der Rest ist Geschichte.* Am Ende dieses Buches bin ich geneigt zu sagen, es ist eine Liebesgeschichte, von Jasmin & Lorenz zu Natur und Wissenschaft. In diesem Sinne:

Erzählt euch Geschichten!

Lorenz.

Danksagung

Jasmin: Ich danke – wie immer – Doreen, der besten und geduldigsten Lektorin der Welt, die dieses Mal sogar zwei komplett verpeilte Autor:innen betreuen musste. Ab wie viel Mails mit »Doreen, wir haben ein Kapitel verloren, keine Ahnung, wie das passiert ist« und »Äh huch, wir brauchen doch x Tage länger?« gibt es eigentlich Erschwerniszulage? Mal bei Eichborn fragen.

Ansonsten danke ich auch David Spencer, der noch einmal geprüft hat, ob ich das mit den Feigen *wirklich* gerafft habe, und dessen *Daumen hoch* mir sehr geholfen hat.

Ich danke zudem allen Hörer:innen von *Bugtales.FM* (ja, es wird wieder regelmäßiger Folgen geben, sofern mich endlich mal nicht alle fünf Minuten eine Seuche fast dahinrafft), und sowieso meinen Leser:innen. Ihr gebt mir oft das Gefühl, doch nicht ganz so heftiger Abfall zu sein wie meine Depression es mir immer einflüstern will. Also danke, dass ihr meine Bücher lest und zu meinen Lesungen kommt! Und an die, die meinen Newsletter unterstützen (schreibersnaturarium.de) noch mal ebenfalls ein riesiges Danke!

Ich danke unseren Hunden Luchs, Humboldt und Torvi, dass sie mich selbst in den dunkelsten Depressionsstunden hingebungsvoll belagern und bekuscheln.

Und da das Beste zum Schluss kommt: Ich danke Lorenz dafür, dass ich ihn überreden konnte, bei diesem Buch mitzumachen. Und dafür, dass er mich liebt, trotz Verpeiltheit, Depri und meiner Neigung, immer mehr Hunde und Gärten anzuhäufen. Und das mit dem Singen, ja. Trotz der Sache mit dem Singen. Dieser Mann ist ein Heiliger. Ich liebe dich (und sorry noch mal wegen der Singerei …).

Lorenz: Ich möchte Uta & Bernd danken, ohne die ich heute nicht hier wäre. Ich bin ganz froh, dass vor gut 35 Jahren doch wohl die Akrosomreaktion ausgelöst wurde. Außerdem möchte ich dem AdlungLab danken, das mich meinen Traum leben lässt – sollte es eines Tages wirklich mal ein *Adlung-Experiment* geben, dann dank euch! Neben dem Dank an Doreen, Eichborn, die *Bugtales.FM*-Bande und die Elisabeth-Ruge-Agentur möchte ich zuletzt Jasmin danken. Ohne dich gäbe es dieses Buch nicht. Danke, dass du mich zu einem besseren Wissenschaftler, Autor und Mentor machst. Ich hätte niemals ein Liebeslied geschrieben, außer für dich.

TORVI HUMBOLDT LUCHS
JASMIN LORENZ

Quellenverzeichnis

LIEBE

Balz und Flirt bei Tieren

K. Bostwick, »Display Behaviors, Mechanical Sounds, and Evolutionary Relationships of the Club-Winged Manakin (Machaeropterus deliciosus)«, *The Auk*, Bd. 117, S. 465–478, Jan. 2009, doi: 10.1642/0004-8038(2000)117[0465:DBMSAE]2.0.CO;2.

K. S. Bostwick, D. O. Elias, A. Mason, und F. Montealegre-Z, »Resonating feathers produce courtship song«, *Proceedings of the Royal Society B: Biological Sciences*, Bd. 277, Nr. 1683, Nov. 2009, doi: 10.1098/rspb.2009.1576.

D. Cazau, O. Adam, T. Aubin, J. T. Laitman und J. S. Reidenberg, »A study of vocal nonlinearities in humpback whale songs: from production mechanisms to acoustic analysis«, *Sci Rep*, Bd. 6, Nr. 1, Okt. 2016, doi: 10.1038/srep31660.

S. Cerchio und C. R. Weir, »Mid-frequency song and low-frequency calls of sei whales in the Falkland Islands«, *Royal Society Open Science*, Bd. 9, Nr. 11, Nov. 2022, doi: 10.1098/rsos.220738.

H. Kawase *u. a.*, »Discovery of an Earliest-Stage ›Mystery Circle‹ and Development of the Structure Constructed by Pufferfish, Torquigener albomaculosus (Pisces: Tetraodontidae)«, *Fishes*, Bd. 2, S. 14, Aug. 2017, doi: 10.3390/fishes2030014.

K. Kowarski, S. Cerchio, H. Whitehead, D. Cholewiak und H. Moors-Murphy, »Seasonal song ontogeny in western North Atlantic humpback whales: drawing parallels with songbirds«, *Bioacoustics*, Bd. 32, Nr. 3, Mai 2023, doi: 10.1080/09524622.2022.2122561.

T. F. (Stanley) Lau und V. B. Meyer-Rochow, »Sexual Dimorphism in the Compound Eye of *Rhagophthalmus ohbai* (Coleoptera: Rhagophthalmidae): I. Morphology and Ultrastructure«, *Journal of Asia-Pacific Entomology*, Bd. 9, Nr. 1, März 2006, doi: 10.1016/S1226-8615(08)60271-X.

E. Mercado und S. Handel, »Understanding the structure of humpback whale songs (L)«, *The Journal of the Acoustical Society of America*, Bd. 132, S. 2947–50, Nov. 2012, doi: 10.1121/1.4757643.

J. Schoelynck *u. a.*, »Hippos (Hippopotamus amphibius): The animal silicon pump«, *Sci Adv*, Bd. 5, Nr. 5, Mai 2019, doi: 10.1126/sciadv.aav0395.

»Neuseeland: Dutzende Grindwale auf Stewart Island gestrandet und verendet«, *Der Spiegel*, 26. November 2018. Zugegriffen: 18. Juni 2024. [Online]. Verfügbar unter: https://www.spiegel.de/wissenschaft/natur/neuseeland-dutzende-grindwale-auf-stewart-island-gestrandet-und-verendet-a-1240352.html.

»Pilot whales strand on Chatham Islands«. Zugegriffen: 18. Juni 2024. [Online]. Verfügbar unter: https://www.doc.govt.nz/news/media-releases/2022-media-releases/pilot-whales-strand-on-chatham-islands/.

»research_report_7800830«. Zugegriffen: 19. Juni 2024. [Online]. Verfügbar unter: https://www.ice.mpg.de/78954/null?c=2824.

Tanz der Moleküle: Die Biochemie der Liebe

L. Feldman Barrett, *Wie Gefühle entstehen: Eine neue Sicht auf unsere Emotionen*, Deutsche Erstausgabe. Hamburg: Rowohlt Polaris, 2023.

H. E. Fisher, »Lust, attraction, and attachment in mammalian reproduction«, *Hum Nat*, Bd. 9, Nr. 1, S. 23–52, März 1998, doi: 10.1007/s12110-998-1010-5.

Was uns ins Wanken bringt: Über Hormone

E. Beltran-Frutos, L. Casarini, D. Sant und G. Brigante, »Seasonal reproduction and gonadal function: a focus on humans starting from animal studies«, *Biology of Reproduction*, Bd. 106, Nr. 1, S. 47–57, Jan. 2022, doi: 10.1093/biolre/ioab199.

L. B. Clark, S. L. Leonard und G. Bump, »Lights and the sexual cycle of game birds«, *Science*, Bd. 85, Nr. 2205, S. 339–340, Apr. 1937, doi: 10.1126/science.85.2205.339.

J. Dahlberg und G. Andersson, »Changing seasonal variation in births by socio-demographic factors: a population-based register study«, *Human Reproduction Open*, Bd. 2018, Nr. 4, hoy015, Sep. 2018, doi: 10.1093/hropen/hoy015.

K. Z. LeWinn, L. R. Stroud, B. E. Molnar, J. H. Ware, K. C. Koenen und S. L. Buka, »Elevated maternal cortisol levels during pregnancy are associated with reduced childhood IQ«, *International Journal of Epidemiology*, Bd. 38, Nr. 6, S. 1700–1710, Dez. 2009, doi: 10.1093/ije/dyp200.

A. Tendler *u. a.*, »Hormone seasonality in medical records suggests circannual endocrine circuits«, *Proceedings of the National Academy of Sciences*, Bd. 118, Nr. 7, e2003926118, Feb. 2021, doi: 10.1073/pnas.2003926118.

E. Zadzińska, S. Kozieł, M. Kurek und A. Spinek, »Mother's trauma during pregnancy affects fluctuating asymmetry in offspring's face«, *Anthropol Anz*, Bd. 70, Nr. 4, S. 427–437, 2013, doi: 10.1127/0003-5548/2013/0383.

Liebe und Beziehungsformen bei Tieren

K. S. Birditt und T. C. Antonucci, »Relationship quality profiles and well-being among married adults«, *J Fam Psychol*, Bd. 21, Nr. 4, Dez. 2007, doi: 10.1037/0893-3200.21.4.595.

S. Grover und J. F. Helliwell, »How's Life at Home? New Evidence on Marriage and the Set Point for Happiness«, *J Happiness Stud*, Bd. 20, Nr. 2, Feb. 2019, doi: 10.1007/s10902-017-9941-3.

S. Sprecher und P. C. Regan, »Passionate and Companionate Love in Courting and Young Married Couples«, *Sociological Inquiry*, Bd. 68, Nr. 2, 1998, doi: 10.1111/j.1475-682X.1998.tb00459.x.

T. D. Conley, A. C. Moors, A. Ziegler und C. Karathanasis, »Unfaithful individuals are less likely to practice safer sex than openly nonmonogamous individuals«, *The journal of sexual medicine*, Bd. 9, Nr. 6, Juni 2012, doi: 10.1111/j.1743-6109.2012.02712.x.

R. J. Waldinger und M. S. Schulz, »What's love got to do with it? Social functioning, perceived health, and daily happiness in married octogenarians«, *Psychol Aging*, Bd. 25, Nr. 2, Juni 2010, doi: 10.1037/a0019087.

»The Changing Role of Women's Earnings in Marriage Formation in Japan – Setsuya Fukuda, 2013«. Zugegriffen: 19. Juni 2024. [Online]. Verfügbar unter: https://journals.sagepub.com/doi/10.1177/0002716212464472.

Liebesbeziehungen bei uns Menschen

»Polyamorie – Gründe für eine Beziehung mit mehr als einem Partner in Deutschland im Jahr 2017 nach Geschlecht«, Statista. Zugegriffen: 30. Juli 2024. [Online]. Verfügbar unter: https://de.statista.com/statistik/daten/studie/744949/umfrage/umfrage-zu-gruenden-fuer-eine-beziehung-mit-mehr-als-einem-partner-nach-geschlecht/.

»Sex – Glaube an Monogamie in Deutschland im Jahr 2016«, Statista. Zugegriffen: 30. Juli 2024. [Online]. Verfügbar unter: https://de.statista.com/statistik/daten/studie/716139/umfrage/umfrage-zum-glaube-an-monogamie-in-deutschland/.

Evolution

T. L. Cole *u. a.*, »Genomic insights into the secondary aquatic transition of penguins«, *Nat Commun*, Bd. 13, Nr. 1, Juli 2022, doi: 10.1038/s41467-022-31508-9.

R. H. Cowie, P. Bouchet und B. Fontaine, »The Sixth Mass Extinction: fact, fiction or speculation?«, *Biological Reviews*, Bd. 97, Nr. 2, 2022, doi: 10.1111/brv.12816.

C. Darwin, *On the Origin of Species by Means of Natural Selection, Or, The Preservation of Favoured Races in the Struggle for Life*. London: J. Murray, 1859.

P. R. Grant und B. R. Grant, »Unpredictable evolution in a 30-year study of Darwin's finches«, *Science*, Bd. 296, Nr. 5568, Apr. 2002, doi: 10.1126/science.1070315.

C. Mora, D. P. Tittensor, S. Adl, A. G. B. Simpson und B. Worm, »How Many Species Are There on Earth and in the Ocean?«, *PLOS Biology*, Bd. 9, Nr. 8, Aug. 2011, doi: 10.1371/journal.pbio.1001127.

Sexuelle Evolution

I. R. Arkhipova und M. Meselson, »Diverse DNA transposons in rotifers of the class Bdelloidea«, *Proc Natl Acad Sci U S A*, Bd. 102, Nr. 33, Aug. 2005, doi: 10.1073/pnas.0505333102.

G. Arnqvist und L. Rowe, »Sexual Conflict and Arms Races between the Sexes: A Morphological Adaptation for Control of Mating in a Female Insect«, *Proceedings: Biological Sciences*, Bd. 261, Nr. 1360, 1995.

R. Blanc-Mathieu *u. a.*, »Hybridization and polyploidy enable genomic plasticity without sex in the most devastating plant-parasitic nematodes«, *PLOS Genetics*, Bd. 13, Nr. 6, Aug. 2017, doi: 10.1371/journal.pgen.1006777.

L. Carroll, *Alice hinter den Spiegeln*, Bd. 1. Frankfurt am Main: Insel, 1974.

J. A. G. M. de Visser und S. F. Elena, »The evolution of sex: empirical insights into the roles of epistasis and drift«, *Nat Rev Genet*, Bd. 8, Nr. 2, Feb. 2007, doi: 10.1038/nrg1985.

M. A. Elgar und J. M. Schneider, »Evolutionary Significance of Sexual Cannibalism«, in *Advances in the Study of Behavior*, Bd. 34, Academic Press, 2004, S. 135–163. doi: 10.1016/S0065-3454(04)34004-0.

J.-F. Flot *u. a.*, »Genomic evidence for ameiotic evolution in the bdelloid rotifer Adineta vaga«, *Nature*, Bd. 500, Nr. 7463, Aug. 2013, doi: 10.1038/nature12326.

L. Forster, M. Road und S. Hill, »The behavioural ecology of Latrodectus hasselti (Thorell), the Australian Redback Spider (Araneae: Theridiidae): a review«, *Records of the Western Australian Museum Supplement*, Nr. 52, 1995.

L. Fromhage, M. A. Elgar und J. M. Schneider, »Faithful without Care: The Evolution of Monogyny«, *Evolution*, Bd. 59, Nr. 7, 2005.

S. J. Gould, *The Flamingo's Smile: Reflections in Natural History*. W. W. Norton & Company, 1985.

K. U. Heubel, »Population ecology and sexual preferences in the mating complex of the unisexual Amazon molly Poecilia formosa (GIRARD, 1859)«, Doktorarbeit, Staats- und Universitätsbibliothek Hamburg Carl von Ossietzky, 2004. Zugegriffen: 19. Juni 2024. [Online]. Verfügbar unter: https://ediss.sub.uni-hamburg.de/handle/ediss/736.

N. Isakov, »Histocompatibility and Reproduction: Lessons from the Anglerfish«, *Life (Basel)*, Bd. 12, Nr. 1, Jan. 2022, doi: 10.3390/life12010113.

S. Kralj-Fišer, J. Schneider, M. Kuntner und M. Hauber, »Challenging the Aggressive Spillover Hypothesis: Is Pre-Copulatory Sexual Cannibalism a Part of a Behavioural Syndrome?«, *Ethology*, Bd. 119, Aug. 2013, doi: 10.1111/eth.12111.

S. Kralj-Fišer *u. a.*, »Mate quality, not aggressive spillover, explains sexual cannibalism in a size-dimorphic spider«, *Behavioral Ecology and Sociobiology*, Bd. 66, Nr. 1, 2012.

V. N. Laine, T. B. Sackton und M. Meselson, »Genomic signature of sexual reproduction in the bdelloid rotifer Macrotrachella quadricornifera«, *Genetics*, Bd. 220, Nr. 2, Feb. 2022, doi: 10.1093/genetics/iyab221.

E. C. Miller *u. a.*, »Phylogenomics reveals the deep ocean as an accelerator for evolutionary diversification in anglerfishes«, *bioRxiv*, 30. Oktober 2023. doi: 10.1101/2023.10.26.564281.

H. J. Muller, »The relation of recombination to mutational advance«, *Mutat Res*, Bd. 106, S. 2–9, Mai 1964, doi: 10.1016/0027-5107(64)90047-8.

National Academy of Sciences (US), *In the Light of Evolution: Volume III: Two Centuries of Darwin*. Washington (DC): National Academies Press (US), 2009.

Zugegriffen: 2. Juni 2024. [Online]. Verfügbar unter: http://www.ncbi.nlm.nih.gov/books/NBK219733/.

T. Pietsch *u. a.*, »Evolutionary history of anglerfishes (Teleostei: Lophiiformes): A mitogenomic perspective«, *BMC Evolutionary Biology*, Bd. 10, S. 58, Feb. 2010, doi: 10.1186/1471-2148-10-58.

I. Schlupp, C. Marler und M. J. Ryan, »Benefit to Male Sailfin Mollies of Mating with Heterospecific Females«, *Science*, Jan. 1994, doi: 10.1126/science.8278809.

J. M. Schneider, »Sexual Cannibalism as a Manifestation of Sexual Conflict«, *Cold Spring Harb Perspect Biol*, Bd. 6, Nr. 11, Nov. 2014, doi: 10.1101/cshperspect.a017731.

J. B. Swann, S. J. Holland, M. Petersen, T. W. Pietsch und T. Boehm, »The immunogenetics of sexual parasitism«, *Science*, Bd. 369, Nr. 6511, Sep. 2020, doi: 10.1126/science.aaz9445.

F. Vollrath, »Dwarf males«, *Trends Ecol Evol*, Bd. 13, Nr. 4, Apr. 1998, doi: 10.1016/s0169-5347(97)01283-4.

P. J. Weatherhead und R. J. Robertson, »Offspring Quality and the Polygyny Threshold: ‚The Sexy Son Hypothesis'«, *The American Naturalist*, Bd. 113, Nr. 2, 1979.

M. Zuk, »Mates with Benefits: When and How Sexual Cannibalism Is Adaptive«, *Current Biology*, Bd. 26, Nr. 23, Dez. 2016, doi: 10.1016/j.cub.2016.10.017.

FORTPFLANZUNG UND SEXUALITÄT

Sex bei Tieren

N. W. Bailey und M. Zuk, »Same-sex sexual behavior and evolution«, *Trends in Ecology & Evolution*, Bd. 24, Nr. 8, Aug. 2009, doi: 10.1016/j.tree.2009.03.014.

J. Balcombe, »Animal pleasure and its moral significance«, *Applied Animal Behaviour Science*, Bd. 118, Nr. 3, Mai 2009, doi: 10.1016/j.applanim.2009.02.012.

J. Burgdorf und J. Panksepp, »Tickling induces reward in adolescent rats«, *Physiology & Behavior*, Bd. 72, Nr. 1, Jan. 2001, doi: 10.1016/S0031-9384(00)00411-X.

D. Clough, D. Fisher und D. Spratt, »Variation in ectoparasite infestation on the brown antechinus, Antechinus stuartii, with regard to host, habitat and environmental parameters«, *Australian Journal of Zoology*, Bd. 55, Jan. 2007, doi: 10.1071/ZO06073.

F. B. M. de Waal, »Bonobo Sex and Society«, *Scientific American*, Bd. 272, Nr. 3, 1995.

C. Dubuc, »Alan F. Dixson: Primate Sexuality: Comparative Studies of the Prosimians, Monkeys, Apes, and Humans, 2nd Edition«, *Int J Primatol*, Bd. 34, Nr. 1, Feb. 2013, doi: 10.1007/s10764-012-9648-6.

D. Gottlieb, J. P. Holzman, Y. Lubin, A. Bouskila, S. T. Kelley und A. R. Harari, »Mate availability contributes to maintain the mixed-mating system in a scolytid beetle«, *J Evol Biol*, Bd. 22, Nr. 7, Juli 2009, doi: 10.1111/j.1420-9101.2009.01763.x.

L. Kirkendall, P. Biedermann, und B. H. Jordal, »Diversity and evolution of bark beetles«, *Bark Beetles: Biology and Ecology of Native and Invasive Species*, S. 85–156, Jan. 2014.

M. E. Kislev, A. Hartmann und O. Bar-Yosef, »Early domesticated fig in the Jordan Valley«, *Science*, Bd. 312, Nr. 5778, Juni 2006, doi: 10.1126/science.1125910.

F. Kjellberg, S. Noort und J. Y. Rasplus, »Fig Wasps and Pollination«, *The Fig*, S. 231–254, Mai 2022, doi: 10.1079/9781789242881.0009.

G. Koeniger, N. Koeniger, H. Pechhacker, F. Ruttner und S. Berg, »Assortative Mating in a Mixed Population of European Honeybees, Apis mellifera ligustica and Apis mellifera carnica«, *Insectes Sociaux*, Bd. 36, S. 129–138, Juni 1989, doi: 10.1007/BF02225908.

L. Leclère *u. a.*, »The genome of the jellyfish Clytia hemisphaerica and the evolution of the cnidarian life-cycle«, *Nat Ecol Evol*, Bd. 3, Nr. 5, Mai 2019, doi: 10.1038/s41559-019-0833-2.

B. M. McAllan und C. R. Dickman, »The role of photoperiod in the timing of reproduction in the Dasyurid Marsupial Antechinus stuartii«, *Oecologia*, Bd. 68, Nr. 2, Jan. 1986, doi: 10.1007/BF00384797.

S. Rehberger *u. a.*, »The obligate fig-pollinator family Agaonidae in Germany (Hymenoptera, Chalcidoidea)«, *Deutsche Entomologische Zeitschrift*, Bd. 71, Nr. 1, Mai 2024, doi: 10.3897/dez.71.117640.

A. Sergiel *u. a.*, »Fellatio in captive brown bears: Evidence of long-term effects of suckling deprivation?«, *Zoo Biology*, Bd. 33, Nr. 4, 2014, doi: 10.1002/zoo.21137.

A. Troisi und M. Carosi, »Female orgasm rate increases with male dominance in Japanese macaques«, *Animal Behaviour*, Bd. 56, Nr. 5, Nov. 1998, doi: 10.1006/anbe.1998.0898.

»Ezekiel Mutua wants ›gay‹ lions spotted in Maasai Mara isolated – Audio«, Nairobi News. Zugegriffen: 30. Juni 2024. [Online]. Verfügbar unter: https://nairobinews.nation.africa/ezekiel-mutua-wants-gay-lions-spotted-in-maasai-mara-isolated/.

Befriedigend: Eine kurze Geschichte der Sexualforschung

R. M. Anderson, »Positive sexuality and its impact on overall well-being«, *Bundesgesundheitsbl.*, Bd. 56, Nr. 2, S. 208–214, Feb. 2013, doi: 10.1007/s00103-012-1607-z.

M. McCool-Myers, M. Theurich, A. Zuelke, H. Knuettel und C. Apfelbacher, »Predictors of female sexual dysfunction: a systematic review and qualitative analysis through gender inequality paradigms«, *BMC Women's Health*, Bd. 18, Nr. 1, S. 108, Dez. 2018, doi: 10.1186/s12905-018-0602-4.

M. Roach, I. Gabler, und M. Roach, *Bonk: alles über Sex – von der Wissenschaft erforscht*, 2. Aufl. Frankfurt, M: Fischer-Taschenbuch-Verlag, 2009.

Sex bei Menschen

N. Angier, »Zone of Brain Linked to Men's Sexual Orientation«, *The New York Times*, 30. August 1991. Zugegriffen: 26. Juli 2024. [Online]. Verfügbar unter: https://www.nytimes.com/1991/08/30/us/zone-of-brain-linked-to-men-s-sexual-orientation.html.

D. A. Frederick, H. K. S. John, J. R. Garcia und E. A. Lloyd, »Differences in Orgasm Frequency Among Gay, Lesbian, Bisexual, and Heterosexual Men and Women in a U.S. National Sample«, *Arch Sex Behav*, Bd. 47, Nr. 1, Jan. 2018, doi: 10.1007/s10508-017-0939-z.

J. R. Garcia, E. A. Lloyd, K. Wallen und H. E. Fisher, »Variation in orgasm occurrence by sexual orientation in a sample of U.S. singles«, *J Sex Med*, Bd. 11, Nr. 11, Nov. 2014, doi: 10.1111/jsm.12669.

S. J. Gould, R. C. Lewontin, J. Maynard Smith und R. Holliday, »The spandrels of San Marco and the Panglossian paradigm: a critique of the adaptationist programme«, *Proceedings of the Royal Society of London. Series B. Biological Sciences*, Bd. 205, Nr. 1161, Jan. 1997, doi: 10.1098/rspb.1979.0086.

A. Guillamon, C. Junque und E. Gómez-Gil, »A Review of the Status of Brain Structure Research in Transsexualism«, *Arch Sex Behav*, Bd. 45, S. 1615–1648, 2016, doi: 10.1007/s10508-016-0768-5.

S. LeVay, »A Difference in Hypothalamic Structure Between Heterosexual and Homosexual Men«, *Science*, Bd. 253, Nr. 5023, Aug. 1991, doi: 10.1126/science.1887219.

E. A. Lloyd, *The Case of the Female Orgasm: Bias in the Science of Evolution*. Cambridge, Mass.: Harvard University Press, 2006.

Stanford, 15. *Human Sexual Behavior I*, (2. Februar 2011). Zugegriffen: 26. Juli 2024. [Online Video]. Verfügbar unter: https://www.youtube.com/watch?v=LOY3QH_jOtE.

T. Yamaguchi, D. Wei, S. C. Song, B. Lim, N. X. Tritsch und D. Lin, »Posterior amygdala regulates sexual and aggressive behaviors in male mice«, *Nat Neurosci*, Bd. 23, Nr. 9, Sep. 2020, doi: 10.1038/s41593-020-0675-x.

»Nebenwirkungen der Pille«, NetDoktor. Zugegriffen: 27. Juli 2024. [Online]. Verfügbar unter: https://www.netdoktor.de/sexualitaet/verhuetung/pille-nebenwirkungen/.

Körperformen

C. Drea, E. Coscia und S. Glickman, »Hyenas«, 2018, S. 637–645.

J. Fenelon *u. a.*, »The Unique Penile Morphology of the Short-Beaked Echidna, Tachyglossus aculeatus«, *Sexual development: genetics, molecular biology, evolution, endocrinology, embryology, and pathology of sex determination and differentiation*, Bd. 15, S. 1–10, Sep. 2021, doi: 10.1159/000515145.

C. J. Neufeld und A. R. Palmer, »Precisely proportioned: intertidal barnacles alter penis form to suit coastal wave action«, *Proceedings of the Royal Society B: Biological Sciences*, Bd. 275, Nr. 1638, Feb. 2008, doi: 10.1098/rspb.2007.1760.

K. Yoshizawa, R. L. Ferreira, I. Yao, C. Lienhard und Y. Kamimura, »Independent origins of female penis and its coevolution with male vagina in cave insects (Psocodea: Prionoglarididae)«, *Biology Letters*, Bd. 14, Nr. 11, Nov. 2018, doi: 10.1098/rsbl.2018.0533.

Viraler Sex: Übertragbare Krankheiten

M. Falcaro *u. a.*, »The effects of the national HPV vaccination programme in England, UK, on cervical cancer and grade 3 cervical intraepithelial neoplasia incidence: a register-based observational study«, *The Lancet*, Bd. 398, Nr. 10316, S. 2084–2092, Dez. 2021, doi: 10.1016/S0140-6736(21)02178-4.

L. Fitzharris, *Der Horror der frühen Medizin: Joseph Listers Kampf gegen Kurpfuscher, Quacksalber & Knochenklempner*, 2. Auflage. Suhrkamp Taschenbuch, Berlin: Suhrkamp, 2018.

Lei Jiayao *u. a.*, »HPV Vaccination and the Risk of Invasive Cervical Cancer«, *New England Journal of Medicine*, Bd. 383, Nr. 14, S. 1340–1348, Sep. 2020, doi: 10.1056/NEJMoa1917338.

H. zur Hausen, W. Meinhof, W. Scheiber und G. W. Bornkamm, »Attempts to detect virus-specific DNA in human tumors. I. Nucleic acid hybridizations with complementary RNA of human wart virus«, *International Journal of Cancer*, Bd. 13, Nr. 5, S. 650–656, 1974, doi: 10.1002/ijc.2910130509.

Verhütung

M. J. Edwards, »Prenatal Loss of Foetuses and Abortion in Guinea-pigs«, *Nature*, Bd. 210, Nr. 5032, Apr. 1966, doi: 10.1038/210223a0.

C. A. Fury, K. E. Ruckstuhl und P. L. Harrison, »Spatial and social sexual segregation patterns in indo-pacific bottlenose dolphins (Tursiops aduncus)«, *PLoS One*, Bd. 8, Nr. 1, 2013, doi: 10.1371/journal.pone.0052987.

C. S. Han und P. G. Jablonski, »Male water striders attract predators to intimidate females into copulation«, *Nat Commun*, Bd. 1, Nr. 5, Aug. 2010, doi: 10.1038/ncomms1051.

H. Harris *u. a.*, »Lesions and Behavior Associated with Forced Copulation of Juvenile Pacific Harbor Seals (Phoca vitulina richardsi) by Southern Sea Otters (Enhydra lutris nereis)«, *Aquatic Mammals*, Bd. 36, S. 331–341, Dez. 2010, doi: 10.1578/AM.36.4.2010.331.

K. Johannesson, S. H. Saltin, I. Duranovic, J. N. Havenhand und P. R. Jonsson, »Indiscriminate Males: Mating Behaviour of a Marine Snail Compromised by a Sexual Conflict?«, *PLOS ONE*, Bd. 5, Nr. 8, Sep. 2010, doi: 10.1371/journal.pone.0012005.

D. J. Morris und R. J. van Aarde, »Sexual behavior of the female porcupine *Hystrix africaeaustralis*«, *Hormones and Behavior*, Bd. 19, Nr. 4, Dez. 1985, doi: 10.1016/0018-506X(85)90037-6.

Pillen davor und danach: Über Verhütung und Abtreibungen beim Menschen

M. N. Munakampe, J. M. Zulu und C. Michelo, »Contraception and abortion knowledge, attitudes and practices among adolescents from low and middle-income countries: a systematic review«, *BMC Health Services Research*, Bd. 18, Nr. 1, S. 909, Nov. 2018, doi: 10.1186/s12913-018-3722-5.

A. Sorhaindo und U. Rehnstrom Loi, »Interventions to reduce stigma related to contraception and abortion: a scoping review«, *BMJ Open*, Bd. 12, Nr. 11, S. e063870, Nov. 2022, doi: 10.1136/bmjopen-2022-063870.

ERBLICHKEIT

Eine Reise durch unsere Gene

E. F. Keller und B. B. Mandelbrot, *A Feeling for the Organism: The Life and Work of Barbara McClintock*. Henry Holt and Company, 1984.

E. S. Lander, »Initial impact of the sequencing of the human genome«, *Nature*, Bd. 470, Nr. 7333, S. 187–197, Feb. 2011, doi: 10.1038/nature09792.

J. J. M. Landry *u. a.*, »The Genomic and Transcriptomic Landscape of a HeLa Cell Line«, *G3 Genes | Genomes | Genetics*, Bd. 3, Nr. 8, S. 1213–1224, Aug. 2013, doi: 10.1534/g3.113.005777.

R. Skloot, *Die Unsterblichkeit der Henrietta Lacks: Die Geschichte der HeLa-Zellen*, Taschenbuchausgabe, 1. Auflage. München: Goldmann, 2013.

E. N. Trifonov, »Vocabulary of Definitions of Life Suggests a Definition«, *Journal of Biomolecular Structure and Dynamics*, Bd. 29, Nr. 2, S. 259–266, Okt. 2011, doi: 10.1080/073911011010524992.

»Cost of sequencing a full human genome«, Our World in Data. Zugegriffen: 26. April 2024. [Online]. Verfügbar unter: https://ourworldindata.org/grapher/cost-of-sequencing-a-full-human-genome.

Der Länge nach: Über Chromosomen

F. Azzolini, G. D. Berentsen, H. J. Skaug, J. V. B. Hjelmborg und J. A. Kaprio, »The heritability of BMI varies across the range of BMI–a heritability curve analysis in a twin cohort«, *Int J Obes*, Bd. 46, Nr. 10, S. 1786–1791, Okt. 2022, doi: 10.1038/s41366-022-01172-6.

G. K. Chesterton und F. Jakubzik, *Eugenik und andere Übel*, Deutsche Erstauflage. Berlin: Suhrkamp, 2014.

T. J. C. Polderman *u. a.*, »Meta-analysis of the heritability of human traits based on fifty years of twin studies«, *Nat Genet*, Bd. 47, Nr. 7, S. 702–709, Juli 2015, doi: 10.1038/ng.3285.

DNA und DANN?

J. Butcher, »Kári Stefánsson: a general of genetics«, *The Lancet*, Bd. 369, Nr. 9558, S. 267, Jan. 2007, doi: 10.1016/S0140-6736(07)60133-0.

»Deutscher Ethikrat legt Stellungnahme zur Zukunft der genetischen Diagnostik vor«. Zugegriffen: 1. Juli 2024. [Online]. Verfügbar unter: https://www.ethikrat.org/mitteilungen/mitteilungen/2013/deutscher-ethikrat-legt-stellungnahme-zur-zukunft-der-genetischen-diagnostik-vor/?cookieLevel=not-set.

Stress zu Hause: Familienkonflikte

R. D. Magrath, »Hatching asynchrony and reproductive success in the blackbird«, *Nature*, Bd. 339, Nr. 6225, Juni 1989, doi: 10.1038/339536a0.

J. J. Storm und S. L. Lima, »Mothers Forewarn Offspring about Predators: A Transgenerational Maternal Effect on Behavior.«, *The American Naturalist*, Bd. 175, Nr. 3, März 2010, doi: 10.1086/650443.

Die Reifeprüfung: Pubertät

S. Chakradhar, »Animals on the verge: What different species can teach us about human puberty«, *Nature Medicine*, Bd. 24, Nr. 2, S. 114–117, Feb. 2018, doi: 10.1038/nm0218-114.

I. V. Wagner *u. a.*, »Effects of obesity on human sexual development«, *Nat Rev Endocrinol*, Bd. 8, Nr. 4, S. 246–254, Apr. 2012, doi: 10.1038/nrendo.2011.241.

ENTWICKLUNG

Fruchtbarkeit ist der Schlüssel

M. A. Brieño-Enríquez *u. a.*, »Postnatal oogenesis leads to an exceptionally large ovarian reserve in naked mole-rats«, *Nat Commun*, Bd. 14, Nr. 1, Feb. 2023, doi: 10.1038/s41467-023-36284-8.

R. Bublak, »Endometriose ist mit erhöhtem Schlaganfallrisiko assoziiert«, *gynäkologie + geburtshilfe*, Bd. 27, Nr. 1, Sep. 2022, doi: 10.1007/s15013-022-4480-3.

E. Mori, M. Menchetti, M. Lucherini, A. Sforzi und S. Lovari, »Timing of reproduction and paternal cares in the crested porcupine«, *Mamm Biol*, Bd. 81, Nr. 4, Juli 2016, doi: 10.1016/j.mambio.2016.03.004.

»Endometriose | St. Anna Hospital Herne«. Zugegriffen: 2. Juli 2024. [Online]. Verfügbar unter: https://www.annahospital.de/endometriose.html.

Unerfüllte Sehnsucht

K. Ewert, »Das solltest du über künstliche Befruchtungen wissen«, quarks.de. Zugegriffen: 2. Juli 2024. [Online]. Verfügbar unter: https://www.quarks.de/gesundheit/medizin/das-solltest-du-ueber-kuenstliche-befruchtungen-wissen/.

Zugegriffen: 30. Juli 2024. [Online]. Verfügbar unter: https://www.deutsches-ivf-register.de/jahrbuch.php.

Am Anfang war das Ei: Schwangerschaft

T. Kohsokabe und K. Kaneko, »Dynamical systems approach to evolution–development congruence: Revisiting Haeckel's recapitulation theory«, *Journal of Experimental Zoology Part B: Molecular and Developmental Evolution*, Bd. 338, Nr. 1–2, S. 62–75, 2022, doi: 10.1002/jez.b.23031.

A. Lev-Sagie *u. a.*, »Vaginal microbiome transplantation in women with intractable bacterial vaginosis«, *Nat Med*, Bd. 25, Nr. 10, S. 1500–1504, Okt. 2019, doi: 10.1038/s41591-019-0600-6.

Thomas Schwenke, *Schwangerschaft – So entsteht ein kleines Wunder (Animation)*, (4. April 2021). Zugegriffen: 22. April 2024. [Online Video]. Verfügbar unter: https://www.youtube.com/watch?v=oCtIIt4_uy4.

B. Weber, »Ein deutscher Darwinist«, *Jüdische Allgemeine*. Zugegriffen: 25. April 2024. [Online]. Verfügbar unter: https://www.juedische-allgemeine.de/kultur/ein-deutscher-darwinist/.

»Ernst Haeckels Politisierung der Biologie«. Zugegriffen: 25. April 2024. [Online]. Verfügbar unter: https://idw-online.de/de/news122245.

»RKI – Vor & nach der Geburt – Themenblatt: Geburtsgewicht«. Zugegriffen: 25. April 2024. [Online]. Verfügbar unter: https://www.rki.de/DE/Content/Gesundheitsmonitoring/Studien/Adipositas_Monitoring/Vor_und_nach_Geburt/HTML_Themenblatt_Geburtsgewicht.html.

Schwangerschaft im Tierreich

F. Grützner *u. a.*, »In the platypus a meiotic chain of ten sex chromosomes shares genes with the bird Z and mammal X chromosomes«, *Nature*, Bd. 432, Nr. 7019, Dez. 2004, doi: 10.1038/nature03021.

W. Westheide und G. Rieger, *Spezielle Zoologie. Teil 2: Wirbel- Oder Schädeltiere*, 3., neu bearb. u. aktualisierte Aufl. 2015. Edition. Berlin Heidelberg: Springer Spektrum, 2014.

Y. Zhou *u. a.*, »Platypus and echidna genomes reveal mammalian biology and evolution«, *Nature*, Bd. 592, Nr. 7856, Apr. 2021, doi: 10.1038/s41586-020-03039-0.

Geburt

T. Bührke, *Genial gescheitert: Schicksale großer Entdecker und Erfinder*, 3. Aufl. München: dtv, 2012.

L. Fitzharris, *Der Horror der frühen Medizin: Joseph Listers Kampf gegen Kurpfuscher, Quacksalber und Knochenklempner*, 1. Aufl. Suhrkamp Verlag, 2018.

G. Mitchell, *How Giraffes Work*. New York, NY: Oxford University Press, 2021.

M. Roberts, S. Brand und E. Maliniak, »The Biology of Captive Prehensile-Tailed Porcupines, Coendou prehensilis«, *Journal of Mammalogy*, Bd. 66, Nr. 3, Aug. 1985, doi: 10.2307/1380922.

Eine schrecklich nette Familie

A. Eggert, M. Reinking und J. Muller, »Parental care improves offspring survival and growth in burying beetles«, *Anim Behav*, Bd. 55, Nr. 1, Jan. 1998, doi: 10.1006/anbe.1997.0588.

E. Guiler, »Observations on the Tasmanian Devil, Sarcophilus harrisii (Marsupialia : Dasyuridae) II. Reproduction, breeding and growth of pouch young«, *Aust. J. Zool.*, Bd. 18, Nr. 1, 1970, doi: 10.1071/ZO9700063.

J. Horner, »Dinosaur Reproduction and Parenting«, *Annual Review of Earth and Planetary Sciences*, Bd. 28, Mai 2000, doi: 10.1146/annurev.earth.28.1.19.

J. Horner und R. Makela, »Nest of juveniles provides evidence of family structure among dinosaurs«, *Nature*, Bd. 282, S. 296–298, Nov. 1979, doi: 10.1038/282296a0.

T. Keeley, J. K. O'Brien, B. G. Fanson, K. Masters und P. D. McGreevy, »The reproductive cycle of the Tasmanian devil (Sarcophilus harrisii) and factors associated with reproductive success in captivity«, *General and Comparative Endocrinology*, Bd. 176, Nr. 2, Apr. 2012, doi: 10.1016/j.ygcen.2012.01.011.

Q. Meng, J. Liu, D. Varricchio, T. Huang und C. Gao, »Palaeontology: Parental care in an ornithischian dinosaur«, *Nature*, Bd. 431, S. 145–6, Okt. 2004, doi: 10.1038/431145a.

M. P. Scott und J. F. A. Traniello, »Behavioural and ecological correlates of male and female parental care and reproductive success in burying beetles (*Nicrophorus* spp.)«, *Animal Behaviour*, Bd. 39, Nr. 2, Feb. 1990, doi: 10.1016/S0003-3472(05)80871-1.

G. B. Stenson, A. D. Buren und M. Koen-Alonso, »The impact of changing climate and abundance on reproduction in an ice-dependent species, the Northwest Atlantic harp seal, Pagophilus groenlandicus«, *ICES Journal of Marine Science*, Bd. 73, Nr. 2, Feb. 2016, doi: 10.1093/icesjms/fsv202.

»Kanada: Eisschmelze lässt Robbenbabys sterben – DER SPIEGEL«. Zugegriffen: 2. Juli 2024. [Online]. Verfügbar unter: https://www.spiegel.de/wissenschaft/natur/kanada-eisschmelze-laesst-robbenbabys-sterben-a-807313.html.

»The first dinosaur egg was soft«. Zugegriffen: 2. Juli 2024. [Online]. Verfügbar unter: https://www.nature.com/articles/s41586-020-2412-8?proof=true19.

Eine prägende Erfahrung

deutschlandfunk.de, »Konrad Lorenz: Forscher mit Nazi-Vergangenheit«, Zugegriffen: 2. Juli 2024. [Online]. Verfügbar unter: https://www.deutschlandfunk.de/konrad-lorenz-nationalsozialismus-100.html.

I. Jerger, *Lorenz*. München: Piper, 2023.

»The Nobel Prize in Physiology or Medicine 1973«, NobelPrize.org. Zugegriffen: 2. Juli 2024. [Online]. Verfügbar unter: https://www.nobelprize.org/prizes/medicine/1973/lorenz/biographical/.

Dr. Lorenz Adlung, geboren 1989 in Erfurt, ist promovierter Systembiologe und leitet eine unabhängige wissenschaftliche Nachwuchsgruppe am *Universitätsklinikum Hamburg-Eppendorf*, wobei sein Forschungsschwerpunkt auf unserem Fettgewebe und dem Immunsystem liegt. Darüber hinaus spricht er als Co-Host im Podcast *Bugtales.FM* über die neusten Erkenntnisse in der Wissenschaft. Lorenz Adlung ist Autor zweier Fachbücher über Mathematik und Biologie sowie preisgekrönter Science Slammer. Er lebt mit seiner Frau und den gemeinsamen drei Hunden Torvi, Luchs und Humboldt in Hamburg.

Jasmin Schreiber, 1988 in Frankfurt/Main geboren, ist Biologin und Schriftstellerin. Wenn sie nicht gerade durch ein Moor kriecht, um Kurzflügelkäfer für ihre Forschung zu finden, schreibt sie sich auf die Bestsellerlisten und erzählt Geschichten aus Wissenschaft und Natur im Podcast *Bugtales.FM*. Bei Eichborn erschienen die Romane MARIANENGRABEN, DER MAUERSEGLER und ENDLING sowie das Sachbuch SCHREIBERS NATURARIUM. Jasmin Schreiber lebt mit ihrem Mann und ihren drei Hunden in Hamburg. Auf Instagram findet man sie unter @lavievagabonde, ihre Newsletter-Kolumne unter schreibersnaturarium.de.